幼儿活动(一)

1. 轮滑　　（南京外国语学校幼儿园）
2. 攀岩　　（南京第三幼儿园）
3. 洗手　　（南京鼓楼幼儿园）
4. 玩电脑　（南京聚福园幼儿园）
5. 玩滑梯　（东台幼儿园）
6. 赛跑　　（南京外国语学校幼儿园）
7. 玩砂　　（雅安集贤幼儿园）

建筑造型(一)

1. 南京外国语学校附属幼儿园
2. 苏州工业园新洲幼儿园
3. 泰州师范学校附属幼儿园
4. 盐城城区机关幼儿园
5. 南京聚福园幼儿园
6. 清华大学洁华幼儿园
7. 厦门松岳幼儿园

建筑造型(二)

幼儿用房（一）

1. 活动室（南京军区政治部幼儿园）

2. 卫生间（上海世纪花园幼儿园）

3. 寝室（南京外国语学校幼儿园）

4. 餐室（无锡商业局幼儿园）

5. 衣帽间（南京师范大学实验幼儿园）

6. 多功能活动室（南京外国语学校幼儿园）

7. 手工室（南京外国语学校幼儿园）

室内空间（一）

1. 趣味走廊（南京第三幼儿园）
2. 中庭（南京第三幼儿园）
3. 迷道（南京空司直属机关幼儿园）
4. 游戏角（清华大学洁华幼儿园）
5. 入园通道（南京外国语学校幼儿园）

室内空间（二）

室内家具(一)

1. 玩具柜（南京鼓楼幼儿园）
2. 挂衣架（南京聚福园幼儿园）
3. 家具隔断（天津幼儿师范实验幼儿园）
4. 建筑化家具（南京鼓楼幼儿园）
5. 图书架（南京聚福园幼儿园）
6. 椅（南京鼓楼幼儿园）

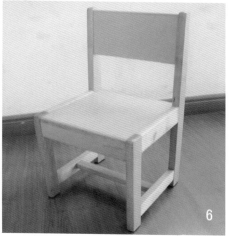

室内家具（二）

装饰色彩（一）

1. 活动室墙饰（东台幼儿园）
2. 马赛克壁画（南京政治学院幼儿园）
3. 外墙浮雕（南京外国语学校幼儿园）
4. 地面色带（南京第三幼儿园）
5. 中庭墙饰（北京经济管理学院幼儿园）
6. 外墙壁饰（天津体院北居住区幼儿园）

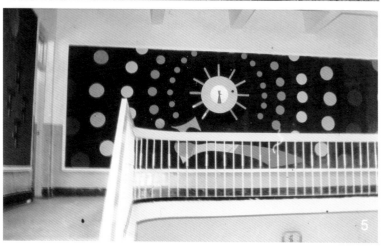

装饰色彩(二)

7. 造型色彩（厦门前埔幼儿园）
8. 中庭装饰（南京第三幼儿园）
9. 小品装饰（南京外国语学校幼儿园）
10. 外墙壁饰
    （南京空司直属机关幼儿园）
11. 彩色天窗（无锡商业局幼儿园）
12. 过厅色彩（南京外国语学校幼儿园）

室外场地（一）

1. 器械活动场地
   （南京空司直属机关幼儿园）
2. 集体活动场地（南京锁金三村幼儿园）
3. 屋顶活动场地（无锡商业局幼儿园）
4. 雕塑（南京空司直属机关幼儿园）
5. 共用活动场地（上海世纪花园幼儿园）
6. 小动物房舍（南京第三幼儿园）

室外场地(二)

7. 戏水池（北京和平里幼儿园）
8. 跑道（南京聚福园幼儿园）
9. 班级游戏场地
    （南京外国语学校幼儿园）
10. 伞亭（南京第三幼儿园）
11. 绿化（清华大学洁华幼儿园）

大门围墙（一）

1. 南京鼓楼幼儿园大门
2. 清华大学洁华幼儿园大门
3. 南京聚福园幼儿园围墙
4. 北京和平里幼儿园大门
5. 清华大学洁华幼儿园围墙
6. 东台幼儿园大门
7. 南京鼓楼幼儿园围墙

大门围墙(二)

建筑设计指导丛书

幼儿园建筑设计

（第二版）

东南大学　黎志涛　编著

中国建筑工业出版社

图书在版编目（CIP）数据

幼儿园建筑设计/黎志涛编著. —2版. —北京：中国
建筑工业出版社，2018.6（2023.1重印）
（建筑设计指导丛书）
ISBN 978-7-112-22268-1

Ⅰ.①幼…　Ⅱ.②黎…　Ⅲ.①幼儿园—建筑设计
Ⅳ.①TU244.1

中国版本图书馆 CIP 数据核字（2018）第 109229 号

本书较全面地重点论述了我国幼儿园建筑设计的原理、步骤与方法。主要内容包括：概述、幼儿园基地选择与总平面设计、幼儿园的建筑布局、幼儿生活用房设计、活动单元设计、幼儿公共活动用房设计、服务管理用房与供应用房设计、交通空间设计、建筑造型与装饰艺术设计、室外环境设计、建筑物理环境、幼儿园的改扩建设计以及托儿所建筑设计。并对托儿所的乳儿班单元设计作了简述。在这次修订中，作者结合最新规范和新的理论知识与时俱进，进行了大量的修订与补充。书的最后，介绍了最新的和有代表性的若干国内外幼儿园实例和学生课程作业，使之更加实用。

本书可作为高等院校建筑学专业，城市规划专业建筑设计课的教材、教学参考书，也可供从事建筑设计、城市规划设计和幼儿园管理及基建管理人员参考。

责任编辑：王玉容
责任校对：焦　乐

建筑设计指导丛书
幼儿园建筑设计
（第二版）
东南大学　黎志涛　编著

*

中国建筑工业出版社出版、发行(北京海淀三里河路9号)
各地新华书店、建筑书店经销
北京建筑工业印刷厂制版
北京市密东印刷有限公司印刷

*

开本：880×1230毫米　1/16　印张：23¾　插页：22　字数：815千字
2018年8月第二版　2023年1月第二十次印刷
定价：86.00元
ISBN 978-7-112-22268-1
(32060)

出 版 者 的 话

"建筑设计课"是一门实践性很强的课程,它是建筑学专业学生在校期间学习的核心课程。"建筑设计"是政策、技术和艺术等水平的综合体现,是学生毕业后必须具备的工作技能。但学生在校学习期间,不可能对所有的建筑进行设计,只能在学习建筑设计的基本理论和方法的基础上,针对一些具有代表性的类型进行训练,并遵循从小到大,从简到繁的认识规律,逐步扩大与加深建筑设计知识和能力的培养和锻炼。

学生非常重视建筑设计课的学习,但目前缺少配合建筑设计课同步进行的学习资料,为了满足广大学生的需求,丰富课堂教学,我们组织编写了一套《建筑设计指导丛书》。它目前已出版的有:

《幼儿园建筑设计》　　　　《中小学建筑设计》
《餐饮建筑设计》　　　　　《别墅建筑设计》
《居住区规划设计》　　　　《休闲娱乐建筑设计》
《博物馆建筑设计》　　　　《现代图书馆建筑设计》
《现代医院建筑设计》　　　《现代剧场设计》
《现代商业建筑设计》　　　《场地设计》
《快速建筑设计方法》

这套丛书均由我国高等学校具有丰富教学经验和长期进行工程实践的作者编写,其中有些是教研组、教学小组等集体完成的,或集体教学成果的总结,凝结着集体的智慧和劳动。

这套丛书内容主要包括:基本的理论知识、设计要点、功能分析及设计步骤等;评析讲解经典范例;介绍国内外优秀的工程实例。其力求理论与实践结合,提高实用性和可操作性,反映和汲取国内外近年来的有关学科发展的新观念、新技术,尽量体现时代脉搏。

本丛书可作为在校学生建筑设计课教材、教学参考书及培训教材;对建筑师、工程技术人员及工程管理人员均有参考价值。

这套丛书将陆续与广大读者见面,借此,向曾经关心和帮助过这套丛书出版工作的所有老师和朋友致以衷心的感谢和敬意。特别要感谢建筑学专业指导委员会的热情支持,感谢有关学校院系领导的直接关怀与帮助。尤其要感谢各位撰编老师们所作的奉献和努力。

本套丛书会存在不少缺点和不足,甚至差错。真诚希望有关专家、学者及广大读者给予批评、指正,以便我们在重印或再版中不断修正和完善。

第二版前言

自本书第一版问世以来，又过去了 12 年。在此期间，我国幼儿园发展虽经历了起伏变化，但幼儿教育的进步、幼儿园教学的开放与现代化、试用 30 年之久的《托儿所幼儿园建筑设计规范》终被新规范取代，以及全民对幼儿园安全、卫生等影响幼儿身心健康发展要素的越加重视，都促进了幼儿园建筑设计理念的更新、设计思考的深入和设计手法的创新。在此背景下，本书在保持原章节结构的基础上，对其内容做了适时的修编，主要工作包括：

1. 对第一章概述的幼儿园发展史略作了持续发展的补充阐述。

2. 对第三章有关幼儿园建筑设计的技术性参考指标，作了与时俱进的更新。

3. 根据著者此期间对"幼儿身心健康发展的建筑环境研究"课题持续深入研究，以及完成数十项幼儿园建筑工程设计的经历，将其研究成果和工程实践经验汇入该书的各章内容中。

4. 对第一版的实例进行了部分增删工作。

5. 对第一版若干用词进行了润笔；对个别错别字进行了订正；对插图不妥之处重新进行了绘制等。

本书的再版是在著者身不由己久拖之后，因中国建筑工业出版社王玉容责任编辑的敦促，不得已"插队"集中三个多月完稿的，在此，深表感谢。感谢南京外国语学校幼儿园杨雪萍园长、陈蓓副园长在著者调研工作中，给予本书修编的指导和帮助。也要感谢刘爱军等建筑师提供实例资料，感谢东南大学建筑学院王祖伟、林禾好友为本书所有新增插图和照片进行了扫描、整理工作。

限于著者水平，书中恐仍有不妥之处，望读者不吝赐教。

黎志涛
2018 年 3 月于东南大学建筑学院

第一版前言

　　幼儿园是国家培养一代新人的重要基础设施，对于大多数现代人而言，在幼儿园里接受系统的、科学的教育是迈入终身受教育的第一步。在建筑类型上，幼儿园虽属小型建筑，它不可能与中、大型公共建筑攀比宏伟尺度、庞大体量、豪华标准、精美装饰，但幼儿园却面广量大，与群众的生活和工作密切相关。从长远来看，幼儿园在提高民族素质、增强国力上，有着不可忽视的重要作用。

　　由于种种原因，我国的幼儿园建设还远远落后于其他任何类型的公共建筑：如设计标准达不到规范要求，不少幼儿园环境质量极差，园舍条件低劣，游戏场地不足，游具设施短缺，而诸多新建幼儿园的建筑设计因设计者缺乏对幼儿生理、心理特征的了解和深入研究，致使幼儿园建筑还不能完善地满足幼儿园教学的要求，也不能适应幼儿身心健康发展的需要。总之，这种落后的状况与我国经济飞速发展、与实现国力尽快增强的目标很不相称，也与当今世界上发达国家的幼稚园条件相差甚远。为了尽快提高中华民族的科学文化水平与整体素质，培养出千百万优秀人才，教育必须从幼儿抓起，尽快发展幼儿园数量，提高幼儿入园率并完善幼儿园建设已成为当务之急。

　　本书是著者在多年的科研、教学与工程设计实践，以及对大量的实例进行调查研究，并阅读了国内外有关资料基础上，从国情出发，运用幼儿教育学、幼儿心理学、幼儿生理学、幼儿管理学、幼儿卫生学等知识，重点对幼儿园建筑设计作了理论与方法的探讨，并补充介绍了与幼儿园建筑类型相似的托儿所建筑设计方法。

　　在撰写本书之前，著者已进行了长时期的资料收集工作。在撰写过程中得到黄汉民、刘继美、袁莹、沙春元、罗四维、高志荣、高裕江、于春晖、俞传飞、于华、张宗良、邓芳岩、费晓华、李调平、林伟、王曙光、吴铮等全国各建筑设计研究院朋友、学生的帮助，他们提供了许多国内幼儿园的案例。东南大学建筑学院的张玫英、张慧、王静、钱强、张十庆、冯剑、周婷、段丽娟等同志为国外幼稚园实例进行了外文资料翻译，学生也提供了许多优秀作业，在此一并向他们表示由衷的感谢和敬意。在调研过程中，得到南京市第三幼儿园周慧萍园长、南京市鼓楼幼儿园崔利玲园长和聚福园幼儿园徐惠湘园长等许多幼儿教育专家的热情支持和帮助，再次向她们表示衷心的感谢！

还要感谢东南大学建筑学院陆莉同志为本书的手稿作了全文打印。感谢王祖伟、赖自力、李飚为本书的图片进行了扫描、修版和排版工作。

限于著者水平，书中若有谬误之处，望读者不吝赐教。

黎志涛

2006 年 1 月于东南大学建筑学院

目　　录

第一章 概　　述

第一节　幼儿园发展史略

幼儿园的发展是与幼儿教育的发展紧密相连的。

幼儿教育是人类社会特有的社会现象，它随着人类社会的发展而发展。当人类社会的发展出现了体力劳动与脑力劳动分工，并产生文字和发明了纸与印刷术后，就为教育机构的产生提供了前提条件。开始有了专门的场所、专门的教师对年轻一代集中进行教育。但这时的学校教育主要采取个别教育的形式，由一位教师教几个学生，学生不分年级、年龄，教授时间、地点和内容也没有严格规定。随着生产力的发展，教育内容才逐渐丰富起来。学校教育的产生使教育作为一种独立的社会现象而存在，对人类文化的传播和社会的发展起着比以前更重要的作用。但这时期生产力发展极慢，科学技术也不发达，幼儿教育仍处于较原始状态，孩子在入学前都只在家庭中受教育，因而开始了幼儿教育与学校教育的分期。不过，此时期出现了许多幼儿教育思想的先驱，如意大利空想社会主义者康帕内拉（T. Companella 1568～1639 年）、捷克大教育家夸美纽斯（J. A. Comenius 1592～1670 年）、英国大哲学家洛克（John Locke 1632～1704 年）、法国启蒙主义者卢梭（J. J. Rousseau 1712～1778 年）等，都竭力倡导幼儿的保健、教育，也曾出现过以救贫保护为目的的幼儿养育设施。但是，作为一种广泛的社会设施而实现大众化的幼儿教育则是以近代产业革命为契机的。近代产业革命把成千上万的妇女从家庭赶进工厂，幼儿的保育、教育问题，特别是收容问题才变得日益尖锐起来。首先是在英国，后来又在德、法等国相继出现了幼儿的保育及教育性设施。

1816 年，英国空想社会主义者欧文（Robert Owen 1771～1858 年）在苏格兰的新拉纳克（New Lanark）创办了一个试验自己社会改革理想的大纺织厂，他为工厂 1～6 岁的幼儿开办了世界上第一所幼儿学校（Infant School）。

进行幼儿社会教育的实验，在当时社会上引起了巨大反响。恩格斯在《反杜林论》中曾高度评价，称"……他（指欧文）发明了并且第一次在这里创办了幼稚园，孩子们从两岁起进幼稚园，他们在那里生活得非常愉快，父母简直很难把他们领回去"。到 1824 年伦敦组织"幼儿学校社"时，已有幼儿学校300 余所，并逐渐成为英国初等教育的主流。

德国教育家福禄培尔（F. Frobel 1782～1852 年）一生致力于幼儿教育，于 1837 年在布兰肯堡（Blankenburg)开办了德国第一所幼儿教育机构，并于 1840 年把它正式命名为 Kindergarten 即"幼稚园"（图 1-1）。他研究了幼儿教育理论和幼稚园的教学法，还为幼稚园编制了一套作业游戏和一套玩、教具（即"福禄培尔恩物"），并开办讲习班，训练幼稚园教师。由于该幼稚园设施的完善以及教育方法的独特很快风靡德国，并推广于全世界。时至今日，世界各国幼儿教育的各种设施都是福禄培尔幼稚园的沿袭，可见影响之深远。

此后，意大利教育家蒙台梭利（M. Montessori）开办了幼儿学校，名为"儿童之家"，并为儿童设计了发展各种感官的玩、教具，这在当时是比较先进的教学内容和手段。

在英、德、意大利先后创办幼稚园之后，在生产力水平较高的一些欧美国家也都相继开办了各种形式的幼稚园，幼儿社会教育才逐渐发展起来。但是，在资本主义发展相当长的时期里，幼儿社会教育的发展是缓慢的，所开办的幼儿教育机构都带有慈善事业的性质。直到 19 世纪末，欧美各国都发生了第二次工业技术革命，推动了生产力飞跃发展。一方面由于广大妇女走向工厂，幼稚园的发展成为社会的需要；另一方面生产力的发展对教育提出新的要求，需要培养一批有一定文化和知识的劳动者，因此，

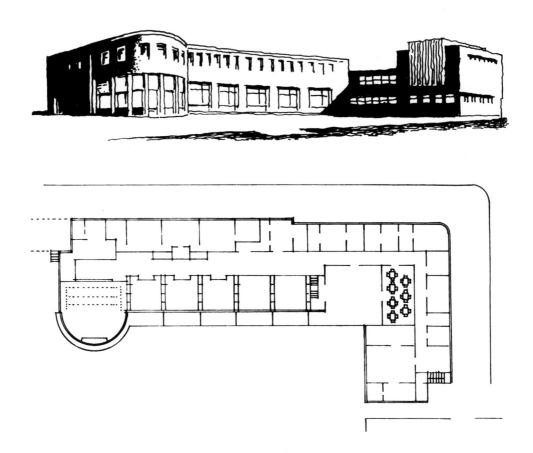

图 1-1　"福禄培尔"式幼稚园

入学前的准备教育才被引起重视。20 世纪，法、英、俄等国才把幼儿教育列入学校教育系统中，作为整个学校教育的基础。

在亚洲，1876 年（日本明治 9 年），日本东京女子师范学校开办了附属幼稚园（图 1-2）。此后，私立幼稚园也开始发展起来。直到二次大战后，通过一系列有关教育法规，促成了保育所、幼稚园在教育、环境、设施诸方面的健全发展，使托幼机构由明治时期侧重慈善福利事业而转向作为国民教育第一阶段的教育机构。从此，日本的托幼事业得到高度发展。到1906 年（日本明治 39 年），国立、公立以及私立幼稚园已有 360 所。6 年后，1912年（日本明治 45 年）猛增至 533 所。而

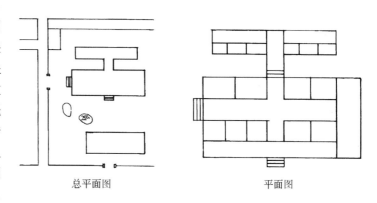

总平面图　　　　　　　平面图

图 1-2　东京女子师范学校附属幼稚园（日本明治 9 年）

1961 年（日本昭和 36 年）至 1980 年（日本昭和 55 年）20 年之间，日本幼稚园数就由 7359 所增至14893 所，在园幼儿数由约 80 万人增至近 250 万人。

中国最早让幼儿接受公共教育的思想可在康有为的《大同书》（1891 年）中了解得很清楚。他提出3～6 岁的幼儿应入育婴院，并对育婴院从总图布局、环境考虑、单体设计以及教育目的、方法、幼儿保健等都作了详尽的说明。可以说，这是一个较完整的托幼机构的设想。

后来，清政府颁布了中国第一个系统学制。在《奏定蒙养院章程及家庭教育法章程》中规定："蒙

养院专为保育教导 3 岁以上至 7 岁之儿童"，并提出蒙养院房舍设计的具体要求。1903 年（清光绪二十九年），创办了我国第一所公办的幼稚园，即武昌模范小学蒙养院。其幼儿教育制度、教材内容和教学方法基本上是抄袭日本的。随后，外国传教士和私人创办的幼稚园也相继出现了。著名儿童教育家陈鹤琴（1892~1982 年）于 1923 年在南京创办的鼓楼幼稚园（图 1-3），也是我国早期有名的幼儿教育机构。人民教育家陶行知也首创了我国第一所乡村幼稚学校。但是，我国的幼儿教育起点很低，1946 年，全国仅有幼稚园 1300 所，在园幼儿 13 万名。

图 1-3　南京鼓楼幼稚园旧址前的陈鹤琴像

新中国成立后，党和政府对幼儿教育十分重视，一方面妥善地接管了旧中国的幼儿教育机构，并加以整顿和改革；另一方面积极地、有计划、有步骤地发展建立社会主义幼教体系。1951 年 10 月，中央人民政府颁布了改革学制的决定，把 3~7 岁幼儿教育列入国民教育体系的第一环，作为我国社会主义教育事业的一个重要组成部分，并从我国国情出发，制定了公办与民办并举，采取多种形式兴办幼儿园的发展方针，初步形成国家、集体和公民个人一起办园的新格局，并改变了幼儿园机构集中于沿海大城市的不合理布局，在大中小城市、工矿地区和广大农村，逐渐发展了幼儿园。

但是，我国的幼儿教育事业的发展，在各个历史时期中发展很不平衡。1957 年全国有幼儿园 16500 多所，1958 年"大跃进"猛增至 69520 多所，比 1957 年增长 42 倍。1960 年发展到最高峰 784900 多所，比 1957 年增长了 47.8 倍。这种畸形的高速发展脱离了我国当时的经济发展水平，因而绝大多数幼儿园设施简陋，经费短缺，师资水平低下。1961 年，在国家调整经济的方针指导下，幼儿园数量回落至 6 万余所，直到 1963 年才恢复到 1957 年的水平。此后，幼儿园的发展开始逐步回升。但在十年浩劫期间，幼儿教育事业遭到摧残，幼儿园停办。

直到 1979 年召开了全国托幼工作会议，1981 年制订《幼儿园教育纲要（试行草案）》后，我国幼儿教育的发展才开始上升到新的水平。1995 年，我国在园幼儿数比改革开放初期的 1980 年翻了一倍（图 1-4）。其中，农村的办园（含县、乡、镇）升幅最大（图 1-5）。因此，"八五"期间，大中城市幼儿入园难的问题基本解决。

为了适应我国幼儿园教育的发展和幼儿园建设的需要，原建设部、国家教委于 1988 年颁布了《托儿所幼儿园建筑设计规范（试行）》。1990 年，国家教委组织了"全国幼儿园建筑设计方案竞赛"，进一步规范和推动了幼儿园的建设。

随后，在"九五"期间，由于国家教育改革重心放在了普及九年义务教育、高校扩招和建大学城上，而忽视了对学前教育的投入与关注，加之企业改制，将幼儿园推向市场，甚至出售经营，导致公办

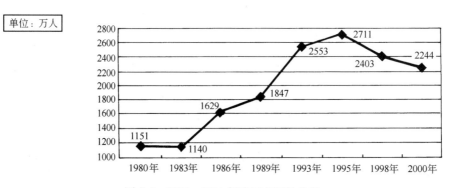

单位：万人

图 1-4 1980～2000 年我国在园幼儿数

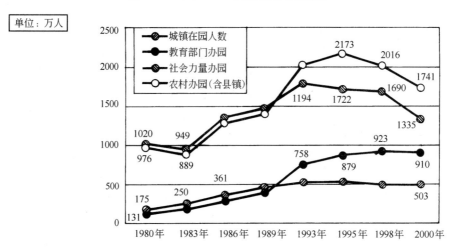

单位：万人

图 1-5 1980～2000 年我国城乡各类幼儿园在园幼儿数

幼儿园迅速萎缩，城市幼儿入园难的问题又显现出来。

正是在如下情况下：我国学前教育总体水平本来就不高，地区之间、城乡之间发展不平衡，与经济、社会、教育的发展和人民群众的日益增长的要求还不相适应，学前教育投入不足，以及一些地方对学前教育的重要性认识不足，管理力量薄弱甚至不作为和市场经济的兴起大背景下，"十五"期间民办幼儿园却凭借自身的优势快速崛起。与此同时，国外先进的教育理念开始渗透国内，亲子教育、月子中心、家庭教育、网络教育等市场一片繁荣，以此带动了民办学前教育力量迅速壮大。民办幼儿园的数量占比超过了公办幼儿园，名副其实地撑起了学前教育的"半壁江山"（图 1-6）。

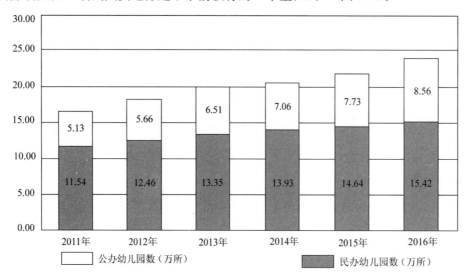

图 1-6 2011～216 年我国幼儿园数量及构成

我国为了进一步推动幼儿学前教育的发展，实施素质教育，全面提高办园教育质量，早在"十五"初期的 2001 年 7 月，教育部颁发了《幼儿园教育指导纲要（试行）》，同时废止了 1981 年颁发的《幼儿园教育纲要（试行草案）》，标志着我国幼儿园的发展又开始回暖，这个时期提出了"十一五"我国学前三年幼儿受教育率达到 55%，即再增加 800 万名幼儿入园，达到 3050 万名。

当"十二五"国家开始了"第一期学前教育三年行动计划"，并颁布了《国家中长期教育改革和发展规划纲要（2010—2020）》时，公办幼儿园数量开始由下降转为上升，而民办园有所缓慢回落，且占比渐有下降。特别是《纲要》提出学前教育事业发展的主要目标是：幼儿园人数 2009 年为 2658 万名，2015 年为 3530 万名，2020 年为 4000 万名。学前三年毛入园率 2009 年为 50.9%，2015 年为 62.0%，2020 年为 75%。实际上 2015 年幼儿园数已有 22.37 万所（其中民办幼儿园 14.64 万所，占 65.4%），在园人数已达到 4264.83 万人，学前三年入园率已达 75%。预计 2020 年学前三年毛入园率将达到90%～95%。

2016 年，国务院发布了《关于鼓励社会力量兴办教育促进民办教育健康发展的若干意见》，以及住房和城乡建设部正式颁布了替代试行 30 年之久的新《托儿所、幼儿园建筑设计规范》，加之我国实施了二孩政策后，未来我国人民群众对幼儿入园的期望值将越来越高。为此，我国的学前三年幼儿教育发展和规范幼儿园建筑设计将面临更大的挑战与机遇。

2018 年，在十三届全国人大一次会议举行的记者会上教育部长披露，全国学前三年在园的幼儿人数已达 4600 万人，相当于一个中等人口国家，适龄儿童的毛入园率达到了 79.6%，已经达到了中上收入国家的平均水平。发展速度和五年前比提高了 15 个百分点，中国现在的幼儿园发展到 25.5 万个。但是，目前普惠性幼儿园仍不足；财政保障和成本分担机制没有建立起来；保教人员数量不足，水平不高；还有保教过程中，管理和安全问题也存在着诸多漏洞，薄弱环节。目前国家正抓紧起草学前教育法，"一个幼儿能就近入园，入一个优质的幼儿园，入一个便宜的幼儿园"的百姓梦想，即将在我国法制的、普惠的、健康的幼儿园发展春天中实现。

第二节　幼儿年龄特点

幼儿园是为 3～6 岁幼儿服务的，而幼儿与成人在生理与心理的发展过程及其所呈现出来的特征是有很大差别的。要想使幼儿园成为幼儿身心健康发展的良好环境，幼儿教育工作者和建筑师就必须了解幼儿年龄段的生理、心理特点。

一、幼儿生理特点

幼儿期肌体组织和器官发育成长的特点是：

（1）骨骼的骨化过程较强，骨组织因水分多，固体物质和无机盐成分较少而呈现富于弹性，可塑性较大，受压易弯曲变形或骨折。关节附近的韧带较松，关节的臼窝较浅，易因悬吊、牵拉而脱臼或损伤。

（2）大肌肉群较小肌肉群先发育，小肌肉还未发育完善。肌肉较柔软，力量和耐力较差，容易疲劳。皮肤较娇嫩，表皮层薄，控制感染力较差。

（3）心脏发育迅速，心脏肌肉层的厚度较成人为薄，心脏的容量也较小，每次排血量较少，心脏的负荷力较差，不能进行长时间的或激烈的活动。

（4）免疫功能还不成熟，易感染各种传染病。因此，除接受各种预防接种外还要做好日常卫生和消毒工作。

（5）呼吸道较成人窄小，黏膜下血管和淋巴管都很丰富，发炎时黏膜容易出现肿胀，肺泡的发育程度较差，数量较成人少，因此呼吸道感染后较易出现呼吸困难，经常参加适宜的户外活动，可以提高肺活量，增强呼吸系统对外界的适应能力。

（6）乳牙钙化程度较低，组织结构脆弱，易受损伤。

（7）消化能力比较弱，消化酶和胃酸比成人低少，消化道的功能不稳定，适应性差，食物过量或过冷、过热或情绪不安定或有其他疾病都易影响消化系统正常功能。

（8）尿的浓缩功能较差，膀胱较小，排尿调节功能不够完善，小便较频。

（9）脑的发育较快，3岁时脑重已是出生时的3倍，约为1000g。其后增长较缓，至6岁时脑重约为1250g（成人脑重约为1400g）。幼儿脑的功能也不断趋向成熟，大脑皮层的分层、细胞的分化、神经纤维外层髓鞘的形成以及大脑皮层对外界刺激反应的调解都日趋完善，但神经系统的兴奋与抑制往往不平衡，单调的或过多久的活动容易引起疲劳。

二、幼儿心理特点

幼儿时期各种心理过程带有具体形象和不随意的特点，抽象概括的和随意的思维只是刚刚开始发展。

（1）幼儿的感知觉逐渐完善，对生动、形象的事物和现象容易认识，对较复杂的空间、时间的认识较差。他们观察的随意性水平较低，易受外界刺激的影响而转移观察的目标。在正确的教育下，5、6岁幼儿观察事物的目的性、持续性、概括性都有一定的增长。

（2）幼儿的注意很不稳定，对感兴趣的事物注意力较易集中，但时间不长。经过教育，5、6岁幼儿开始具有组织和控制注意的能力。

（3）幼儿的记忆带有很大不随意的和直观形象的特点。随着语言的发展，幼儿随意识记和追忆的能力逐步得到发展。除了机械识记之外，他们已有意义识记的能力，他们对理解的材料要比不理解的材料识记的效果好得多。

（4）幼儿想象仍以再造想象为主，创造性想象正在发展。3岁幼儿想象的主题容易变化，常常带有夸大性。经过教育，到5、6岁想象的内容逐渐丰富，已经能在用词描绘的基础上创造新的形象，在游戏和绘画中反映出来。

（5）3岁左右的幼儿思维是在直接感知和具体行动中进行的，以后逐渐向具体形象思维过渡，并成为幼儿期思维的主要形式。因此，他们更多地依赖于生动的、鲜明的形象去认识和理解事物。6岁左右的幼儿抽象逻辑思维开始发展，他们能运用词和已获得的知识、经验进行分析、综合，形成对外界事物比较抽象的概念。

（6）幼儿时期是语言迅速发展时期。3、4岁的幼儿能够掌握全部基本语言，随着知识经验的丰富，词汇量日益增多。语言以简单句为主，复合句少。在正确教育下，随着句子的形式和语法结构的掌握，5、6岁幼儿连贯性口头语言的表达能力有较大的提高。

（7）幼儿的情感容易激动、变化、外露而不稳定。他们的情感常受外界情景所支配和周围人的情绪所影响。在正确的教育下，幼儿的情绪逐渐趋于稳定，有一定的控制力。幼儿的道德感、美感、理智感开始形成。幼儿意志行动的坚持性和自制力开始有了比较明显的发展，但仍不够稳定。

（8）3～6岁幼儿是个性倾向开始萌芽的时期。由于环境、教育条件和遗传的因素不同，在幼儿身心发展上存在个别差异，逐渐表现出性格、兴趣、能力等方面的个人特点，这些都会在人的一生中保留它的痕迹。

（9）由于身心各方面的发展，3～6岁幼儿开始产生参加成人的社会实践活动，特别是劳动和学习活动的需要。但是，他们的知识经验缺乏，能力有限，还不能真正参加成人的活动。这是3～6岁幼儿阶段心理发展的主要矛盾，而游戏就是解决这一主要矛盾的最好活动形式。它最有利于促进幼儿身心的发展。

第三节　幼儿身心发展的规律

一、幼儿身心发展的概念

幼儿的身心发展是指幼儿随着年龄的增长，在身体、心理方面不断发展、不断成熟的变化过程。

幼儿身体的发展是指机体的正常发育和体质的增强。它表现在身高、体重的变化，肌肉力量的增长，各器官系统结构与形态的生长、发育和机能的成熟。记忆的正常发育和体质的增强是互动发展的，机体发育正常才能使体质不断增强；而体质的增强又有助于机体的正常发育。

幼儿心理的发展是指幼儿的认识和个性的发展。它包括感知觉、注意、记忆、思维、需要、兴趣、情感、意志等。心理是人脑对于客观世界的反应，认识的发展是人脑对客观事物和它们之间相互关系的反应，个性的发展是幼儿对客观事物态度的反应。

幼儿身心的发展是统一的。由于心理是人脑的机能，因而身体的发展特别是神经系统的发展影响着心理的发展，同时身体的发展也受认识、情感、意志和性格的影响。年龄越小，身心发展之间的关系越密切。

二、幼儿身心发展的规律

（一）幼儿身心发展的连续性和阶段性

幼儿身心发展是一个持续不断的、由低级到高级、由量变到质变的过程，前一阶段为后一阶段准备了条件，后一阶段是前一阶段的继续。每一发展阶段都要经历一定时间，在这一段时间内，发展主要表现为量的变化。经过一段时间，就要由量变到质变，在前一阶段的基础上产生许多新的特点，从而使发展推进到一个新的阶段。

（二）发展速度的不均衡性

幼儿身心发展的速度是不均衡的，有的时期快，有的时期慢。幼儿身心发展的明显特点是年龄越小，发展变化的速度越快，随着年龄的增长，发展的速度反而慢下来。

（三）幼儿身心发展具有稳定性和可变性

在一定的社会和教育条件下，幼儿身心发展速度及各个年龄阶段的特征大体上是不变的，也就是说幼儿年龄特征有相对的稳定性。但由于社会生活条件和教育条件的变化，同一年龄阶段的幼儿身心发展水平也会发生变化。今天的幼儿在身高、体质和智商方面都要比过去的幼儿苗壮聪明就是明证。

（四）幼儿身心发展的共同性与个别差异性

在正常发育条件下，同一年龄阶段幼儿的身心发展水平大致相同。例如，在身体的发育和运动机能的发展方面，从下列某些方面可以看出规律性的倾向（图1-7）：

（1）从身体上部向下部发展；

（2）从身体的中心部向末梢部发展；

（3）从总体逐步向局部分化发展。

但是，由于遗传素质的不同，接受的环境影响和受教育不同，即使同年龄的幼儿，其发展的顺序虽然是一定的，但身心发展的速度却是有区别的。有的生长发育较快，有的就比较迟，个性心理的倾向也不一样，兴趣、爱好、性格等都各不相同。

三、影响幼儿身心发展的因素

影响幼儿身心发展的因素是多方面的，一般可以分

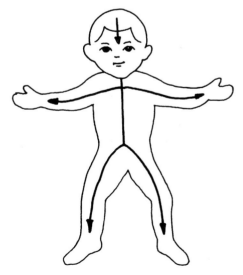

图1-7　幼儿心理发展的方向性

为两方面：一是先天的遗传素质，即生物因素；另一方面是后天的环境影响和受教育程度，即外在的自然因素和社会因素。

（一）遗传素质是幼儿身心发展的物质前提

遗传素质是指人从祖先那里获得的生理解剖方面的特点。它包括机体形态、构造、感官特征、神经系统的结构和机能等。遗传素质的差异性在构成幼儿身心发展的个别特点上具有一定的影响。

遗传素质是幼儿身心发展的物质前提，它提供幼儿身心发展的可能性。如健全的四肢是动作发展的前提，完善的发声器官是口头语言发展的前提，发育良好的大脑和神经系统是智慧发展的前提等。同时，幼儿的遗传素质是逐步成熟的，它的成熟需要经过较长期的过程。

虽然遗传素质对幼儿的身心发展有一定的影响，但它对幼儿身心发展并不起决定作用，它只提供了发展的可能性。这种可能性必须在一定环境和教育影响下才能转化为现实性。

（二）环境是影响幼儿身心发展的决定因素

这里所说的环境是指幼儿周围的客观世界，包括自然环境和社会环境。

幼儿接受环境的影响先是通过和父母、家庭中其他成员的交往；以后稍大一点就通过和同伴、邻居的来往；随着幼儿长大，接触的社会环境的范围也越来越扩大，各种环境中介如幼儿园、学校、电影、电视、各种书籍等都直接、间接和潜移默化地给幼儿施以各种影响。幼儿的先天遗传素质能否得到发展，向什么方向发展，发展到什么程度都取决于他处在什么样的环境影响下。

环境对幼儿的影响是通过幼儿与环境的相互作用来实现的。幼儿通过自己的实践活动，按照已有的经验对环境的影响作出反应，并获得发展。但是，环境给幼儿带来的大都是一些未经组织地、自发地、盲目地发生作用的影响。其中有积极的影响，也有消极的影响。而且幼儿是根据其本身的需要、兴趣来吸收或抗拒环境的影响的。因此，未经引导的环境影响将导致放任自流。

（三）教育在幼儿身心发展中起主导作用

教育是环境的一部分，它是一种特殊的社会影响，是环境中影响幼儿身心发展的一种自觉因素。因为幼儿园教育是一种有目的、有计划、有系统、有组织地对幼儿施加影响。它可以针对每一个幼儿的遗传素质进行因势利导，使先天的遗传素质能向着有利于幼儿成长的方面发展。同时，幼儿园教育能将家庭环境和社会环境对幼儿的影响加以利用和控制。它能有意识地按照教育目的选择和提炼有利于幼儿身心发展的因素，克服和排斥不利于幼儿身心发展的因素，使幼儿身心得到良好的发展。

当然，教育不是万能的，它必须和整个社会环境的影响一致，必须遵循幼儿身心发展的规律才能发挥主导作用，促进幼儿身心的健康发展。

第四节　发展幼儿园的意义

如前所述，在人的一生中，幼儿期是人的机体组织和器官都在不断发育生长的重要时期，也是因受环境影响而发生各种变化的可塑性较强的时期，甚至可以说是决定人的性格的基础的时期。在此时期，幼儿身心的发展要比其他时期旺盛得多。这种身心发展的过程，是一个外部的（自然环境、社会物质生活条件）、内部的（遗传素质、自身的心理特点与状态）、生理的、心理的多种因素的交互作用和综合影响的能动过程。然而，这种发展在不同的幼儿身上其进度与程度是不一样的。除去依据遗传素质的因素，后天的环境与教育起着决定性的作用。因此，对幼儿进行合理保育的同时，给以具有教育性的关怀和创造良好环境就显得非常重要。

在创造适宜幼儿身心健康发展环境的途径中，幼儿园建筑环境正是科学保育幼儿的最佳场所。所谓保育即是保健与培养教育的简称。这种保育是为幼儿提供一个适宜的环境，包括活动空间、明媚阳光、清新空气、洁净水体、良好卫生、营养饮食、人身安全等，使幼儿在幼儿园建筑环境中身心得到和谐地发展，从而具有健康的精神、强健和充满活力的身体。这种对幼儿的早期教育是整个教育体系的第一环，这种教育结合幼儿日常的生活经验，利用他们的兴趣和要求，通过各种与他们相适应的增长见识的体验和其他生气勃勃的活动，促使幼儿原有的经验得到扩大、加深、提高和发展。总之，幼儿园教育是对幼儿进行有目的、有计划、有系统、有独特方式的影响过程，它比社会生活条件中的那些偶然的、自发的、无计划的影响更自觉，更集中，因而也更有效。

正如《幼儿园教育指导纲要（试行）》在总则中指出的："幼儿园教育是基础教育的重要组成部分，是我国学校教育和终身教育的奠基阶段"。

第五节　幼儿园教育的任务、内容与特点

一、幼儿园教育的任务

幼儿园教育的任务是对 3～6 岁的幼儿根据幼儿生理、心理发展的客观规律及其年龄特征，通过为幼儿创造多种多样的活动条件，提供各种活动机会，促使他们在体、智、德、美等诸方面获得和谐地发展，并让幼儿充分自由地表达思想、意愿，习惯于通过自己的努力去发现和解决日常生活中经常发生的具体问题，培养幼儿的独立性、创造力、自信心和不断探索的精神，从而促使幼儿良好个性的形成和充分发展，为培养具有适应未来发展知识结构和智能潜力的人才打下基础。总之，幼儿园教育应从实际出发，因地制宜地实施素质教育，为幼儿一生的发展打好基础。

二、幼儿园教育的内容

根据 2001 年 7 月教育部颁发的《幼儿园教育指导纲要（试行）》，幼儿园教育的内容是全面的、启蒙的，可以相对划分为健康、语言、社会、科学、艺术等五个领域。各领域的内容相互渗透，从不同的角度促进幼儿情感、生态、能力、知识、技能等方面的发展。

（一）健康

（1）建立良好的师生、同伴关系，让幼儿在集体生活中感到温暖，心情愉快，形成安全感、信赖感。

（2）与家长配合，根据幼儿的需要建立科学的生活常规，培养优良的饮食、睡眠、盥洗、排泄等生活习惯和生活自理能力。

（3）教育幼儿爱清洁，讲卫生，注意保持个人和生活场所的整洁和卫生。

（4）密切结合幼儿的生活进行安全、营养和保健教育，提高幼儿的自我保护意识和能力。

（5）开展丰富多彩的户外游戏和体育活动，培养幼儿参加体育活动的兴趣和习惯，增强体质，提高对环境的适应能力。

（6）用幼儿感兴趣的方式发展基本动作，提高动作的协调性、灵活性。

（7）在体育活动中，培养幼儿坚强、勇敢、不怕困难的意志品质和主观、乐观、合作的态度。

（二）语言

（1）创造一个自由、宽松的语言交往环境，支持、鼓励、吸引幼儿与教师、同伴或其他人交谈，体验语言交流的乐趣，学习使用适当的、礼貌的语言交往。

（2）养成幼儿注意倾听的习惯，发展语言理解能力。

（3）鼓励幼儿大胆、清楚地表达自己的想法和感受，尝试说明和描述简单的事物或过程，发展语言表达能力和思维能力。

（4）引导幼儿接触优秀的儿童文学作品，使之感受语言的丰富和优美，并通过多种活动帮助幼儿加深对作品的体验和理解。

（5）培养幼儿对生活中常见的简单标记和文字符号的兴趣。

（6）利用图书、绘画和其他多种方式，引发幼儿对书籍、阅读和书写的兴趣，培养前阅读和前书写技能。

（7）提供普通话的语言环境，帮助幼儿熟悉、听懂及学说普通话。少数民族地区还应帮助幼儿学习

本民族语言。

（三）社会

（1）引导幼儿参加各种集体活动，体验与教师、同伴等共同生活的乐趣，帮助他们正确认识自己和他人，养成对他人、社会亲近、合作的态度，学习初步的人际交往技能。

（2）为每个幼儿提供表现自己长处和获得成功的机会，增强其自尊心和自信心。

（3）提供自由活动的机会，支持幼儿自主地选择、计划活动，鼓励他们通过多方面的努力解决问题，不轻易放弃克服困难的尝试。

（4）在共同的生活和活动中，以多种方式引导幼儿认识、体验并理解基本的社会行为规则，学习自律和尊重他人。

（5）教育幼儿爱护玩具和其他物品，爱护公物和公共环境。

（6）与家庭、社区合作，引导幼儿了解自己的亲人以及与自己生活有关的各行各业人们的劳动，培养其对劳动者的热爱和对劳动成果的尊重。

（7）充分利用社会资源，引导幼儿实际感受祖国文化的丰富与优秀，感受家乡的变化和发展，激发幼儿爱家乡、爱祖国的情感。

（8）适当向幼儿介绍我国各民族和世界其他国家、民族的文化，使其感知人类文化的多样性和差异性，培养理解、尊重、平等的态度。

（四）科学

（1）引导幼儿对身边常见事物和现象的特点、变化规律产生兴趣和探究的欲望。

（2）为幼儿的探究活动创造宽松的环境，让每个幼儿都有机会参与尝试，支持、鼓励他们大胆提出问题，发表不同意见，学会尊重别人的观点和经验。

（3）提供丰富的可操作的材料，为每个幼儿都能运用多种感官、多种方式进行探索提供活动的条件。

（4）通过引导幼儿积极参加小组讨论、探索等方式，培养幼儿合作学习的意识和能力，学习用多种方式表现、交流、分享探索的过程和结果。

（5）引导幼儿对周围环境中的数、量、形、时间和空间等现象产生兴趣，建构初步的数的概念，并学习用简单的数学方法解决生活和游戏中某些简单的问题。

（6）在幼儿生活经验的基础上，帮助幼儿了解自然、环境与人类生活的关系。从身边的小事入手，培养初步的环保意识和行为。

（五）艺术

（1）引导幼儿接触周围环境和生活中美好的人、事、物，丰富他们的感性经验和审美情趣，激发他们表现美、创造美的情趣。

（2）在艺术活动中面向全体幼儿，要针对他们的不同特点和需要，让每个幼儿都得到美的熏陶和培养。对有艺术天赋的幼儿要注意发展他们的艺术潜能。

（3）提供自由表现的机会，鼓励幼儿用不同艺术形式大胆地表达自己的情感、理解和想象，尊重每个幼儿的想法和创造，肯定和接纳他们独特的审美感受和表现方式，分享他们创造的快乐。

（4）在支持、鼓励幼儿积极参加各种艺术活动并大胆表现的同时，帮助他们提高表现的技能和能力。

（5）指导幼儿利用身边的物品或废旧材料制作玩具、手工艺品等来美化自己的生活或开展其他活动。

（6）为幼儿创设展示自己作品的条件，引导幼儿相互交流，相互欣赏，共同提高。

三、幼儿园教育的特点

幼儿园教育不同于小学校的上课方式，它强调要通过创设健康、丰富的生活和活动环境来帮助幼儿学习。而幼儿是通过在环境中与他人共同生活来获得经验的，他们在生活中发展，在发展中生活，而不像小学生那样主要是通过课堂教学来获得知识的。因此，幼儿园教育的特点是以游戏为主，而且是幼儿在教师引导下的自主游戏。

第六节　幼儿园的分类与规模

一、幼儿园分类

（一）按入托方式分

（1）全日制（日托）幼儿园：幼儿早晨由家长送托，下午由家长接回。幼儿在幼儿园生活一天，吃一顿中餐。此类幼儿园可以使幼儿既能接受系统的幼儿园教育，进行集体活动，有助于幼儿身心得到健康发展，而且又保持与父母、家庭成员以及社会的广泛接触，增进幼儿情感和智力发展。

（2）寄宿制（全托）幼儿园：幼儿昼夜均生活在幼儿园里，只有在双休日、节假日由家长接回团聚。此类幼儿园可以解决双职工因忙于工作，家庭又无亲人在身边而无暇照顾幼儿的困难。

（3）混合制幼儿园：即以日托班为主，另根据社会需求增设若干全托班。

（二）按办园性质分

（1）政府部门办园；

（2）各单位办园（包括高等院校、企事业单位、部队等）；

（3）农村办园（含县、乡、镇）；

（4）社会办园（包括社区、私人）。

二、幼儿园规模

幼儿园规模的大小主要由班级的多少来衡量。

（1）小型幼儿园：1～4个班；

（2）中型幼儿园：5个班至9个班；

（3）大型幼儿园：10～12个班。

从规范幼儿园教学与管理而言，幼儿园规模宜以3的倍数（称其为"轨"）确定其班数，即以3（一轨）、6（二轨）、9（三轨）、12（四轨）班划分为宜。这样可使幼儿园小、中、大班自然衔接。

其中，小型幼儿园布点灵活，建设快，服务半径小，方便接送，但不够经济。大型幼儿园接纳幼儿多，效益好，但管理比较困难，建设条件常受到一些外在因素的限制（如选址、投资、师资配备等）。而中型幼儿园的规模比较符合我国当前的国情，又以9个班的规模较为普遍。

真正确定幼儿园的合理规模是由多方面因素决定的，包括幼儿园的合理服务半径、幼儿园办园单位的性质与条件、幼儿园机构的类别、幼儿园所在地区幼儿生源的多少、保教人员的工作量等。因此，必须综合考虑各种因素以确定合理的规模。

幼儿园规模还体现在分班和容量上。

参照《托儿所、幼儿园建筑设计规范》JGJ 39—2016规定，幼儿园的编班如表1-1所示。

幼　儿　园　编　班　　　　　　　　　　　　　　　　　　　　表 1-1

编　班	年　龄	每班人数	编　班	年　龄	每班人数
小　班	3～4岁	20～25人	大　班	5～6岁	31～35人
中　班	4～5岁	26～30人			

注：寄宿制幼儿园各班人数可酌减。各地可按实际需要，适当增减各班人数。

由于3～4岁幼儿自理能力较低，保教人员要周到地照顾幼儿生活的各个方面，因此，小班幼儿人数不宜过多。而5～6岁幼儿已有一定的独立生活能力，可相应减轻保教人员的部分工作，因此，大班幼儿人数可适当增多。上述中班比小班或大班比中班每班多出来的幼儿数是通过每学年另招插班生而得到补充。但在实际情况中，许多优质幼儿园或生源充足地区的幼儿园，其各班容量大大超过国家规定，在一定程度上使教育质量和环境质量有所下降，甚至影响了幼儿身心健康的发展。

第七节 幼儿园建筑设计要求

幼儿园因其服务对象的生理、心理特征以及保教活动的独特方式，决定了幼儿园建筑设计不同于成人建筑设计的模式。其最大的差别在于幼儿园建筑设计应充分表达"儿童化"、"绿化"、"美化"、"净化"的要求。

一、符合幼儿园教育的要求

幼儿园虽然是按照小、中、大三个班针对不同年龄幼儿进行教育的，但从整体的幼儿园教育规律来说却有其共性。如各班幼儿按生活要求都有2小时半的午睡时间，建筑设计必须为每班提供一定面积的睡眠空间。由于日托幼儿园各班的寝室只有午睡时使用，其余时间都因床具占了空间而闲置无用，使寝室的利用率很低。因此，建筑设计在考虑寝室空间时，一定要在保证午睡功能得到满足的情况下，尽可能地压缩寝室面积。其次，由于对幼儿需特别关注卫生的要求，以及幼儿生理的特点，因而幼儿园各班都要独立设置卫生间，而且，尽可能使卫生间朝南布置。因为，按幼儿园教学要求，幼儿使用卫生间不但是为了解决大、小便和洗手的生理、卫生要求，更重要的是，幼儿使用卫生间与成人使用卫生间最大的功能差别就是，前者也是作为幼儿园教学活动的场所，幼儿通过使用盥洗池培养良好的讲卫生习惯，并使手指的肌肉和骨骼在使用水龙头时得到锻炼。因此，建筑设计在考虑幼儿卫生间时，不但要将其组合在活动单元内，而且洁具的配置要有利于幼儿在其间的活动。

此外，幼儿园教育不同于小学校的教育，它不是以上课为主，而是按"一日生活管理规程"进行各项活动的。无论保教人员还是幼儿自身都是按幼儿园一日生活各环节的时间顺序，即在什么时间，根据什么样的信号该做些什么。幼儿按照"一日生活管理规程"所制定的生活秩序进行集体的或分散的各项活动，并每天坚持一定的要求，经过多次重复，大脑皮层在时间刺激的影响下，就能形成良好的条件反射。这样就能使幼儿在吃饭时食欲旺盛；游玩时精力充沛，情绪愉快；睡眠时能熟睡；学习时精力集中。由于一天的生活内容丰富，各种活动轮换进行，动静交替，保证了幼儿在各项活动中保持较高的兴奋状态，防止过于疲劳，从而保护了幼儿神经系统的正常发育。并培养了幼儿良好的生活行为习惯，保证了幼儿健康地成长及个性的全面发展。同时，建立合理的生活规程，为保教人员创造了做好工作的条件。

但是，"一日生活管理规程"针对大、中、小班，因幼儿生理特征的差异，各教学时间段会有所不同，而且，春、夏、秋季与冬季因季节不同，作息时间也有微差（表1-2）。同时，对于全日制幼儿园和寄宿制幼儿园的"一日生活管理规程"所制定的作息时间与内容也有所不同（图1-8）。

小班幼儿作息时间表　　　　　　　　　　　　　　　　　　　　表1-2

春、夏、秋季		冬季（前一年12月～下一年2月份）	
7：45～8：20	劳动、交谈、智力活动	7：45～8：30	劳动、交谈、智力活动
8：20～8：50	小型多样体育活动、早操	8：30～9：00	小型多样体育活动、早操
9：00～9：15	集体教学活动	9：05～9：20	集体教学活动
9：15～9：40	点心	9：20～9：45	点心
9：40～10：00	户外活动	9：45～10：00	户外活动
10：00～10：50	区域游戏	10：00～10：50	区域游戏
10：50～11：00	餐前准备	10：50～11：00	餐前准备
11：00～11：45	午餐	11：00～11：45	午餐

春、夏、秋季		冬季（前一年12月～下一年2月份）	
11：45～12：00	散步	11：45～12：00	散步
12：00～12：15	就寝准备	12：00～12：15	就寝准备
12：15～14：30	午睡	12：15～14：30	午睡
14：30～14：50	起床、整理	14：30～15：00	起床、整理
14：50～15：20	体育锻炼	15：00～15：20	体育锻炼
15：20～15：40	点心	15：20～15：40	点心
15：40～15：55	智力活动	15：40～15：55	智力活动
15：55～16：55	区域游戏	15：55～16：55	区域游戏
16：55～17：00	离园前准备	16：55～17：00	离园前准备
17：00	离园	17：00	离园

注：引自《南京鼓楼幼儿园管理文件》。

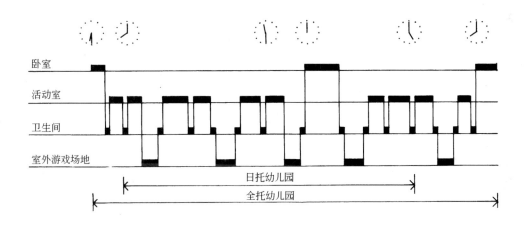

图1-8 幼儿一日生活规程

不管上述情况如何，幼儿一日的活动规律是在一个基本的幼儿活动单元内进行，即在建筑设计中要将活动室、寝室、卫生间和户外活动场地形成一个联系十分紧密的整体。而且，游戏是作为幼儿园教学的主要形式，全日制幼儿园每日不得少于2小时，寄宿制幼儿园每日不得少于3小时。为满足幼儿园教学的这种需要，建筑设计必须重视活动室的多功能使用要求，并且必须把室外活动场地作为幼儿园建筑设计的重要内容。

二、适合幼儿生理、心理特点

幼儿无论生理还是心理都明显区别于成人，建筑设计中既要创造有利条件促成幼儿生理、心理的健康发展，又要避免不利的环境因素对幼儿生理、心理产生的危害。例如，在幼儿园的用地上要保证足够面积的室外活动场地，以便让幼儿能获得三浴（阳光浴、空气浴、水浴）的锻炼，促进身心的发展。在建筑环境的设计中，要提供多种游戏的设施，做好绿化环境，使幼儿每天生活在乐园中。在建筑造型的设计上，要区别于成人建筑的形象，尽可能创造出幼儿喜闻乐见的形象，以符合幼儿心理特征的要求。

幼儿园的教学常常寓意于直观的形象环境中。因此，幼儿园建筑设计在装饰处理、建筑小品、家具陈设等方面都应采取幼儿乐意接受的形式和色彩，以此激发幼儿对周围事物的好奇和认识的兴趣，并促进幼儿个性和情感的发展。

要注意幼儿的尺度特点，从环境设计、建筑造型、空间形态，到窗台、踏步等细节都要设身处地地考虑到这些都是为幼儿使用的，要适合幼儿的身材特点，避免幼儿园建筑及其环境的成人化倾向。

三、创造良好的卫生、防疫环境

幼儿时期，由于体质抵抗力弱，肌体易受外界有害影响而染病，且易迅速传染危及其他幼儿的健康。因此，幼儿园从选址、总图设计就要考虑尽可能避免周围有害环境的污染，如噪声污染、有害气体污染、光污染、水污染等。一旦出现上述有害环境污染的迹象，应立即采取有效防范措施。在建筑设计中要特别重视日照、通风的要求，注意幼儿用房与后勤用房的卫生距离要求，避免服务流线与幼儿活动流线相混。

四、保障幼儿的安全

由于幼儿身体各部分机能正处于发育阶段，但尚未发育成熟，因此幼儿天性好动，喜欢用自己的身体做游戏。而且好奇心特强，一旦对某事物或某现象发生兴趣而入迷时，则容易忘记对周围的注意，易导致安全事故的发生。基于对幼儿安全的考虑，幼儿园建筑设计要特别注意幼儿最易接触部分的室内细部设计。如无论墙体还是家具的棱角，最好抹圆；室内墙壁避免出现壁柱突出；开启窗扇距地要超过幼儿身材；地面材料不能光滑；避免用金属材料、构件装饰室内；电器开关和插座安装高度要使幼儿不能触摸到等。每一细节的处理都要精心，以防范危险的发生。

五、有利于保教人员的管理

幼儿尚处在全面成长中，由于他们还不能完全独立生活，不能自觉管理自己，这就需要保教人员加强护理与教育工作。这种工作的方式是个体化与班级小范围内的协作相结合的方式，并业已形成比较稳定的工作秩序和固定的日常规程，一整套的规章制度和熟练的操作方法。因此，幼儿园建筑设计要密切配合幼儿园教学与管理的要求，合理地进行各项设计工作。

为了更好地创造幼儿园科学管理的物质条件，建筑设计必须满足幼儿园管理所需要的、合乎卫生和教学要求的环境设备。诸如幼儿园园址的选择、占地面积、总平面功能布局、平面功能分区、建筑形式、房间内容与数量、活动单元设计、必要的室外活动场地，以及必要的设施等。每一项设计内容都要符合幼儿园建筑设计规范的要求，并在此基础上，根据实际条件创造更适合幼儿园教学与管理的良好环境。

第二章 幼儿园基地选择与总平面设计

幼儿园基地的选择与总平面设计，对于便利家长接送幼儿，创造幼儿身心健康发展的建筑环境，保障卫生、安全的要求，减少外界不利因素对幼儿身心的危害，以及为幼儿园教学和管理提供良好的物质条件都有着重要的作用。因此，对新建幼儿园务必进行合理的基地选择和完善的总平面设计。

第一节 幼儿园的基地选择

一、选址原则

（一）布点应适中

幼儿入托都是由家长、亲人接送的。因此在选址时，首先要考虑接送幼儿的路线要短捷。对于面向全市招生的幼儿园应考虑交通方便，以利家长、亲人接送。对于设在居住区内的幼儿园应考虑合理的服务半径，一般为300m（图2-1），最大不超过500m。

（二）环境应安静

幼儿因外界的噪声干扰常常会在上课、睡眠、游戏、吃饭的时候分散注意力，严重的还会影响幼儿的生理和心理的健康发展，甚至带来不良的后果。为保证幼儿园有一个良好的安静环境，幼儿园选址必须远离噪声严重的铁路线、主要交通干道，噪声源大的工厂、实验室等地方。同时，不应临近人流密集、喧闹的公共活动场所，例如影剧院、歌舞厅、体育场（馆）、旅馆、商场等大型公共建筑。

（三）环境应卫生

幼儿园应避开能散发各种有害、有毒、有刺激性气味及各种烟尘、污水的地段，以确保幼儿园有清新的空气和卫生环境。在无法避免时，也应置于污染源处常年主导风向的上风向，并有足够的防护距离或可靠的隔离措施。

幼儿园地段不应处在低凹处，以免下雨因排水不畅而影响正常使用。

阳光和空气对于幼儿来说是促其身心健康发展的极重要因素。因此，应保证基地开阔，有足够的日照和良好的通风条件，应避免处于多、高层建筑群的包围之中，或夹缝里，更不应处于其他建筑物的长年阴影区内。

（四）环境应优越

幼儿园环境应是幼儿的乐园，他们在优美的自然环境中，可以陶冶情操，对形成良好的、开朗的个性也极为有利。因此，幼儿园选址应选在环境优美的地段，有良好的景观条件，或具备能创造优美环境的空间条件。

（五）地段应安全

幼儿园最好设在远离城市交通繁忙干道的独立地段，远离人流密集、人员嘈杂的公共区域。要特别注意远离火灾危险性大的建筑物、厂房；远离易燃、可燃液体和可燃气体贮罐；与可燃材料堆场以及易爆炸的锅炉房和变电站要有安全的间距。基地上空不得有高压供电线通过。基地范围内地势应平坦，不可有易引发人身伤害的障碍物和沟坎。

（六）用地面积应符合规范要求

满足幼儿园用地面积要求的重要性在于：幼儿园选址不仅要考虑能容纳下总建筑面积，以保证幼儿园教学、管理、生活的正常开展，而且更重要的是要保证有足够的室外活动场地和绿化面积，以提供幼儿在室外能接受三浴（阳光浴、空气浴、水浴）和开展各种室外游戏。这是与小学校教学方式最大的不同点，

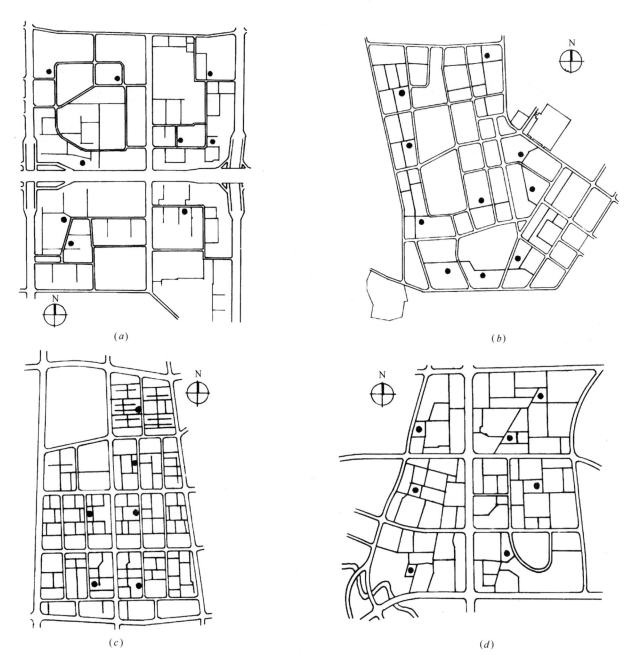

图 2-1　国内居住区幼儿园位置实例

（a）北京五路居居住区；（b）辽阳石化总公司居住区；（c）天津万新村居住区；（d）上海曲阳新村居住区

忽视了这一要求将严重影响幼儿园教学活动的正常进行，同时，对幼儿身心健康的发展也极为不利。

根据原国家教育委员会（现为教育部）、建设部（现住房和城乡建设部）1988年颁发的《城市幼儿园建筑面积定额（试行）》的规定，城市幼儿园用地面积应符合表 2-1 的要求。

城市幼儿园用地面积定额

表 2-1

规　　模	用地面积（m²）	用地面积定额（m²/人）	规　　模	用地面积（m²）	用地面积定额（m²/人）
6班	2700	15	12班	4680	13
9班	3780	14			

注：1. 幼儿园用地面积包括建筑占地、室外游戏场地、绿化用地、道路及其他用地等。

　　2. 基地覆盖率不宜超过 30%。

　　3. 幼儿园规模与表列规模不一致时，其定额可用插入法取值。规模小于 6 班时，可参考 6 班的定额适当增加。

由于上述幼儿园用地面积定额制定于 20 世纪 80 年代末，是从我国当时的国情和国民经济发展水平出发的，在经过 30 年我国社会进步、经济发展的今天，这个用地面积定额已显不足了。因为随着现代幼儿教育的发展，教学内容的丰富，教学形式的多样，游具的大型化和组合化，以及国民对培育下一代要创造良好环境的共识，都促使幼儿园在办学条件上，需要在原有基础上得到改善，这是一个政策性很强的导向。但在现实情况中，即使社会发展到今天，由于诸多原因致使幼儿园建设在用地上偏紧，其原因或者规划中未能按规范给足用地面积；或者建设方事后更改审批规定，扩大办学规模，造成人均用地面积不达标；或者各方为眼前利益驱动，挤占幼儿园室外场地另作他用等。所有这些现象都使正常的幼儿园保教活动难以进行，也在不同程度上影响了幼儿身心健康的发展。因此，保证幼儿园合理的用地面积是办园的前提条件。

表 2-2 为日本幼稚园最低面积的规定，其计算依据为：

$$用地面积（m^2）＝930＋370（N－1）$$

式中　　930、370、1——常数；

　　　　N——班级数。

日本幼稚园园地最低面积　　　　　　　　　　　　　　　　表 2-2

班级数	1	2	3	4	5	6	7	8	9	10	11	12
总面积（m²）	930	1300	1670	2040	2410	2780	3150	3520	3890	4260	4630	5000

注：引自西日本工高建筑联盟编·幼稚园·保育所. 日本：彰国社，昭和 48 年。

从表 2-2 中看出，当幼稚园班级数在 6 班及以下时，日本幼稚园用地面积标准与我国幼儿园用地面积定额相仿；但当班级数越多时，日本幼稚园用地面积标准就要比我国幼儿园用地面积定额稍高些。

（七）用地内部条件应满足幼儿园保教要求

尽管幼儿园占地相对于其他公共建筑类型来说要小得多，但对用地内部条件的要求却相当高。因为它关系到幼儿在幼儿园的 3 年生活里，身心是否能得到健康发展，幼儿园教学是否能正常运行。因此，选址除了注意面积应符合规范要求外，还应在下列条件下得到满足：

（1）用地地貌条件应平坦，排水通畅，地质条件较好。在幼儿园用地范围内的地表土壤应适于种植树木，避免选在填埋杂土、垃圾等地耐力差的地段。

（2）用地的形状应尽量规整，以利于总平面的合理布置。由于幼儿园各活动单元和室外活动场地都需要南向，因此，用地形状宜呈东西向宽的矩形。又由于按幼儿园建筑设计规范要求，幼儿园室外场地需能布置 30m 直跑道，因此，幼儿园用地形状，至少有一边界应满足不低于 40m 的要求。

二、幼儿园布点位置

城市幼儿园的位置选择是针对新建幼儿园而言，是需要经过规划而确定的。对于旧有幼儿园因是既成事实，无所谓位置选择可言。它们在城市中布点的位置确定，制约因素比较复杂，并不取决于服务半径，而且也并不受制于城市规划。例如城市中的高校、部队、企事业单位等自办幼儿园，其位置一般都处于各自的生活圈内。因为，它们在行政上隶属于本单位后勤管辖，从管理方便考虑，自然在位置选择上要靠在一起，而且服务对象主要是本单位职工。但职工的居住地却分散在城市各地，接送小孩就有不便之处。当上述单位自办幼儿园在后勤服务社会化、市场化以后，将逐渐剥离各自依附体，成为独立的实体，而生源也逐渐开放，面向社会。

另一方面，在后勤服务社会化的发育过程中，适应社会的需求，逐渐出现一些新的私立幼儿园。这类幼儿园初创时一般规模不大，服务圈子比较小，因此位置的选择一般都因地制宜，利用旧房改造，很少有在城中择地新建幼儿园的。

还有为数不少的政府部门包括省、市、区主办的幼儿园，其区位一般比较优越，交通方便，环境条件较好，再加上办园规模较大，办园软件条件较强。尽管机关公务员居住分散，但服务半径过大并不成为这类幼儿园在位置上的缺陷。只有在城市居住区改造与建设中，作为配套公建之一的幼儿园，才有位置选择的问题，那是需要根据规划设计而定。根据居住区的规模与规划设计，幼儿园的位置选择有如下方式：

（一）位于小区入口（图 2-2）

当一个住宅小区规模不大，按合理服务半径，只需设一所幼儿园时，宜选点在接近小区入口附近，这里是居民上下班进出小区的必经之地。特别是双职工早晨时间非常紧张，能够考虑他们在早晨上班赶车，或下午下班回来途经小区幼儿园时可以顺路接送孩子是最为方便的了。但是小区入口又是人流、车辆瞬时较集中的地方，因此幼儿园布点应注意与小区入口保持一定退后距离，以形成安全缓冲地带。

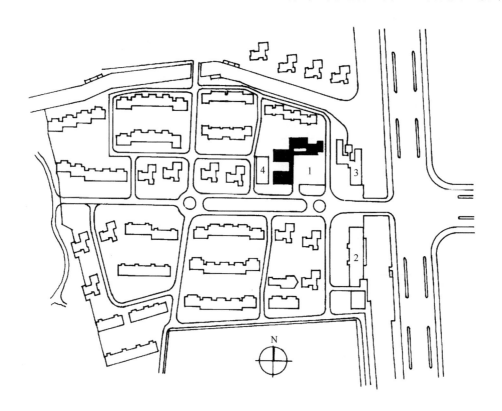

图 2-2　苏州市三元小区
1—幼儿园；2—购物中心；3—饮食服务中心；4—居委会

（二）位于小区中心（图 2-3）

在一个居住小区内，其小区中心的服务半径以 400～500m 较为适宜。幼儿园位于这个小区中心，可使家长接送幼儿的距离适中，如果小区中心有其他一些公共服务设施，也便于居民进行活动。但在布局上最好与小区中心的公共绿地结合在一起，以创造幼儿园良好的外部环境和小气候。

位于小区中心的幼儿园由于服务范围较大，办班规模也相应较大，通常为 9～12 班规模。

（三）位于住宅组团之间（图 2-4）

在居住规模相对于居住小区比较小的"邻里单位"，除配置相应的商店、公共活动中心等外，也需在住宅组团之间布置托幼机构。相对位于小区中心的幼儿园，此类幼儿园布点适中，与各住宅组团距离均等，环境清静安全，不受城市交通干扰。建筑群体高低错落，可丰富住宅组团的空间布局。此类幼儿园办班规模一般为 6～9 班。

（四）位于住宅组团内（图 2-5）

当幼儿园位置在一个住宅组团之内时，相应加大了幼儿园布点的密度，且位置的选择更灵活，服务半径更小，家长接送幼儿距离更近，相应办班规模可更小。但就我国国情而言并不适宜，因为这样小规

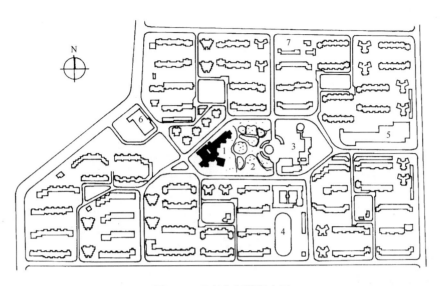

图 2-3 石家庄市联盟小区

1—幼儿园；2—中心花园；3—社区中心；4—小学；5—购物中心；6—锅炉房；7—公共汽车站

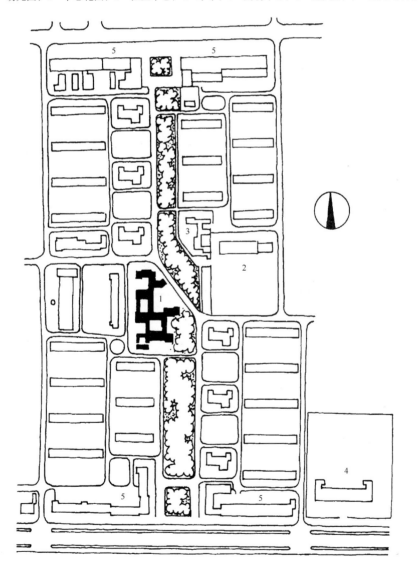

图 2-4 北京塔院小区

1—托幼建筑；2—小学；3—少年之家；4—中学；5—商住楼

模的幼儿园运行的成本较高。国外由于生活水准较高,幼儿园规模较小(如日本幼稚园规模通常以4个班为主),常有这种幼儿园布点形式。

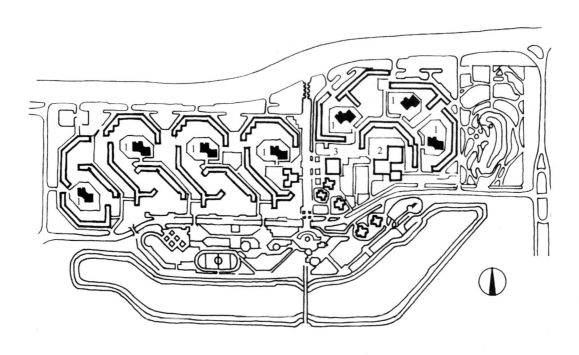

图 2-5　苏联高尔基城梅舍斯克湖小区
1—托幼建筑;2—学校;3—诊所

(五)位于住宅内(图 2-6)

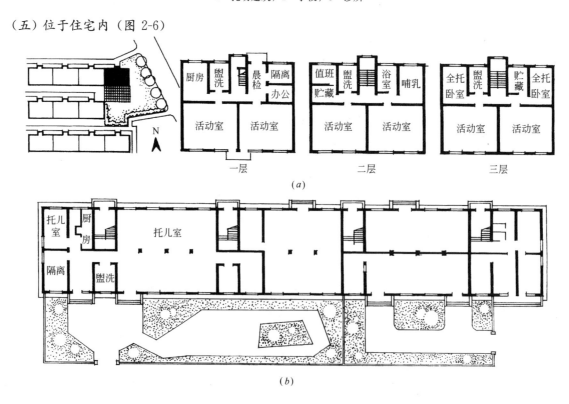

图 2-6　托幼位于住宅内
(a)位于住宅单元内(上海某纺织厂);(b)位于住宅底层(北京劲松居住区)

幼儿园这种布点不是正规办园的方式。一是因为平面布局及空间形态不符合幼儿园活动单元设计模式；二是室外活动场地明显不足，许多保教活动无法开展；三是与毗邻住户容易互相干扰。因此，选择这种方式进行幼儿园布点很难满足幼儿园教学的要求。

只有当办园规模很小，且对幼儿园教学要求不高，仅为了满足收容幼儿而办的小型幼儿园才采用这种布点方式，如街道办、私人办的幼儿园。

即使幼儿园因受客观条件所限，不得已采取这种布点方式，也要尽可能置幼儿园于底层或独立单元内，要设独立出入口，严格与住户流线分开。场地周围应设隔离措施，以防外界对幼儿园教学与管理的干扰。室外活动场地范围内应采取防止上层各户物体坠落的措施。

第二节　幼儿园总平面设计

幼儿园虽属小型公共建筑类型，其功能组成部分较简单，但在总平面设计时，仍然需要根据幼儿园的规模、功能使用要求，以及幼儿园所在地的自然条件、周围环境、地段现状等因素，充分考虑经济问题和节约用地的原则，从实际出发，以规范要求为依据，合理地布局幼儿园总平面的各个组成部分，以创造出符合幼儿园教学的要求，并适宜幼儿身心健康发展的建筑环境。

一、总平面设计的基本要求

（一）出入口位置选择正确

出入口是幼儿园内外联系的交通要道，对其位置的确定是幼儿园总平面设计首先要考虑的问题。它一方面要受到周围道路的现状和外界环境影响，同时又要受到幼儿园自身使用功能要求的制约。在进行总平面设计确定出入口位置时，要同时综合考虑上述内外两个制约条件，以保证幼儿园与外界道路系统有方便、安全的衔接，并成为内部功能流线合理的起始点。

幼儿园的出入口宜设主出入口和次出入口。小型幼儿园或限于用地条件亦可设一个出入口。

1. 主要出入口

主要出入口是供家长接送幼儿及保教人员进出之用。其位置应设在能方便家长接送幼儿的道路上，并尽可能设置在次要街道上，以回避干道上繁忙的车流。

当主出入口只能设在城市干道上时，则要设法使其后退一段距离，以避开车辆和人流汇集地段。最好在主出入口前有一较开阔绿地，一方面可创造优美的入口环境，另一方面在家长接送幼儿集散高峰时，可缓冲对城市交通的压力，或者避免城市交通对人员产生事故伤害的可能性（图 2-7）。

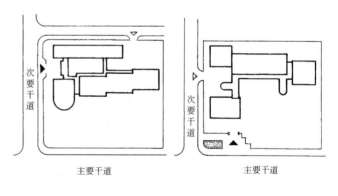

图 2-7　幼儿园主出入口位置选择

主要出入口的位置不但要满足上述幼儿园外部条件，而且要兼顾内部总平面设计的合理性。其中之一是从主要出入口到园舍的流线不应穿越室外活动场地，以保证室外活动场地的完整性，并保证幼儿园教学活动不受外界干扰和人身安全（图 2-8）。

2. 次要出入口

次要出入口是供后勤人员或食材、垃圾进出之用。其位置应优先考虑与主要出入口不在同一方位的另一条道路上。这样，可保证幼儿园的主要流线与辅助流线互不干扰，也能满足幼儿园对安全与卫生的要求，但同时应满足能较方便地连通厨房或杂物院，并使其流线尽可能短捷。

当幼儿园用地仅有一面临街时，也应注意将次要出入口与主要出入口尽可能拉开距离（图 2-9）。

（二）功能布局合理

幼儿园教学是将室内空间与室外环境视为一体作为活动场所的。因此，总平面设计在考虑功能分区时特别强调"图"（建筑物）、"底"（场地）布局的关系，即都要为两者的使用功能得到满足而创造良好条件，且建筑物占地的密度不宜大于30%。由于幼儿园各个幼儿用房和室外活动场地都需要阳光、通风，而且"图"、"底"两者在功能关系上都需要保持密切的联系（包括视觉的和行为的），因此，在进行幼儿园总平面功能分区时，应优先考虑两者呈南北布局，其中以建筑物居用地之北部，室外游戏场地位于用地之南部为佳。这样两者都可以获得充足的阳光。而

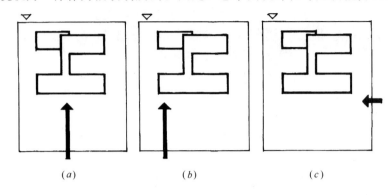

图 2-8　幼儿园出入口位置比较

（a）主入口位置使幼儿入园流线穿越活动场地；（b）将入口位置偏移，可使幼儿入园流线尽量少穿越活动场地；（c）主入口位置合适，保证了幼儿入园流线不穿越活动场地

且，在冬季室外场地因北有园舍遮挡西北风，幼儿可获得良好的小气候条件（图 2-10）。

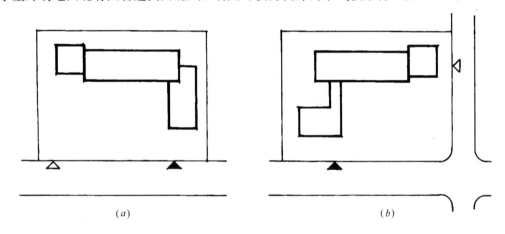

图 2-9　幼儿园次要出入口位置选择

（a）当幼儿园用地一面临道路时，次入口应与主入口拉开距离；（b）当幼儿园用地两面临道路时，次入口最好与主入口不在一个方向

当用地条件满足不了"图"、"底"关系呈南北布局而不得不东西并列布局时，虽然两者朝向都很好，但在功能使用上关系欠密切。说明在幼儿园选址时对用地形状考虑欠周，造成总平面功能分区不十分完善（图 2-11）。

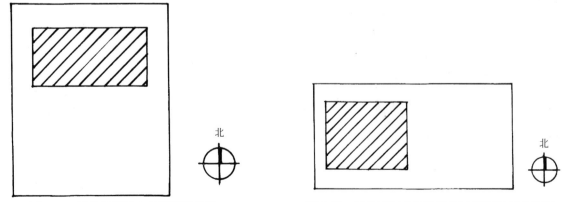

图 2-10　幼儿园场地良好的图底关系　　　　图 2-11　幼儿园用地不良形状对图底关系的影响

（三）室外游戏场地形状应规整开阔

为了保证室外游戏场地规整、开阔，以利场地内各种室外游戏项目的合理配置，建筑布局宜相对集中，不但可节约用地，而且为幼儿园教学开展室外各项游戏活动内容提供足够的空间。特别是这种规整开阔的室外游戏场地有利于布置30m跑道所需要的用地条件。那种因建筑布局形式过于分散，甚至不顾客观条件玩弄平面图形的手法，只能将室外游戏场地分割得支离破碎，并制造了许多阴影区，从而大大地降低了环境质量。

（四）应满足建筑物的使用要求

1. 建筑物的功能分区合理

幼儿园的幼儿生活用房区、服务管理用房区、供应用房区三者的布局既要相对独立，又要有利于方便联系。供应用房区由于易产生不利于幼儿身心健康的气味、噪声和烟尘等，应与幼儿生活用房区有适当距离，但也不宜过远，以免造成供应流线过长。

2. 建筑物要有良好朝向

幼儿生活用房区各主要用房必须有良好的向阳朝向，在总平面设计时，应将此部分建筑内容布置在用地的最好地段与方位上。虽然我国地域广大，各地区适宜的朝向有所不同，但从总体的日照条件看，良好朝向以南北向为主（表2-3）。

我国各地区建筑物适宜朝向　　　　　　　表 2-3

东北地区	华北地区	西北地区	西南地区	华中地区	华东地区	华南地区
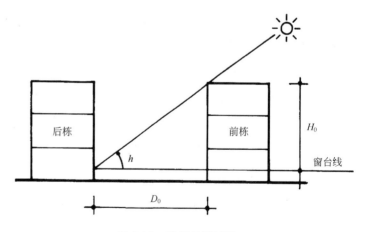						

3. 满足建筑物日照间距要求

在进行幼儿园总平面设计时，必须满足前后栋建筑有足够的日照间距，以保证室内良好的卫生条件和教学环境。特别是对于幼儿生活用房，根据《托儿所、幼儿园建筑设计规范》JGJ 39—2016的规定，应满足冬至日底层满窗口日照不少于3h（小时）的要求（图2-12）。可参照表2-4我国各主要城市日照间距系数（理论计算值），按下列公式算出日照间距：

$$D_0 = H_0 \cdot l_0$$

式中　D_0——日照间距；

　　　　H_0——前栋建筑物的计算高度；

　　　　l_0——日照间距系数。

图 2-12　建筑日照间距

D_0—日照间距；H_0—前栋建筑物的计算高度；h—太阳高度角

4. 满足防火间距的要求

当幼儿园处在建筑群之中时，为了安全起见，应按《建筑设计防火规范》GBJ 50016—2014 的规定满足防火间距要求（表2-5）。

地　名	地理纬度	冬至日满窗口日照 3h	地　名	地理纬度	冬至日满窗口日照 3h
哈尔滨	45°45′	2.89	南　京	32°04′	1.55
长　春	43°52′	2.61	合　肥	31°53′	1.54
乌鲁木齐	43°47′	2.60	上　海	31°12′	1.49
沈　阳	41°46′	2.35	成　都	30°40′	1.47
呼和浩特	40°49′	2.27	武　汉	30°38′	1.45
北　京	39°57′	2.15	杭　州	30°20′	1.45
天　津	39°07′	2.06	拉　萨	29°43′	1.41
银　川	38°25′	2.01	南　昌	28°40′	1.37
石家庄	38°04′	1.98	长　沙	28°15′	1.35
太　原	37°55′	1.97	贵　阳	26°24′	1.27
济　南	36°41′	1.87	福　州	26°15′	1.24
西　宁	36°35′	1.86	昆　明	25°12′	1.20
兰　州	36°01′	1.82	广　州	23°00′	1.12
郑　州	34°44′	1.72	南　宁	22°48′	1.10
西　安	34°15′	1.70	海　口	20°00′	1.03

注：转引自西安建筑科技大学张宗尧，李志民主编《中小学建筑设计》北京：中国建筑工业出版社，2000。

幼儿园建筑与其他民用建筑之间的防火间距　　　　　　　　表 2-5

建筑类别		高层民用建筑	裙房和其他民用建筑		
		一、二级	一、二级	三　级	四　级
幼儿园建筑	一、二级	9	6	7	9
	三　级	11	7	8	10
	四　级	14	9	10	12

注：1. 相邻两座单、多层建筑，当相邻外墙为不燃性墙体且无外露的可燃性屋檐，每面外墙上无防火保护的门、窗、洞口不正对开设，且该门、窗、洞口的面积之和不大于外墙面积的 5% 时，其防火间距可按本表的规定减少 25%。

2. 两座建筑相邻较高一面外墙为防火墙，或高出相邻较低一座一二级耐火等级建筑的屋面 15m 及以下范围内的外墙为防火墙时，其防火间距不限。

3. 相邻两座高度相同的一二级耐火等级建筑中相邻任一侧外墙为防火墙，屋顶的耐火极限不低于 1.00h 时，其防火间距不限。

4. 相邻两座建筑中较低一座建筑的耐火等级不低于二级，相邻较低一面外墙为防火墙且屋顶无天窗，屋顶的耐火极限不低于 1.00h 时，其防火间距不应小于 3.5m；对于高层建筑，不应小于 4m。

5. 相邻两座建筑中较低一座建筑的耐火等级不低于二级且屋顶无天窗，相邻较高一面外墙高出较低一座建筑的屋面 15m 及以下范围内的开口部位设置甲级防火门、窗，或设置符合现行国家标准《自动喷水灭火系统设计规范》GB 50084 规定的防火分隔水幕或本规范第 6.5.3 条规定的防火卷帘时，其防火间距不应小于 3.5m；对于高层建筑，不应小于 4m。

6. 相邻建筑通过连廊、天桥或底部的建筑物等连接时，其间距不应小于本表的规定。

7. 耐火等级低于四级的既有建筑，其耐火等级可按四级确定。

8. 本表根据《建筑设计防火规范》GB 50016—2014 编制。

（五）室外环境的功能配置应合理

幼儿园的室外环境是幼儿园开展室外教学活动的重要场所，是对幼儿进行三浴以促进其身心发展必不可少的前提条件，也是幼儿认知世界、促进智力、情感发展的课堂。因此，在进行幼儿园总平面设计时，对室外游戏场地、绿化用地及杂物院等进行总体布置要做到功能分区合理，方便管理，朝向适宜，以创造符合幼儿生理、心理特点的空间，并应满足下列要求：

（1）总平面必须设置室外游戏场地。包括各班专用的室外游戏场地和共用的集体游戏场地。分班游戏场地每幼儿 2m²，即每班的游戏场地面积不应小于 60m²。各游戏场地之间宜采取适当分隔措施。

全园共用的室外集体游戏场地应开阔完整，以利布置大型活动器械、嬉水池、沙坑及 30m 长的直跑道等。

（2）尽量扩大集中绿地面积，每幼儿绿地用地不应小于 2m²，有条件的幼儿园要结合活动场地铺设草坪，在园地一隅配置种植园地。

（3）园内道路、庭院小径及杂物院等配置应尽量减少对幼儿室外游戏场地的交叉干扰，不要将机动车引进园地深处。

（六）创造优美的景观

进行幼儿园总平面布局时，要充分利用建筑物形象和室外环境中的游具、绿化、小品等诸多设计要素，使其配置协调有机，组成和谐的环境景观，共同创造充分反映幼儿园建筑环境个性的乐园。

二、总平面组成内容

幼儿园建筑最基本的功能组成包括：建筑、室外游戏场地、绿化用地、道路和后勤等部分(图 2-13)。

上述各功能组成部分所包含的相关内容是：

（一）建筑部分

（1）幼儿生活用房：包括各班级活动单元（活动室、寝室、卫生间、衣帽贮藏室）、多功能活动室及公共活动室（美工室、科学发现室、图书室、舞蹈室、大型游戏室等）；

（2）服务管理用房：包括医务室、隔离室、晨检室、办公室、会议室、资料室、教具制作室、值班室、贮藏室、传达室等；

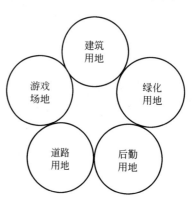

图 2-13 幼儿园总平面组成内容

（3）供应用房：包括厨房、消毒室、开水间、洗衣房等。

（二）室外游戏场地部分

（1）各班级游戏场地；

（2）共用游戏场地：包含器械活动场地、集体游戏场地、30m 跑道、沙坑、游泳池、嬉水池等。

（三）绿化用地部分

（1）幼儿园与外界隔离的绿化带；

（2）集中绿地；

（3）景观绿化；

（4）种植园地。

（四）道路部分

（1）入口广场；

（2）园内人行道；

（3）庭园小径；

（4）机动车道。

（五）后勤用地部分

（1）杂物院；

（2）晒衣场；

（3）燃料堆场；

（4）垃圾箱。

以上各组成的功能关系如图 2-14 所示。

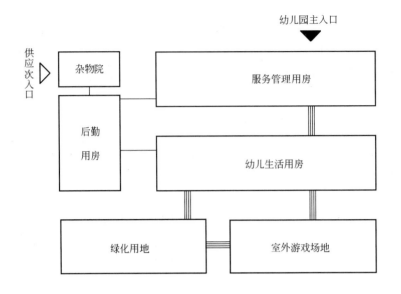

图 2-14　幼儿园总平面功能关系图

三、总平面功能分析

从图 2-14 幼儿园总平面功能关系图中，我们可以看出，各组成部分的功能关系特点是：

（1）幼儿园对外出入口至少应包括：幼儿园主入口和供应次入口，两者应适当拉开距离。

（2）幼儿生活用房（包括各活动单元和公共活动室）应处于幼儿园用地最佳位置，且保证有良好的南北朝向和自然通风。

（3）幼儿室外游戏场地按各自活动内容自成一区，都有较好的南朝向。其中，班级游戏场地应与幼儿生活用房有密切联系。

（4）服务管理用房应与幼儿园主要入口毗邻，便于管理，并与幼儿生活用房有方便联系。

（5）供应用房应处于幼儿园边缘地带（有条件的话，最好处于幼儿园用地的下风区域），与辅助入口紧邻，便于货物和垃圾出入。

（6）绿化用地最好有一较大完整的面积，种植观赏植物，作为幼儿认识大自然的课堂。

四、总平面布置的基本形式

幼儿园建筑虽属小型公共建筑，但功能性强，服务对象属特殊群体。因此，总平面布置必须满足幼儿园教学的特殊功能要求。其关键是处理好建筑与场地两者的相互关系。

幼儿园总平面布置的基本方式可归纳如下：

（一）幼儿园主体建筑占据用地较中心位置，将室外空间分割成若干不同功能的部分（图 2-15a）

这种布置方式主要是因主体建筑是枝形或分散式组合而构成。其中各幼儿生活用房位于最佳位置；服务管理用房插入幼儿生活用房之间或布局在主体建筑入口之一端；而供应用房仅占主体建筑北端一枝或一角落。这种总平面功能的布局，可使主、次出入口分设在不同方位的两条道路上。

该布置方式的优点是，幼儿生活用房都有良好的采光、日照条件，各班级室外游戏场地互不干扰，建筑体形活泼轻快，体量适宜幼儿尺度。但这种总平面布置的最大缺点是建筑占地较大，室外空间被分割太零碎，且欠开阔。而各班级室外游戏场地虽然可满足面积定额要求，但场地部分区域会处在前幢建筑的长年阴影区内（图 2-16），使场地日照范围和卫生条件受影响。同时，空间围合较封闭的班级室外游戏场地可能会造成通风条件欠佳。因此，采用这种总平面布置方式时，应注意尽可能在好方位的地方留有一块较大的室外场地，作为公共游戏场地或绿地。同时班级游戏场地的围合要在东、东南或南向留有开口处，以利形成穿堂风，改善通风条件。另外，"枝"形组合单元以一个班级活动单元占一"枝"为宜，可避免两个班级活动单元以上的"枝"状所围合的班级游戏场地过分狭窄，且互有干扰。

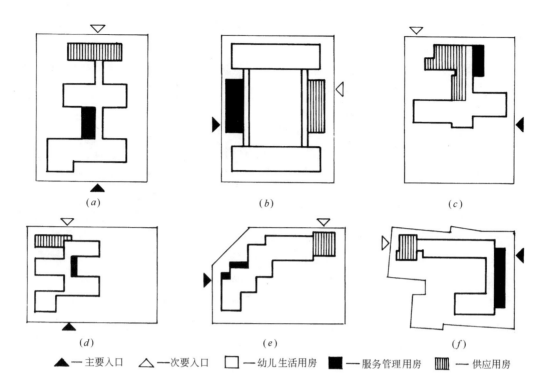

(a)　　　　　　　　　　(b)　　　　　　　　　　(c)

(d)　　　　　　　　　　(e)　　　　　　　　　　(f)

▲—主要入口　△—次要入口　□—幼儿生活用房　■—服务管理用房　▥—供应用房

图 2-15　总平面布置方式示意图

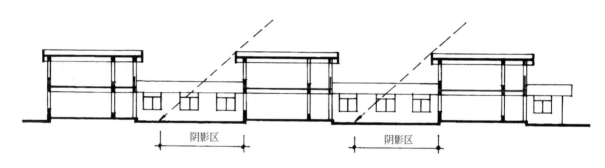

阴影区　　　　　　　　　　阴影区

图 2-16　日照阴影对班级游戏场地的影响

（二）以室外游戏场地为中心，环绕布置建筑各功能区域（图 2-15b）

这种布置方式可以在用地有限的条件下，获得中间较大而完整的室外空间。由于集中的室外游戏场地周边需布置各类用房，必然会产生一部分朝东、西向的用房。设计时，应首先保证幼儿生活用房布置在南北向，而将服务管理用房和供应用房布置在用地的东、西两侧，并妥善解决好东、西晒问题。主、次要出入口也宜分别设置在东、西两侧，使流线适中。

这种布置方式的优点是：各类用房易形成向心力，室外游戏场地易形成幼儿园特有的活跃气氛，有利于幼儿园管理和园长对幼儿园室外教学的观察与检查。但是需注意，中心的室外游戏场地应有一定大的面积规模，要能容纳下规范所规定的必须有的室外游戏内容及相应的游戏器具。否则，此种布置方式中间只能形成内庭院空间形态，而不能满足幼儿需要在室外进行游戏活动的要求。

（三）主体建筑与室外游戏场地呈南北方向布置（图 2-15c）

这种布置方式多是由于用地条件东西向较窄，南北向较长而形成的。此时，宜将主体建筑布置在用地的北半部，将室外游戏场地处于用地南半部。

这种布置方式的优点是无论主体建筑还是室外游戏场地，都能获得良好日照与通风的要求；而且各幼儿生活用房向南视野开阔，有利于幼儿心理的健康发展。此外，主体建筑居北还可阻挡冬季西北寒风对室外游戏场地的侵袭，有利于幼儿在冬季也能开展适宜的室外游戏。主要出入口宜设在东或西侧并接近主体建筑，可使园内道路面积节省。但此种布置方式应避免在用地南面作为主要出入口，一是防止园内道路过长，二是避免人流穿越室外游戏场地。如果确因周边道路条件限制，必须在用地南面设主要出入口时，也应将主要出入口布置在南面边界的两端。此种总平面布置方式的缺点是：各班级室外游戏场地不易组织，需通过建筑设计创造屋顶游戏场地来解决。

（四）主体建筑与室外游戏场地呈东西方向布置（图 2-15d）

当幼儿园用地条件呈东西向长，南北向短时，常采用这种布置方式。其中，宜将主体建筑布置在用地之西半部，而将室外游戏场地布置在用地东半部。其原因是东面游戏场地较西边游戏场地可获得良好的东南风，并在一定程度可避免冬季西北风，且对于避免西晒也有一定好处。

这种布置方式的优点是：无论主体建筑还是室外游戏场地都能获得良好的日照和通风条件，而且，室外游戏场地比较完整开阔。但是，相比主体建筑与室外游戏场地呈南北布置的方式显得欠缺的是，这种总平面布置使各幼儿生活用房与室外游戏场地呈横向联系，相互之间的对话关系不够紧密。

（五）主体建筑与室外游戏场地各据用地一角（图 2-15e）

这种布置方式宜使主体建筑呈 L 形布置在用地西北角，而室外游戏场地布置在用地的东南角。适合这种布置方式的主要出入口宜布置在西侧，或南侧西端。

这种布置方式的优点是：主体建筑与室外游戏场地的功能关系有机而紧密。特别是 L 形的建筑组合形态开口面向东南，十分有利于夏季通风顺畅，且冬季又可形成室外游戏场地的避风"港"。主体建筑的造型与室外游戏场地的气氛相互交融，易形成个性突出的幼儿园建筑环境特色。

（六）因地制宜的总平面布置方式（图 2-15f）

经规划新建的幼儿园一般用地比较规整，对总平面布置较为有利，可结合用地具体情况，借鉴上述总平面布置中的一种方式。但在旧城建幼儿园时，由于受现状条件的限制，用地常不规整，又要考虑与保留建筑的结合，往往给总平面布置带来诸多困难。但是，即使在这种较为不利的情况下，也应力求把总平面布置调整得尽可能合理。首先要因地制宜地处理好各类用房的平面形式与用地形状的有机关系，最大限度地满足各类用房，特别是幼儿生活用房的采光、通风、日照条件要优先得到保证且各类用房体量的组合要自然和谐。在此基础上尽可能在好方位地段留出较大的室外游戏场地，或采取其他有效措施（如屋顶室外游戏场地）弥补用地不足。

第三节　幼儿园总平面实例与分析

一、清华大学洁华幼儿园（图 2-17）

该幼儿园具有 60 多年历史，由新、老楼组成。其中，新楼（1999 年建成）呈十字形格局，位居园地中央。新楼东翼为 1 层 2 个托儿班；西翼为 3 层 9 个幼儿班；南翼为可容 400 幼儿的多功能活动室和若干专用活动室；北翼为厨房等供应用房。各翼形体高低错落，丰富多变。

十字形主体建筑将园地划分成大小不同的室外空间，并与原有各教学楼和办公楼分别围合成两个主要的院落。一个是面向幼儿园入口的开放型庭院，以保留的高大树木为主，配以大面积草坪绿化和花坛灌木，形成一个绿色的景观空间，并延伸到围墙外部，成为周围居民的活动场所。

另一个是面向各幼儿班级的幼儿室外活动场地，以大面积彩色水泥广场砖铺装，配置各种游具，形成较独立而安全的游戏区。场地中保留的几行参天大树成为游戏场地的遮阳伞，环境优美。

该幼儿园在总平面设计中，从用地周边的道路与自然环境出发，合理地确定主次出入口位置，使主入口醒目，并与原有地下人防单层出入口巧妙结合，组成统一的形体。主入口空间开阔、通透，成为该幼儿园主景。而次要入口在北，紧邻后勤用房，使物流与人流完全隔离。

其次，该幼儿园在总平面规划中，充分考虑现状条件，精心保护每棵树木，躲让地下复杂的设施，

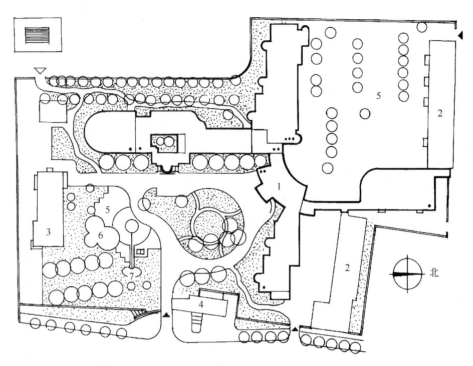

图 2-17　清华大学洁华幼儿园

1—新教学楼；2—现有教学楼；3—现有办公楼；4—现有人防招待所；5—室外活动场地；6—戏水池；7—沙坑

使十字形主体建筑小心翼翼地在树木空隙中，在隐蔽工程上穿插展开，不仅使建筑完全融入环境之中，而且优化了幼儿园与其周边的外部环境。

二、江苏盐城城区机关幼儿园（图 2-18）

该幼儿园用地十分紧张，且办园规模为9个班。为了尽量争取最大的室外活动场地，其建筑布局采用集中式，呈"一"字形，且布置在用地北半部，而留下用地南半部作为幼儿室外活动场地。这样，幼

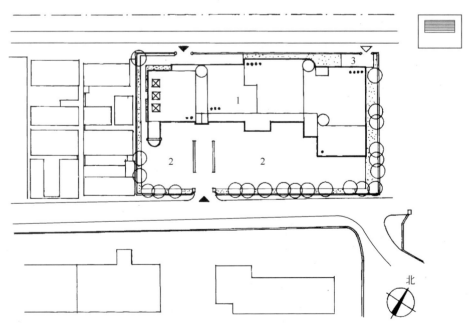

图 2-18　江苏盐城城区机关幼儿园

1—教学楼；2—室外活动场地；3—杂物院

儿园主体建筑和室外活动场地都可获得良好的日照和通风条件，且建筑物在冬季可抵御西北寒风，有利于幼儿可经常在室外活动。

该幼儿园主入口近期为南入口，其幼儿入园流线将室外活动场地划分为一大一小两个区域。西边为器械活动场地，东边为集体活动场地。此外，建筑东端一层屋顶和西端二层屋顶均可作为幼儿室外活动平台。当幼儿园北面城市干道建成后，幼儿园主入口改为北入口，则南面室外活动场地可形成整体。

三、江苏东台市幼儿园（图 2-19）

该幼儿园用地较规整，但办园规模较大（12班）。为了使室外活动场地完整，以利幼儿室外游戏区的布置和便于教学管理，并考虑该幼儿园地处苏北地区，冬季较寒冷，因此主体建筑呈L形，位居园地西北角，而室外场地可占据最好的方位——东南角。

主体建筑的12个活动单元的组合顺应北面的河流形态呈"一"字形阶梯状走势，正好在东北角形成一个小院落，作为供应用房区的杂物院，且与幼儿园作为物流的次入口关系紧密。

该幼儿园主入口面西临城市道路，透过架空连廊可直视园内景观，并不显入口局促。西南角建筑底层为办公用房，二层为多功能活动室。

该幼儿园总平面设计以L形建筑布局，在一定程度上隔绝了外界不利因素对幼儿园教学活动的干扰。建筑布局虽然集中紧凑，但通过建筑体量的退台及屋顶小品，使幼儿园建筑形象生动活泼，尺度适宜。其最大的优点是幼儿室外游戏场地完整、开阔，环境气氛充分表达了幼儿园的特定个性。

四、江苏建湖县幼儿园（图 2-20）

该幼儿园由于办园规模较大（15班），总平面设计适宜周边布置建筑，在限制层数的情况下，可尽量扩大建筑面积，以满足各房间内容的安排。因此，该幼儿园总平面设计以完整的室外游戏场地为中心，周边布置各用房：北面为12班教学主楼（另附建湖县幼儿教育中心各用房设在四层、五层）；南面东端底

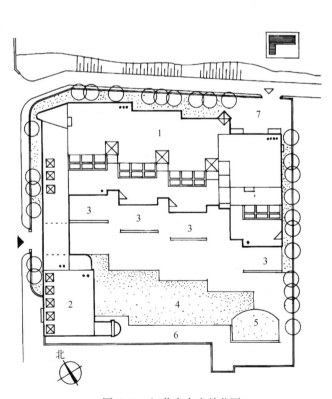

图 2-19　江苏东台市幼儿园

1—教学楼；2—多功能活动室；3—班级游戏场地；

4—共用游戏场地；5—沙坑；6—器械游戏场地；7—杂物院

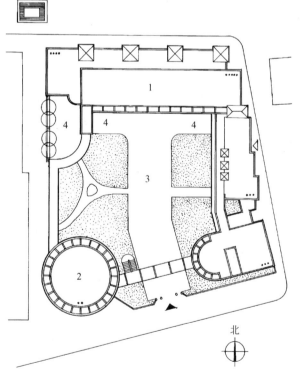

图 2-20　江苏建湖县幼儿园

1—教学楼；2—多功能活动室；3—室外游戏场地；4—班级游戏场地

层为办公，其上两层为幼儿公共活动室，南面西端为多功能活动室；东面底层为厨房，其上为 3 个班级；西面以连廊将教学主楼与多功能活动室联系起来。南面正中心架空廊作为主入口连接多功能活动室和各公共活动用房。至此，幼儿园各用房连成不受气候影响可互通的整体。

五、江苏常州市丽华二村幼儿园（图 2-21）

该幼儿园在总平面布局时，将建筑主体布置在用地东部，各幼儿园用房组织在南北两幢建筑内，其间以连廊结合成整体，并形成内庭院。供应用房独立于用地南端。这样，用地西半部则成为幼儿室外游戏场地区，并成为幼儿园主体建筑与城市道路的隔离带，使各活动单元环境较为安静。

幼儿园主入口置于用地西北角，与建筑主入口较接近，可使幼儿入园流线较短，且不穿越室外游戏场地。

六、上海梅山冶金工业公司幼儿园（图 2-22）

该幼儿园的用地是一块十分不规则的形状：主要道路呈南偏西 30°角，且次要道路与主要道路又不正交，而用地另两边界在交界处被挖去一角。总之，要想使该幼儿园的总平面布局与周边条件有机和谐，并不是轻而易举的。

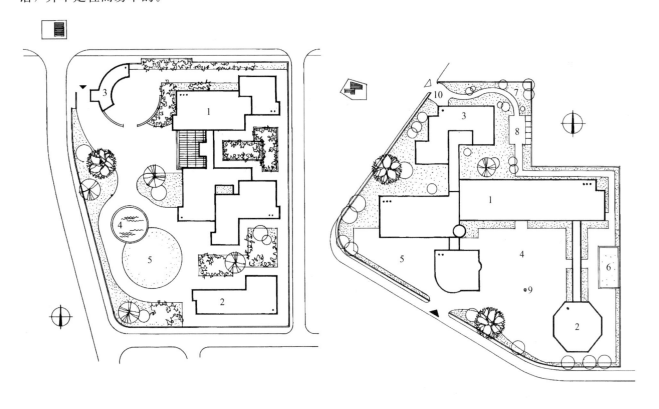

图 2-21　江苏常州市丽华二村幼儿园
1—教学楼；2—食堂厨房；3—传达室；4—水池；5—沙坑

图 2-22　上海梅山冶金工业公司幼儿园
1—教学楼；2—多功能活动室；3—厨房；4—共用活动场地；
5—班级活动场地；6—沙坑；7—花圃；8—小动物房；
9—旗杆；10—杂物院

该幼儿园在总平面设计中，首先保证幼儿生活用房的主体建筑布置呈南北向，以满足使用功能要求，而其他用房如服务管理用房、多功能活动室和供应用房则顺应斜向道路的走势呈呼应布置，相互结合关系十分有机。由此把室外场地划分成不同功能使用的区域，布局合理，形态富于变化，把不利条件变为有利因素。主入口接近主体建筑服务管理用房区，流线短捷，晨检方便，而次要入口位于供应用房区，位置恰当。

第三章 幼儿园的建筑布局

幼儿园建筑布局的主要任务是，根据幼儿园各组成部分的不同功能要求及其内在的关系，从总平面布置要求出发，结合当地气候、地形环境等条件，对各类用房进行合理的组合，以满足幼儿园教学的功能要求并创造幼儿园建筑特有的个性。

第一节 幼儿园建筑的房间组成及功能关系

幼儿园建筑的房间组成，应综合考虑幼儿园的规模与标准、办园单位的性质与要求、地区的差异与条件等各种因素，设置或部分设置下述用房：

一、幼儿园建筑的房间组成（图 3-1）

（一）幼儿生活用房

幼儿生活用房是幼儿园建筑的主要组成部分。包括由活动室、寝室、卫生间、衣帽贮藏间组成的各活动单元以及由多功能活动室、美工室、角色游戏室、音乐舞蹈室、科学发现室、积木建构室、图书室、兴趣游戏室等组成的幼儿公共活动用房。

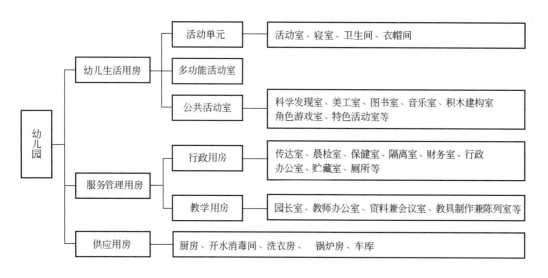

图 3-1 幼儿园房间组成

（二）服务管理用房

幼儿园的服务管理用房包括与外界有功能联系的门卫、财务室、接待室以及直接为幼儿的保健和教学服务的行政办公室、教师办公室、教具制作室、保健室、隔离室、晨检室、会议室和相关的辅助房间，如保育员值宿室、教职工厕所等。在寄宿制幼儿园还应设置幼儿集中浴室。

（三）供应用房

供应用房是保障幼儿园保教工作得以正常运行的部分，包括幼儿厨房、开水间、消毒间、洗衣房、锅炉房及库房等。

二、幼儿园建筑的功能关系

幼儿园建筑的上述三个组成部分是一个既互有联系又相互具有独立性的有机整体。在这个有机整体中，幼儿生活用房功能区占有主导地位，其他两个部分的功能区都从属于幼儿生活用房功能区。而幼儿生活用房中的各班级活动单元又各自成一体，其中的活动室、寝室、卫生间、衣帽贮藏间四者之间的功能关系又有严格的功能秩序关系。

图 3-2 为幼儿园建筑各房间的功能关系分析图。

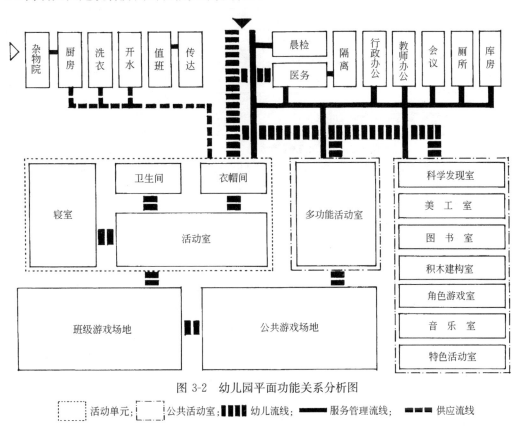

图 3-2 幼儿园平面功能关系分析图

▯ 活动单元；▯ 公共活动室；▮▮▮ 幼儿流线；━━ 服务管理流线；■■■ 供应流线

第二节 幼儿园各用房面积的规定

幼儿园各用房面积的规定是随着国家经济不断发展和现代幼儿园教学日益增长的需要而逐步加以调整的。早在 20 世纪 80 年代，根据原中华人民共和国城乡建设环境保护部、原中华人民共和国国家教育委员会 1987 年部颁标准《托儿所、幼儿园建筑设计规范（试行）》（JGJ 39—87）规定，幼儿园主要房间面积不应小于表 3-1 的规定。

幼儿园主要房间的最小使用面积（m²）   表 3-1

功能性质	房间名称	幼儿园规模			备 注
		大 型	中 型	小 型	
生活用房	活 动 室	50	50	50	指每班面积
	卧 室	50	50	50	指每班面积
	卫 生 间	15	15	15	指每班面积
	衣帽贮藏间	9	9	9	指每班面积
	音体活动室	150	120	90	指全园共用面积
服务用房	医务保健室	12	12	10	
	隔 离 室	2×8	8	8	
	晨 检 室	15	12	10	

功能性质	房间名称		幼儿园规模			备 注
			大 型	中 型	小 型	
供应用房	厨 房	主副食加工间	45	36	30	
		主食库	15	10	15	
		副食库	15	10		
		冷藏室	8	5	4	
		配餐间	18	15	10	
	消毒间		12	10	8	
	洗衣房		15	12	8	

注：1. 全日制幼儿园活动室与卧室合并设置时，其面积按两者面积之和的80%计算。

2. 全日制幼儿园（或寄宿制幼儿园集中设置洗浴设施时）每班的卫生间面积可减少2m²。寄宿制幼儿园集中设置洗浴室时，面积应按规模的大小确定。

3. 试验性或示范性幼儿园，可适当增设某些幼儿公共活动用房和设备，其使用面积按设计任务书的要求设置。

4. 本表根据《托儿所、幼儿园建筑设计规范（试行）》JGJ 39—87 编制。

1988年7月原中华人民共和国教育委员会、原中华人民共和国建设部又正式颁布了《城市幼儿园建筑面积定额（试行）》，详见表3-2。

城市幼儿园园舍使用面积定额分项参考指标　　　　　表 3-2

名 称		每间使用面积（m²）	6班（180人）		9班（270人）		12班（360人）	
			间数	使用面积小计（m²）	间数	使用面积小计（m²）	间数	使用面积小计（m²）
一、活动及辅助用房								
活 动 室		90	6	540	9	810	12	1080
卫 生 间		15	6	90	9	135	12	180
衣帽教具贮藏室		9	6	54	9	81	12	108
音体活动室			1	120	1	140	1	160
使用面积小计				804		1166		1528
每生使用面积（m²/生）				4.47		4.32		4.24
二、办公及辅助用房								
办 公 室				75		112		139
资料兼会议室			1	20	1	25	1	30
教具制作兼陈列室			1	12	1	15	1	20
保 健 室			1	14	1	16	1	18
晨检、接待室			1	18	1	21	1	24
值 班 室			1	12	1	12	1	12
贮 藏 室		12	3	36	4	42	4	48
传 达 室			1	10	1	10	1	10
教 工 厕 所				12		12		12
使用面积小计				209		265		313
每生使用面积（m²/生）				1.16		0.98		0.87
三、生活用房								
厨 房	主副食加工间（含配餐）			54		61		67
	主副食库			15		20		30
	烧 火 间			8		9		10
	开水、消毒间			8		10		12
	炊事员休息室			13		18		23

名　称	每间使用面积（m²）	6班（180人）		9班（270人）		12班（360人）	
		间数	使用面积小计（m²）	间数	使用面积小计（m²）	间数	使用面积小计（m²）
使用面积小计			98		118		142
每生使用面积（m²/生）			0.54		0.43		0.39
使用面积合计			1111		1549		1983
每生使用面积（m²/生）			6.17		5.74		5.51

注：1. 寄宿制幼儿园可在上表基础上增加或扩大下列用房：

(1) 卧室：每班一间，使用面积54m²，并相应减少原分班活动室面积36m²。

(2) 隔离室：6、9、12班的使用面积分别为10、13、16m²，供病儿临时观察治疗、隔离使用。

(3) 集中浴室：6、9、12班的使用面积分别为20、30、40m²，供全园幼儿分批热水洗浴及更衣使用。

(4) 洗衣烘干房：6、9、12的使用面积分别为15、24、30m²，供洗涤、烘干幼儿衣被等使用。

(5) 扩大保育员、炊事员休息室：按增加的保育员、炊事员人数，每人分别增加使用面积2m²及2.5m²。

(6) 扩大教工厕所：各种规模均增加使用面积6m²。

(7) 扩大保健室：各种规模均增加使用面积4m²。

(8) 扩大厨房：主副食加工间增加使用面积6m²，烧火间增加2m²。

2. 幼儿园的规模与表列规模不一致时，其定额可用插入法取值。规模小于6班时，可参考6班的定额适当增加。

根据表3-2中6、9、12班的各使用面积合计，除了晨检接待、传达室和第三项生活用房为平房（平面系数 $K＝0.80$）外，其余房间均为楼房（平面系数 $K＝0.61$）考虑时，6、9、12班幼儿园建筑面积定额参考指标见表3-3。

城市幼儿园建筑面积定额参考指标（m²）　　表 3-3

	6班（180人）	9班（270人）	12班（360人）
建筑面积合计	1773	2481	3182
每生建筑面积	9.9	9.2	8.8

2016年11月，原《托儿所、幼儿园建筑设计规范（试行）》JGJ 39－87 在所有公共建筑设计规范都已正式颁布且多次修订中，是唯一一个从未正式颁布而试行了30年之久的老规范终于废止了。在同时颁布新的《托儿所、幼儿园建筑设计规范》JGJ 39－2016 中，规定了幼儿生活单元房间的最小使用面积（详见表3-4）和服务管理房间的最小使用面积（详见表3-5）。

幼儿生活单元房间的最小使用面积（m²）表 3-4

房间名称		房间最小使用面积
活动室		70
寝室		60
卫生间	厕所	12
	盥洗室	8
衣帽贮藏间		9

注：当活动室与寝室合用时，其房间最小使用面积不应小于120m²。

从表 3-4 和表 3-5 新的《托儿所、幼儿园建筑设计规范》JGJ 39—2016 中可看出，一是幼儿生活用房的建筑面积仅规定了幼儿生活单元房间的最小使用面积，而多功能活动室与各专用活动室的最小使用面积并未规定；二是供应用房的各房间最小使用面积更是没有提供任何规定。这就不但使建筑师在设计幼儿园建筑时，缺乏把控建筑面积达标的依据，而且也使办园单位在创建优质幼儿园的评审中，可能因硬件条件不满足要求甚至缺项而造成后患。

服务管理用房的最小使用面积（m²）表 3-5

房间名称	规模		
	小型	中型	大型
晨检室（厅）	10	10	15
保健观察室	12	12	15
教师值班室	10	10	10
警卫室	10	10	10
贮藏室	15	18	24
园长室	15	15	18
财务室	15	15	18
教室办公室	18	18	24
会议室	24	24	30
教具制作室	18	18	24

注：1. 晨检室（厅）可设置在门厅内。

2. 教师值班室仅全日制幼儿园设置。

为此，著者在经十多年对幼儿园建筑设计与建设的教学与课题研究中，和完成数十项幼儿园工程设计实践的经验总结中，提出幼儿园建筑各类用房使用面积的参考指标，详见表 3-6、表 3-7。

名　称	用地面积			建筑面积		
	6 班	9 班	12 班	6 班	9 班	12 班
全日制幼儿园	16.79	15.77	15.19	13.55	13.13	12.77
寄宿制幼儿园	17.58	16.53	15.91	14.05	13.51	12.96

全日制幼儿园各类用房参考使用面积（m²）　　　　　　　　　表 3-7

功能区	房间名称		规　模			备　注
			6 班	9 班	12 班	
幼儿生活用房	班级活动单元	活动室	63	63	63	每班计 140
		寝室	50	50	50	
		卫生间	18	18	18	
		存物间	9	9	9	
	多功能活动室		150	200	230	开展多种较大型活动用
	*专用活动室		40/每 3 个班			设美工、角色、舞蹈室等
服务管理用房	办公室		120	160	180	设园长、教师、财务等
	图书兼会议室		20	30	40	供阅览、开会、接待用
	保健室		20	25	30	供开展保健及存放晨检用品
	*教具制作室		—	20	25	兼陈列教具用
	门卫室		18	18	18	兼收发、值班、监控用
	贮藏室		39	54	75	分设用品、玩具、杂物贮藏
	教工厕所		18	24	30	分设男、女、无障碍厕所
供应用房	幼儿厨房	副食加工间	50	35	45	
		主食加工间		20	24	
		*点心间		15	20	
		切配间	15	20	25	
		备餐间	15	18	24	从窗口传递食物
		二次更衣间	6	8	10	专供进入备餐间之前用
		洗碗消毒间	12	15	20	
		主副食库	18	30	50	9 班及以上宜分设
		休息更衣室	15	20	30	
		合计	131	181	248	
	配电室		8	10	12	
	开水间		8	10	12	
	洗衣房		12	15	18	

注：1. 根据幼儿园需要与条件，可增设教工餐厅及其厨房。
　　2. 寄宿制幼儿园另设隔离室，6、9 班的面积为 8m²，12 班的面积为 2×8m²。
　　3. 寄宿制幼儿园另设集中浴室，面积为 30m²，或在各班寝室内的卫生间设淋浴隔断。
　　4. 寄宿制幼儿园另设保育员值宿室，6、9、12 班的面积分别为 15m²、2×15m²、3×15m²。
　　5. 带"*"房间视条件而设。

由于我国幅员辽阔，各地地理环境及经济发展水平差异很大，各办园单位的条件和要求各不相同，因此，在实际中，各幼儿园无论在建筑面积的定额标准上还是在园舍的房间内容构成上，都有很大差别。特别是自改革开放以来，国民的生活水平越来越高，幼儿园教育越来越现代化，办园条件越来越优越。因此有条件的幼儿园其办园的硬件设施得到极大改善，园舍环境、建筑空间得到优化，这就为现代化幼儿园教育和幼儿身心健康的发展奠定了良好的基础。但是，还有许多欠发达地区，特别是贫困地区要达到办园面积标准仍存在许多客观困难。

第三节　建筑布局的影响因素与组合原则

一、建筑布局的影响因素

幼儿园的建筑布局常受来自两方面的影响：一方面是幼儿园建筑本身的规模、性质等内部要求的因素；另一方面是城镇规划、地形、气候等外部条件的因素，具体表现在：

（一）收容幼儿人数的多少

当幼儿园为小型规模时，房间组成数量少，建筑布局比较简单，基本采取集中式布局，甚至一幢楼就可以解决。当幼儿园规模为大型时，班级数量相应增多，为了减少相互之间的干扰，建筑布局所考虑的影响因素就比较复杂。

（二）幼儿园的形制

全日制与寄宿制幼儿园对于各自的房间组成及相互关系，在某些方面是有差别的。例如，寄宿制幼儿园必须设有独立的寝室，并且每两班的寝室宜相对集中，便于一位保育员可以同时兼顾两个班幼儿睡眠的夜间管理。而全日制幼儿园在某些地区因条件限制亦可不单设寝室，而与活动室合而为一。因此，在建筑布局上，全日制幼儿园就与寄宿制幼儿园有所不同。

其次，幼儿园单独设置与幼儿园和托儿所联合设置时，在建筑布局上也有较大差别。后者在建筑布局时，要同时考虑幼儿园与托儿所的各自特殊要求。

（三）建筑层数的限制

按《托儿所、幼儿园建筑设计规范》（JGJ 39—2016）规定，幼儿生活用房不应设置在地下室或半地下室，且不应布置在四层及以上。因此，大型幼儿园的建筑布局只能按水平方向发展。

（四）地形条件

用地规整与否将直接影响建筑布局的方式。当用地偏紧时，建筑布局一般比较集中，而不能自由伸展。在地形有高差时，建筑布局必须与地形的变化密切配合，合理划分台地的大小与高差。

（五）环境条件

当幼儿园周围有噪声、烟尘、异味等污染源时，建筑布局应与其保持适当的安全距离，并采取必要的防护措施，或将建筑布局在常年主导风向的上风方向。

（六）气候条件

处在严寒地区和寒冷地区的幼儿园，为了防风御寒，常采用集中式建筑布局，以尽量减少外围护墙的长度；而处在温暖地区和炎热地区的幼儿园，为了获得良好通风条件，一般采用自由开敞式的建筑布局。

（七）幼儿教育观念

目前，国内幼儿教育观念正处于转型期，即由传统的幼儿园教学小学化倾向向开放型的现代化幼儿园教学发展。前者的幼儿园教学模式所导致的建筑布局多为封闭的单组式班级活动单元构成，而后者的幼儿园教学模式所导致的建筑布局出现了灵活多变的、多组式活动单元构成。

二、组合原则

幼儿园建筑各功能分区相互之间的组合虽然比较灵活，但必须受到下列若干原则的制约，以确保幼儿园教学工作能正常开展，并使幼儿身心在良好的建筑环境中得到发展。

（1）应根据基地条件进行适应性组合布局，以使幼儿园建筑与外界环境的各种关系满足规范要求。

（2）应首先保证幼儿生活用房具有良好的朝向、采光和通风。

（3）应保证幼儿园有足够的室外活动场地面积和各项游戏设施，并创造优美、舒适的室外环境。

（4）服务管理用房的布局对内要方便管理，对外要便于联系。

（5）供应用房布局既要考虑到服务方便，又要与幼儿生活用房保持适当距离，以防止噪声、气味、油烟等的各种不利影响。

（6）要有利于创造具有"童心"特征的建筑形象，建筑体量及形体组合要活泼，尺度小，以体现儿童建筑的情趣。

第四节　平面组合形式

在幼儿园建筑设计中处理好幼儿生活用房、服务管理用房、供应用房三者的关系，以及处理好幼儿生活用房内部各房间的组合关系是幼儿园组合的两大重要内容。前者从总体上把握建筑布局的合理；后者从细节上深化建筑布局的重要内容。在设计上，这两大平面组合内容往往交织在一起，需要同步进行研究。

一、幼儿园建筑的平面组合方式

幼儿园建筑的三大功能区组成部分因其不同的位置关系会产生不同类型的平面构成方式。其主要有分散式与集中式两种。

（一）分散式（图 3-3a）

这种组合方式是将幼儿生活用房、服务管理用房、供应用房三者各自独立设置。其中应保证幼儿生活用房处于用地的最佳位置，且各方面要求都要得到满足。服务管理用房宜设在幼儿园主入口处，便于每日晨检和对外联系。供应用房应设于用地偏僻的一角，自成一区，并与幼儿园次入口靠近，便于货物进，垃圾出。此种平面组合方式因建筑布局过于分散而占地较大，且三者联系不佳，特别是在雨雪天气更感不便，最好设置廊道。但这样又势必增加了交通面积。

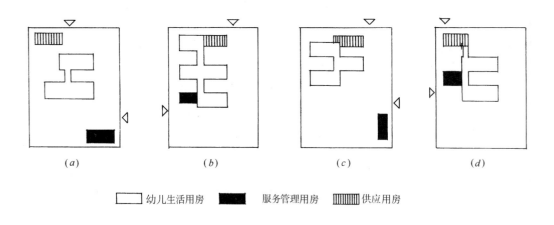

（a）　　　　（b）　　　　（c）　　　　（d）

▢ 幼儿生活用房　　　■ 服务管理用房　　　▥ 供应用房

图 3-3　幼儿园建筑平面构成

这种组合方式的优点是园舍环境优美，绿地面积大，而且供应用房所产生的噪声、气味、烟尘不会对幼儿生活用房产生影响。这种组合方式多见于用地充裕的老幼儿园。随着幼儿园教学的发展，办园规模的扩大，这些幼儿园通过扩建、改建逐渐将分散的三个功能分区连成了一体。

（二）集中式（图 3-3b）

这种组合方式是将幼儿生活用房、服务管理用房、供应用房集中布置在主体建筑内。但无论怎样集中布置，都要首先保证幼儿生活用房的采光、通风、朝向等要求。因此，它要置于用地的最佳位置，而供应用房设于主体建筑的后端，且与幼儿园次入口有方便联系；服务管理用房要设于主体建筑前端，与幼儿园主入口接近。这种平面组合方式能节约用地，交通面积较少，幼儿园的三个功能部分联系方便。但应注意要妥善处理好供应用房与幼儿生活用房的关系，避免干扰。

（三）半集中分散式

除了上述分散式和集中式建筑布局外，还常采用半集中分散式。即将供应用房与幼儿生活用房毗邻，而将服务管理用房独立设置（图 3-3c）；或者将服务管理用房与幼儿生活用房毗邻，而将供应用房独立设置（图 3-3d）。前者可减少外来人员对幼儿生活用房的干扰；后者因供应用房单独设置，不但可相应降低这部分建筑的标准，从而节约投资，而且可以最大限度减少供应用房对幼儿生活用房的干扰。只是两者的距离不能过分远。

二、幼儿生活用房的平面组合方式

幼儿生活用房的平面组合方式与幼儿园类型、幼儿园教学方式以及地区的气候特点、基地状况等自然因素有关。常见有下列两种：

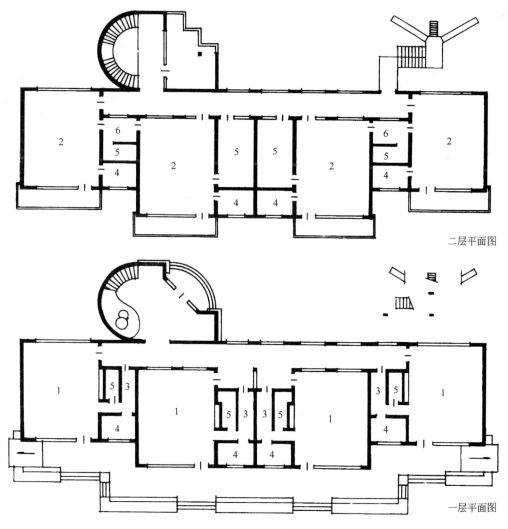

二层平面图

一层平面图

图 3-4　南京第三幼儿园南教学楼

1—活动室；2—寝室；3—盥洗间；4—厕所；5—贮藏室；6—观察室

（一）分层式

这种组合方式主要考虑到幼儿年龄较小，室外游戏与活动时间较多，因此将各班活动室布置在楼下，而将使用率较低且与室外不需联系的寝室布置在楼上（图3-4）。其优点是每班活动室都可以与各自的室外游戏场地有方便的直接联系，而且寝室集中布置在二层有利于安全管理，环境也比较安静。但分层式由于各班活动室彼此太近容易产生相互干扰。设计中常将各班卫生间插入其间，可适当起到隔离作用。其次，因幼儿午睡是在午餐之后需进行室外稍许散步以促进消化，而后再上楼进入寝室午睡的。因此，此种活动室与寝室分层式布局在使用上并不受影响。但幼儿午睡醒来之后，就必须等待全班幼儿起床就绪才能由保育员或教师带队集中下楼回到各自班级活动室。此时，因活动室与寝室上下楼层分设而感到不便。

此外，对于每班来说，由于寝室、活动室分层设置，势必在寝室内也要设置一套卫生间，以备个别幼儿在睡眠中途需要应急使用卫生间，从而增加了建筑面积和卫生间设施。

幼儿生活用房在采取分层式组合时，应以两层为限，超过两层则分层式的优点就不明显了。此种平面组合方式适于寄宿制幼儿园。

（二）单元式

这种组合方式是以每班各用房自成一体而构成班级活动单元，然后按班级活动单元进行平面组合（图3-5）。其优点是功能分区明确，易保证幼儿生活用房有良好的朝向、采光和通风条件。每个班因自成一区而不受外界干扰，对于卫生防疫减少疾病流行，避免交叉感染也有明显的优越性。

单元式布局还可根据幼儿园规模的大小、地形的不同及体形的要求等条件，自由灵活地拼接成丰富多变的平面形式（图3-6），相应也产生富有幼儿园建筑个性的不同造型。

单元式布局因层数比分层式可略多，对于节约用地有较大意义。因此，宜将小班级设在底层，大班设在楼上，并尽可能考虑利用平屋顶作为楼上班级的屋顶室外游戏场地。这样虽然造价略高，但对于扩大室外用地以及方便幼儿进行室外游戏有着明显的好处。

单元式布局的缺点是各班寝室相对分散，不利于幼儿园节省保育员进行保教管理工作。其次，还需要增设食梯设备，以提供送餐至各楼层的垂直运输需要。在幼儿园尚不具备这个管理条件时，将大大增加保育员送餐的劳动量。

根据单元组合方式的不同，可有下列几种平面处理方式：

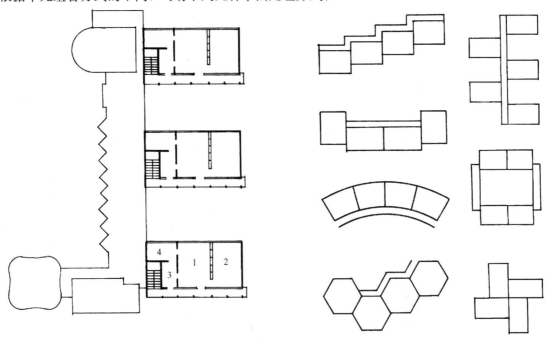

图3-5　石家庄煤矿机械厂幼儿园（二层）　　　　　图3-6　单元式组合示意图

1—活动室；2—寝室；3—衣帽间；4—卫生间

1. 并联式（图 3-7）

以水平廊道将若干活动单元并列连接呈一字形、锯齿形、弧形等。因建筑进深较浅，各班活动室、寝室都能得到良好的采光、日照、通风条件，而且底层各班都有就近的室外游戏场地，使用方便。但是，当拼接单元较多时，交通流线会过长，特别是南廊的并联式因活动室窗台较低，过往人流常常影响活动室内幼儿的注意力。如果将廊道布置在活动室北面（南方可敞开，北方宜封闭）可在一定程度上减少这种外界干扰。

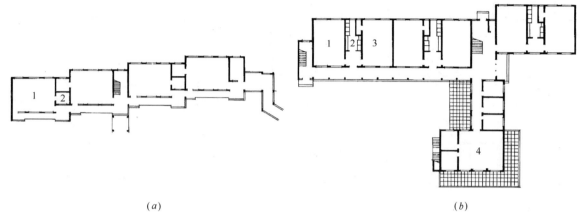

(a)   (b)

图 3-7　并联式单元组合

（a）桂林市机关幼儿园；（b）广东文冲船厂幼儿园

1—活动室；2—卫生间；3—寝室；4—多功能活动室

2. 分枝式（图 3-8）

用连廊将呈行列的若干活动单元像树枝一样串联起来。活动单元可在连廊一侧，也可交错布置在连廊两侧。每一"枝"以一个活动单元为宜。此种布局的突出优点是每班都可自成一区，卫生隔离较好。每个活动单元都有良好的朝向、采光、通风条件。而且，活动单元之间的间距可作为班级游戏场地，使用与管理均方便。这是我国幼儿园采用比较多的一种活动单元组合方式。

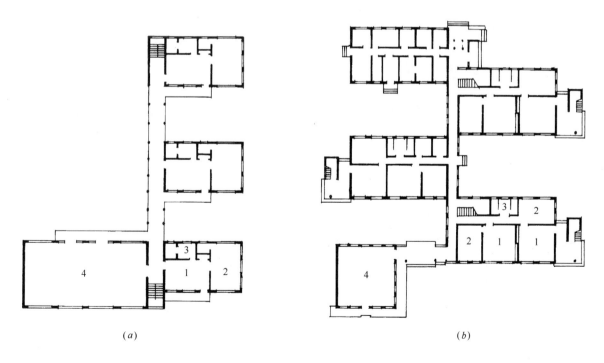

(a)   (b)

图 3-8　分枝式单元组合

（a）江苏省委幼儿园（三层）；（b）天津石化生活区幼儿园

1—活动室；2—寝室；3—卫生间；4—多功能活动室

3. 内院式（图 3-9）

以内庭院为中心，用连廊或用服务管理用房、供应用房将两排若干活动单元连接。这种内庭院的空间尺度适宜，可成为幼儿展开各种中小型游戏的活动场所，也可成为可观赏的花园空间，具有我国传统的四合院格局。

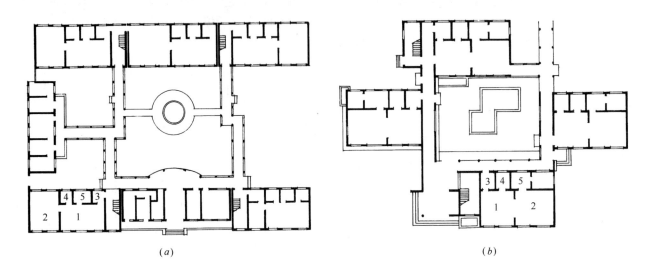

(a)   (b)

图 3-9　内院式单元组合
(a) 山西针织厂幼儿园；(b) 北京化纤厂幼儿园
1—活动室；2—寝室；3—衣帽间；4—贮藏室；5—卫生间

4. 圆环式（图 3-10）

将活动单元毗邻连接成圆环或半圆环形，中间围合成圆形庭院。其曲线的构图与造型的情趣使幼儿园建筑更富有儿童建筑的个性。但是，扇形的房间平面对于家具布置有一定困难，特别是对于寝室布置床具尤感矛盾突出。

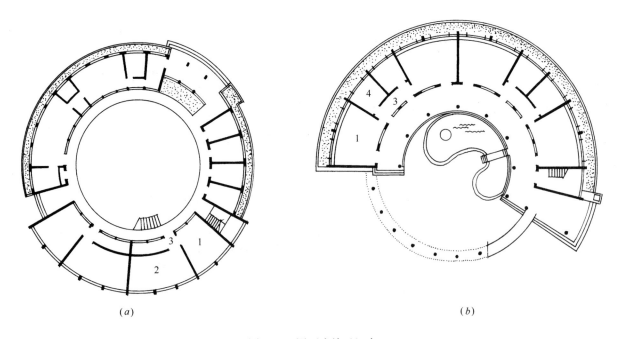

(a)   (b)

图 3-10　圆环式单元组合
(a) 石家庄地区直属机关幼儿园；(b) 四川省实验婴儿院
1—活动室；2—寝室；3—盥洗间；4—餐室

5. 风车式（图 3-11）

以中央大厅为核心，各活动单元按四个方向呈"风车"形的布局，同时将室外空间划分成互不干扰的班级游戏场地。为了争取好朝向，一般将活动单元布置在东、南、西三翼，而北翼因缺少阳光，只宜布置供应用房。这种布局的特点是平面紧凑，交通面积少，节约用地。中央大厅可以通过种种设计手法使其成为空间的趣味中心。

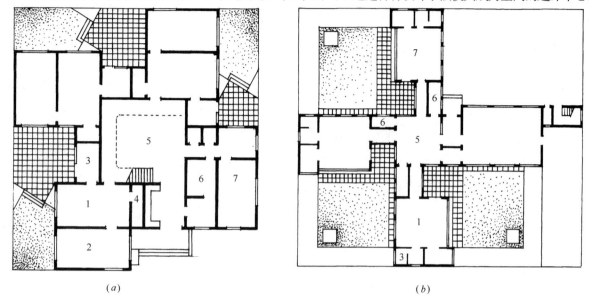

(a)　　　　　　　　　　　　　　　　(b)

图 3-11　风车式单元组合

（a）北京机械管理学院幼儿园；（b）德国法兰克福幼儿园

1—活动室；2—寝室；3—卫生间；4—贮藏室；5—大厅；6—办公室；7—厨房

但是，此种布局容易造成中心部位的自然采光、通风条件较差。改善的办法是用玻璃天窗形成中庭，这又会增加对玻璃顶的清洁工作，同时要保证它的安全性。此种布局多适合于北方地区。

6. 放射式（图 3-12）

以垂直交通或大厅为核心，向若干方向放射布置各活动单元。各班自成一区，在形体上创造出别具匠心的构思。但是，这种布局方式将导致各活动单元在朝向、采光、通风条件方面有不均衡状况。

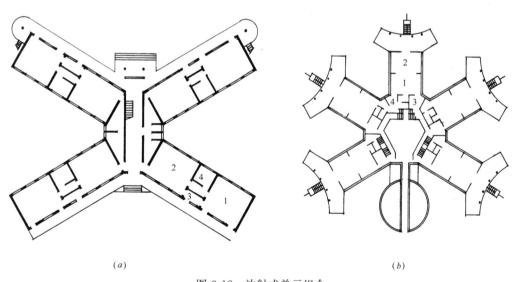

(a)　　　　　　　　　　　　　　　　(b)

图 3-12　放射式单元组合

（a）太原康乐幼儿园；（b）苏联幼儿园实验设计

1—活动室；2—寝室；3—衣帽间；4—卫生间

7. 自由式（图 3-13）

在不规则基地内为了更充分利用土地，常常因地制宜地自由布局建筑的各个组成部分，使其平面形式与基地形状有机吻合。

有时，为了更强调幼儿园建筑的活泼个性，常将若干活动单元在满足使用要求的情况下，灵活自如地组合，使其尺度更小巧，造型更生动，诸如蜂窝形、台阶形等。这些形式不受一定平面构图的限制，表现出更为灵活的设计手法。

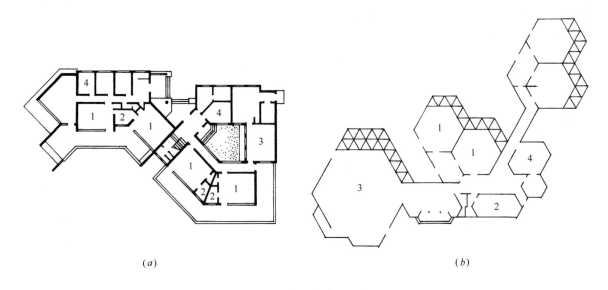

(a)　　　　　　　　　　　　　　　　　　(b)

图 3-13　自由式单元组合
(a) 上海嘉定区梅园新村托幼；(b) 日本东京都鹭宫学园幼稚园
1—活动室；2—卫生间；3—多功能活动室；4—办公

第四章 幼儿生活用房设计

幼儿生活用房是幼儿园建筑的主要组成部分。它包含各班级活动单元中的活动室、寝室、卫生间、衣帽间等用房。无论幼儿园办园规模有何区别，但上述幼儿生活用房是必需的，而且它们设计水平的优劣将直接影响到幼儿园保教工作的效率和幼儿身心的健康。因此，对于这些幼儿生活用房的基本要求都要在建筑设计中给予细致周到的考虑，并根据具体建筑条件妥善处理好各种设计矛盾，以使设计真正符合幼儿园教学的要求。

第一节 活 动 室

一、活动室设计的一般原则

活动室是幼儿进行各种室内活动的场所，也可以看成是一个小型的多功能活动空间（图 4-1）。幼儿在活动室内可以进行上课、桌面游戏、讲故事、唱歌、舞蹈、开展兴趣小组活动、玩娃娃家、吃午饭点心，甚至可以搭床铺午睡等。为了适应上述幼儿园教学活动的众多要求，在进行活动室设计时应考虑下述要求：

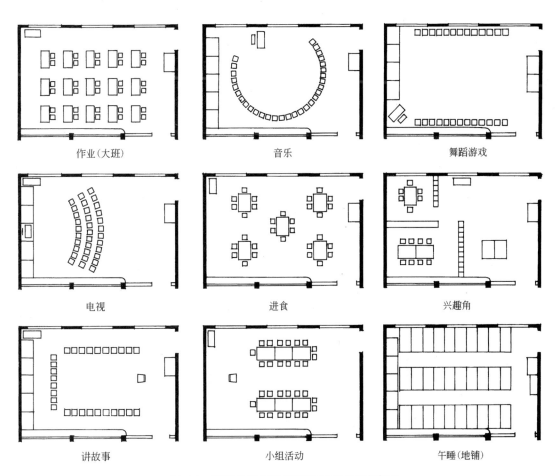

作业（大班）　　音乐　　舞蹈游戏

电视　　进食　　兴趣角

讲故事　　小组活动　　午睡（地铺）

图 4-1　适于各种活动需要的活动室室内布置

（1）应有足够的使用面积，合理的平面形式与尺寸，以满足幼儿进行多种活动的需要。

（2）必须有最佳的朝向、充足的光线、良好的通风条件。

（3）室内净高应符合幼儿园建筑设计规范要求，不应低于 3.0m。

（4）室内的装修、家具等应考虑幼儿使用的特点，要处理好尺度关系，细部要有利于安全和易于清洁。

二、活动室的平面设计

（一）平面形式

为了提高活动室的平面使用效率，其平面形式通常以矩形为宜，且长宽比不宜大于 2：1。因为，矩形平面的结构简单，其平面形式易与家具的形状及其布置方式取得和谐。值得注意的是，应尽可能以矩形的长边作为采光面较为理想，以充分获得良好的日照、采光和通风。有时，由于受到用地条件限制，为了压缩各班活动室面宽而将矩形的短边向南。这样，就会造成活动室向阳面较窄，进深过大，导致室内光线不均匀，视野不开阔，在一定程度上，对幼儿身心的健康发展会有不利影响。

为了使活动室内部空间有一种活泼感，并在外部体形上产生幼儿园建筑的独特个性，也可以适当打破矩形活动室的传统模式，采用其他几何形，如八边形、六边形等，或将矩形活动室的某一边进行形式变化，从而增加平面形态的活泼感（图 4-2）。

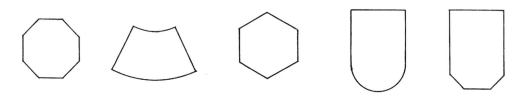

图 4-2　活动室平面形状示意

（二）平面尺寸

矩形活动室的平面尺寸不像中小学校普通教室常受课桌椅尺寸及其排列方式的制约，主要考虑平面比例应合适，应有利于幼儿能进行多种活动形式的需要，避免狭长的空间形态。活动室的面宽尺寸一般为 9～10m。进深一般在 6.0～6.6m 之间为宜。建议活动室的平面尺寸为 9m×6.6m（使用面积为 58.24m²），或 9.9m×6.3m（使用面积为 61.0m²）（图 4-3）。若采用方形平面如 8.0m×8.0m（使用面积为 63.18m²），则尽可能争取南北两面能直接采光，至少北面能间接采光。否则，方形活动室平面由于进深过大而造成室内照度不均匀，通风条件也差（图 4-4）。

新的《托儿所幼儿园建筑设计规范》JGJ 39—2016 出台后，活动室的最小面积提高到 70m²。则建议活动室的面宽为 10.8m（3×3.6m），进深为 6.5m。

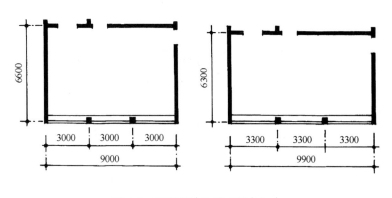

图 4-3　矩形活动室平面基本尺寸

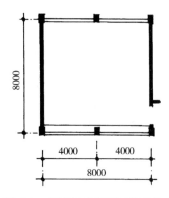

图 4-4　方形活动室平面基本尺寸

三、活动室的结构形式

活动室由于面宽、进深尺寸都相对较小，因此一般采用砖混结构形式，造价经济，施工简便。但由于窗间墙较宽，限制了南向窗户的面宽尺寸，使室内光线不明亮，且幼儿望窗外的视野由于窗间墙的阻隔而显得空间局促。为了克服上述缺陷，在经济条件许可的情况下，应尽量采用框架结构形式。这样，活动室南向窗户面积可以开足，大大提高了室内的亮度，而且视野很开阔，对于活跃室内气氛和促进幼儿身心健康发展都大有益处。

活动室楼面结构的形式受活动室平面形式影响很大。就矩形平面而言，若矩形长边为面宽，则楼面梁可垂直于采光面布置（图 4-5a）。这种结构形式可提高顶界面亮度；若矩形短边为面宽，则楼面梁只能平行于采光面布置（图 4-5b）。此时，由于梁在顶棚上产生较大阴影区，使顶界面感到不平整（图 4-6）。

值得注意的是，活动室开间宜为奇数，通常为三开间，避免开间为偶数，比如两开间。前者暗合中国传统建筑形制，且因开间尺寸小，相应梁柱截面尺寸亦小，有利于造型上创造幼儿建筑小尺度感的个性。而开间尺寸较大的框架结构，在造型上容易产生成人建筑的尺度感，不利于幼儿建筑个性的塑造。

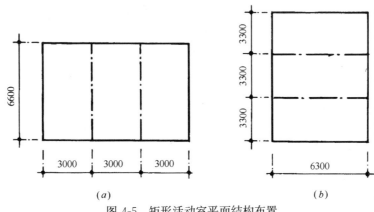

图 4-5　矩形活动室平面结构布置

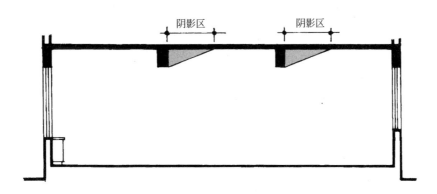

图 4-6　结构梁布置与采光面平行在顶棚产生较大阴影区

对于正方形、六边形、八边形等几何形的活动室平面，可以采用十字梁、交叉梁或井字梁等结构布置方式（图 4-7）。一方面可减少梁高，另一方面外露梁结构本身可以成为室内顶界面的一种装饰艺术。

四、活动室的门窗设计

（一）门的设计

活动室的门是幼儿进出房间接触最多的部位，设计是否周到对于保证幼儿使用的安全、方便、卫生都有着十分重要的作用。因此，必须精心考虑门上的每一细节。

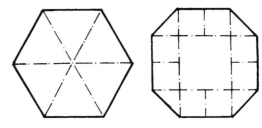

图 4-7　几何形活动室平面的结构布置

1. 门的数量

按《建筑设计防火规范》GB 50016—2014 第 5.5.15 条"公共建筑内房间的疏散门数量应经计算确定且不应少于 2 个。"以及因活动室建筑面积已超过 $50m^2$，不符合设置 1 个疏散门的条件，故活动室通常应设 2 个门。对于一层北入口的活动室而言，为了方便幼儿能到南向室外活动场地进行室外游戏，可增加一个外门（图 4-8）。对于楼层有屋顶平台的北入口活动室，可设一个外门通向屋顶平台（图 4-9）。倘若活动室与寝室合二为一，且位于走廊一侧，则两个门的间距要大于 5m，且门前与走廊宜有一缓冲过渡空间，以避免与走廊人流发生冲突。（图 4-10）。

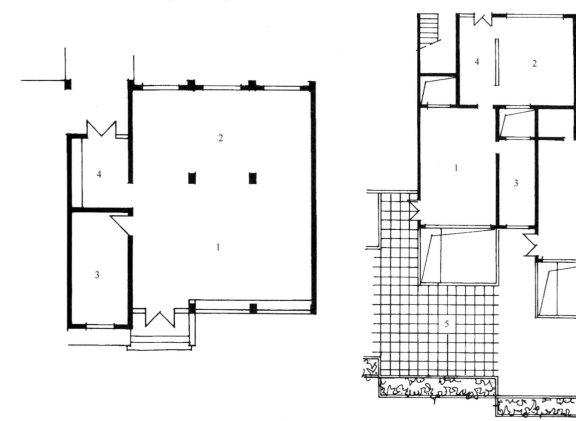

图 4-8 底层活动室开向室外场地的门
1—活动室；2—寝室；3—卫生间；4—衣帽间

图 4-9 楼层活动室开向屋顶平台的门
1—活动室；2—寝室；3—卫生间；4—餐室；5—屋顶游戏场地

2. 门的形式

活动室门的形式以双扇平开木门为宜，其宽度不应小于 1.2m。不应使用转门、弹簧门和推拉门。

门扇双面均宜平滑，无棱角，在距地 0.6～1.2m 高度以下不应装设易碎玻璃。为了方便幼儿自己开启或关闭活动室的门，最好在距地 0.7m 处加设幼儿专用的拉手，也可与成人拉手结合成共用的拉手（图 4-11）。

国内有些幼儿园活动室有时采用钢门或铝合金门，对于幼儿来说非常不利。一方面因触感生硬冰冷，另一方面棱角多而锋利，极易伤害幼儿，因此应避免使用。

3. 门的构造

活动室门外开向室内交通空间时，因受外界气候影响较小，为了使门扇轻便灵活，以适应幼儿使用，通常可做双面夹板门。此时，几个主要节点构造是（图 4-12）：

图 4-10　活动室入口前与公共走廊之间的缓冲空间

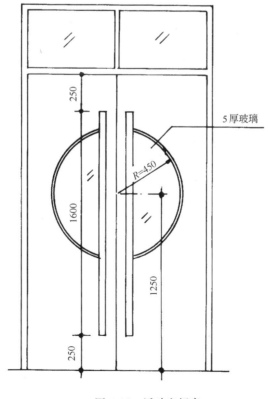

图 4-11　活动室门扇

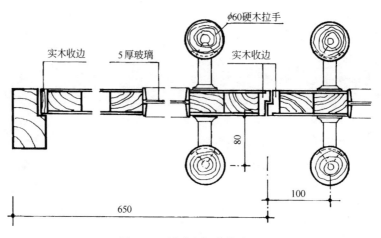

图 4-12 活动室门扇构造

（1）在兼顾幼儿和教师的视觉范围内做 5mm 厚透明玻璃，便于幼儿和教师进出活动室能观察门内（外）动静，以防碰撞。

（2）门拉手可以将幼儿使用和教师使用的要求作整体考虑，结合门造型呈通常垂直拉手，门扇内外皆装置。

（3）门扇周边需以实木条收边。一是为了保护双面夹板不被碰撞而翘起，二是可增加门扇的美观。

当活动室门处在外墙面时，应做镶板门，以防飘雨溅湿而变形。

（二）窗的设计

窗是活动室采光、通风的必要建筑部件。与成人建筑的窗有所不同的是，它更需要关注使用的安全、形式的特征和通风的效果。设计中要作充分的推敲。

1. 窗的形式

活动室的窗地面积比不应小于 1/5。但从实际光效果和卫生考虑，可以适当增大窗面积，即活动室南外墙上的窗除去结构柱或窗间墙占去必要的结构面宽外，应尽量开足窗面积。而朝北的一面，考虑到冬季寒风对活动室的影响，从保温考虑可适当减小窗面积。

活动室窗的形式完全不同于成人建筑的窗形式（图 4-13）。成人建筑的窗扇通常上下顶住窗框，有推拉和向外平开窗扇之分。而活动室南向窗在距地 1.30m 与窗台之间只能设固定窗扇，作为采光和幼儿向外观景之用；距地 1.30m 以上宜设推拉窗扇。其次，活动室外窗扇应设纱窗，以防蚊蝇入室。

在北方，最好在窗上部安装专为冬季通风用的风斗式小窗（图 4-14）。其特点是，小窗底部为轴，可向室内开启，回转角度约为 30°左右，窗框左右两侧有夹板。室外气流经风斗小窗流向室内顶棚呈弧形下降，可不向幼儿头部直接吹冷风，室温也不致骤然下降。

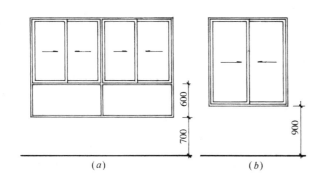

图 4-13 幼儿园活动室窗与成人建筑窗的比较
（a）幼儿园活动室窗；（b）成人建筑窗

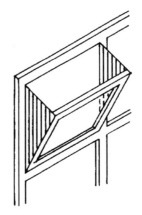

图 4-14 风斗式小窗

2. 窗台

幼儿园活动室的窗台与成人建筑的窗台最大的区别在于窗台高度不一样。因为，幼儿身材较矮，为保证幼儿水平视线不受实体阻隔，在心理上避免封闭感，并体现幼儿建筑空间的正常尺度，朝南窗的窗台高度应低于成人建筑的窗台。在终止的《托儿所、幼儿园建筑设计规范（试行）》JGJ 39—87 中规定活动室窗台高度为 0.60m。但根据国家每 10 年对儿童体格发育调查研究的成果显示，时值 30 年后的今天，男、女儿童（以 5~5.5 岁幼儿为例）平均身高已分别增长了 6.5cm 和 6.2cm。因此，活动室窗台距地（楼）面高度至少不能保持 0.60m 不变，建议活动室南向窗台高度以 0.7m 为宜。其次，窗台部分正是阳光明媚之处，是幼儿园教学的自然角。为了能搁置花盆、金鱼缸、小鸟笼、培育豆类发芽的碟盆等供幼儿观察自然界动植物变化的物件，窗台深度应比成人建筑窗台常规尺寸加宽至 0.35~0.4m 左右。可以想象，这样一处充满生机、洒满阳光的自然角将会给活动室带来无限的春意（图 4-15）。

图 4-15　活动室自然角

五、活动室的室内设计

为了创造活动室适宜的室内环境，在满足使用功能的前提下，应细致周到地综合考虑室内的界面处理、家具配置、陈设形式、色彩布局。但这并不意味着过分追求华而不实的装饰性堆砌手法，而应把注意力集中在如何创造一个趣味性、实用性，又能充分考虑幼儿生理、心理特点，符合幼儿园教学要求的独特空间上来。

（一）室内界面

作为活动室室内的所有设施和幼儿活动的背景，活动室的几个界面应结合使用功能和视觉效果作整体考虑。

1. 顶面

活动室的顶界面不需要通过所谓艺术吊顶做繁琐的装修，通常只要做白色乳胶漆，以提高顶棚亮度和反光效果即可。即使当活动室需要做吸顶空调机时，也宜做局部吊顶将管线遮挡起来，以免全部做吊顶使室内净高降低。

2. 墙面

如同顶界面一样，只要做乳胶漆即可。只是在幼儿易接触的 1.2m 高部位需要做油漆墙裙或木墙裙，以保护墙面清洁。要特别注意墙面的阳角一定要倒 R 角，即将直角改为圆弧角，以防幼儿撞上发生伤害事故。

此外，在活动室内一定要设法留出一整片实墙，作为幼儿园环境教育的载体——"墙饰"。这片墙不需要做任何装修，而是"把时间和空间留给孩子"，让教师和幼儿在这片"墙饰"天地里尽情发挥想象。通过创造性劳动，以艺术的形式展示他们对世界和平、美好生活的向往，并在这片不断更换内容的艺术海洋中增长知识，陶冶情操（图 4-16）。

图 4-16　墙饰

3. 地（楼）面

地（楼）面是幼儿直接接触的界面。它的材料性能与施工做法直接关系到幼儿的身体健康和室内的卫生条件，应给予足够关心。

从安全、卫生、保暖考虑，活动室地（楼）面不应采用水泥地面或水磨石地（楼）面。因为这两种材料做法都使幼儿脚感太生硬，缺少弹性，又易使幼儿摔伤。如果施工质量较差，就会经常起尘，不易清洁，对幼儿身体容易产生危害。而且在冬季非采暖地区，对幼儿腿部保暖也不利。有些幼儿园为施工方便，赶进度而采用防滑地砖，虽然比较干净，但仍无法克服触感生硬、保暖性能差的缺陷。因此建议采用架空实木地板。这种材料具有良好的弹性，保暖性好，幼儿摔倒也不至于受伤，只是增加了保育员清洁的工作量，造价也偏高。可以用复合地板取代较为实用。

（二）室内家具

为了满足幼儿园教学和幼儿生活的需要，在活动室内需配置若干相应的家具，或者因地制宜地进行特定功能与形式的家具设计。

1. 室内家具配置与设计的原则

（1）应根据幼儿体格发展特征（表 4-1）进行符合幼儿人体工程学要求的家具配置与设计（图 4-17）。

	男　童				女　童			
	身高（cm）		坐高（cm）		身高（cm）		坐高（cm）	
	均　值	标准差	均　值	标准差	均　值	标准差	均　值	标准差
3 岁	98.9	3.8	57.8	2.3	97.6	3.8	56.8	2.3
3.5 岁	102.4	4.0	59.2	2.4	101.3	3.8	58.4	2.2
4 岁	106.0	4.1	60.7	2.3	104.9	4.1	59.9	2.3
4.5 岁	109.5	4.4	62.2	2.4	108.7	4.3	61.5	2.4
5 岁	113.1	4.4	63.7	2.4	111.7	4.4	62.7	2.4
5.5 岁	116.4	4.5	65.1	2.5	115.4	4.5	64.4	2.4
6～7 岁	120.0	4.8	66.6	2.5	118.9	4.7	65.8	2.4

注：本表摘自中国儿童发展中心·首都儿科研究所·九省城市儿童体格发育调查研究协作组编制，2005 年。

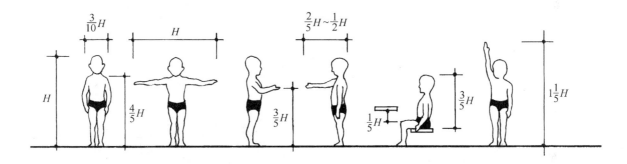

图 4-17　幼儿人体尺度

（2）家具必须稳固，所有棱角都应做成圆弧状，保证幼儿使用安全。

（3）家具造型应新颖，色彩应明快，具有童心的趣味性，以适应幼儿好奇的心理特征。

（4）家具要简洁轻巧，易于擦拭消毒。

（5）家具配置应符合幼儿园教学要求，充分利用空间，尽量少占室内面积，最大限度地做到家具与建筑一体化设计。

2. 室内家具内容

活动室的家具主要包括桌、椅、玩具柜、教具柜、小书架、水杯架、开饭桌等，以及将上述功能家具作为家具建筑化而形成的组合家具。

（1）桌椅

桌椅主要用于桌面游戏、进食之用，较少用于上课、作业。由于幼儿期是身体发育最快的时期，幼儿的体格尺寸变化很快，因此，从幼儿卫生学的观点以及幼儿园教学要求出发，应根据大、中、小班不同年龄幼儿的正确坐立姿势的尺寸（图 4-18）和教学特点确定所需各种规格的尺寸（表 4-2）。

椅子应当全班每一幼儿一把，个人专用为宜，为此，设计时要提供便于幼儿认知的符号。

由于椅子要经常搬动，为适应幼儿的体力，其重量不要超过幼儿体重的 1/10，即约 1.5～2kg。因此椅子宜设计成轻便木椅（图 4-19），造型可更儿童化些；或金属管骨架木椅（图 4-20），并在四条金属管椅腿下端塞有橡皮垫。一是防止幼儿拖动椅子划伤地板面层，二是防止椅腿碰伤幼儿脚面。

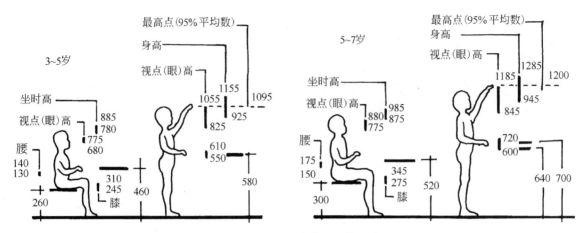

图 4-18 幼儿坐立姿势的人体尺度

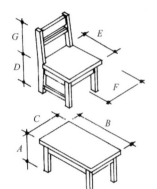

幼儿园活动室桌椅尺寸表（cm）　　　　　表 4-2

	幼儿身高	桌			椅				桌椅面高差
		高（A）	长（B）	宽（C）	椅面高（D）	椅面深（E）	椅面宽（F）	靠背高（G）	
小班	95～99	44.0	100	70	23.5	22	25	25	20.5
中班	100～109	47.5	105	70	26.0	24	26	27	21.5
大班	110～120	51.5	105	40	28.5	26	27	29	23.0

注：1. 引自《儿童少年卫生学》。其中桌长、桌宽（大班为双人桌）、椅面深为作者自补。

　　2. 幼儿桌椅的尺寸应每隔十年按当地幼儿人体实测结果重定一次。

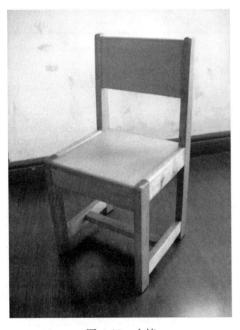

图 4-19 木椅

图 4-20 钢管椅

　　椅子在实用的前提下，为了增加童趣，活跃室内环境气氛，以体现幼儿园空间的特色，椅子可打破司空见惯的形式，结合玩具的功能将椅子靠背取消做成积木状。每个椅子漆成各种颜色，既可当凳子坐，也可当积木搭成各种造型（图 4-21）。

　　桌子设计应保证每一幼儿所占桌面长度为 0.50～0.55m（即等于幼儿前臂加手掌长），而桌子宽度应根据大、中、小班使用桌子情况的不同而有所差别。中、小班幼儿经常以桌面游戏活动为主，有时根据

54

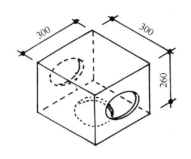

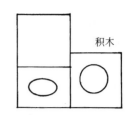

图 4-21 积木式坐凳

不同兴趣爱好需要分成若干区，因此，宜使用6人桌。其桌面宽需70cm，一方面可使玩具在桌面上能摊得开，另一方面可节省家具占地面积。而大班幼儿随着年龄增长和面临升小学，为使大班幼儿能很快适应小学校的学习生活，宜使用双人桌。其桌面宽需40cm。在布置桌椅时，要使光线能从左方采光，以培养幼儿良好的书写习惯。当需要合组进行桌面游戏时，亦可将若干双人桌拼成较大桌面。

由于幼儿使用的桌子较低，桌下面就不应设抽屉或横撑，以免影响幼儿坐下时下肢的自由活动。

桌子的形式除去传统的长方形桌外，为了增加桌子拼接的灵活性、趣味性，以增添活泼感，活动室的桌子可设计成其他有趣的几何状（图4-22）。

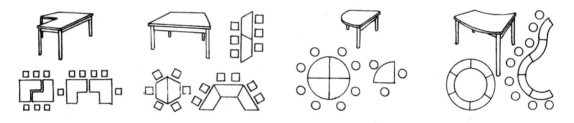

图 4-22 各种几何形状的桌子

桌椅的布置方式应根据教学的要求和活动的形式，进行不同的组合（图4-1）。如音乐课时，幼儿可背向窗户环成半圆形，而教师则面向光线，这样幼儿都可清楚地看见教师歌唱时的口形变化。当进行室内舞蹈练习时，需要将桌椅紧靠活动室四壁，以空出较大场地，便于幼儿舞蹈活动。当老师给幼儿讲故事时，全班幼儿可以围成U形，教师则在U形开口的中央面对幼儿。当教学活动需要分组让幼儿自选游戏项目时，可以将桌子各占活动室一角，并以活动小书架或小玩具柜等进行空间分隔。当大班幼儿需要进行上课进行诸如美工作业时，则将双人桌按小学教室方式进行有规则的排列，并使光线能从左边射入。有些幼儿园由于没有固定的寝室空间，需要活动室兼寝室时，可以将活动室内所有家具尽量靠边，腾出地方打通铺。凡此种种活动室灵活的桌椅布置方式体现了幼儿园教学与小学校教学完全不同的目的与形式。

（2）玩具柜

玩具柜主要用于搁置、贮存幼儿各种玩具用（图4-23）。由于幼儿手臂较短，因此玩具柜深度不宜过深，以0.35～0.40m为宜；又由于幼儿身高较矮，因此玩具柜高度不宜超过1m。为了便于让幼儿易于寻找和自己拿取（或送回）玩具，玩具柜不宜设柜门。而敞开玩具柜的零乱感，可通过教育、培养手段，使幼儿养成爱整洁、做事有条理的良好习惯加以避免。

每个玩具柜置于活动室时，应注意玩具柜的形式与其他

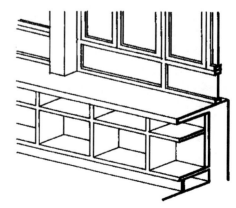

图 4-23 玩具柜设于窗台下

家具宜配套购置，防止不同规格的玩具柜和其他家具放在一起容易形成若干突出的棱角，易造成对幼儿的伤害。

（3）教具柜

教具柜主要用于存放某些教具、音响设备、幼儿作业（主要是美工）等用。设计时要按教师与幼儿身体高矮的不同进行功能分区。即教具柜的上部分作为教师存放教具、音响设备之用；教具柜的下部分作为幼儿存放美工作业之用。应设置多层搁板，保证全班每一幼儿一小格。但搁板不能设置太低，以免幼儿需蹲下才能拿取自己的作业，这不符合幼儿人体工程学的原理。这部分空间作为存放玩具即可（图4-24）。

（4）图书架

幼儿的图书繁多，大小规格也不一，设计时要结合图书摆放方式进行考虑。开本小的图书放在上面几排，排距可适当小些；开本大的图书放在下面几排，排距可适当大些，以免上下栏图书相互遮挡封面。各排图书搁置要有一定倾斜度，总高不宜超过1.20m，最下排距地不宜小于0.30m（图4-25）。

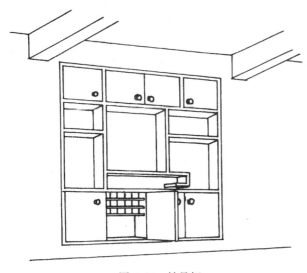

图4-24　教具柜

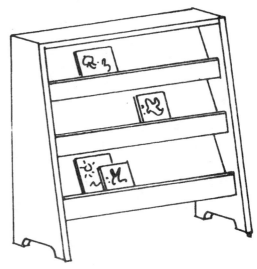

图4-25　图书架

（5）开饭桌

开饭桌主要用于幼儿进餐时，作为配餐之用。其家具形式可以与幼儿6人桌相同，并应位于活动室入口附近，靠墙放置。桌面上可放置饭桶、菜盆和开水桶以及碗匙等。

（6）水杯架

按幼儿卫生学要求，每一幼儿应有专用水杯，彼此之间不可互用。因此，水杯架要有足够的存放小格（图4-26），最好有纱门以防蚊蝇。但开启纱门因占过大空间而使用不便，幼儿也易碰撞，可改用轻便推拉纱门。虽然移动纱门不占空间，但因纱门每次只能开放一半，幼儿取杯亦不甚方便。通常采用纱帘（要保持很好的下垂度），使用方便，简便易行。

在寄宿制幼儿园中，水杯架可位于卫生间入口附近，便与幼儿早晚刷牙使用。

由于水杯架要经常擦洗并进行室外日光消毒，因此水杯架要便于搬动。

3. 家具设计建筑化

现代幼儿园教育的发展要求活动室活动空间越来越大，但现

图4-26　水杯架

行幼儿园建筑设计规范在面积控制上又十分严格。为此，在进行活动室家具设计时，应尽可能做到家具建筑化。即除经常使用且需要不断变化位置的桌椅之外，将其余活动室家具按幼儿生活秩序、幼儿人体尺度、空间效果等要求都集中组织在家具隔断中，或嵌入结构面积之内。这样，不但扩大了幼儿在室内的活动空间，而且因某些家具嵌入墙体内，从而大大提高了幼儿活动的安全度，同时也提高了室内整体设计的环境质量，避免了后置家具所带来的诸多弊病。

（1）家具隔断

活动室的家具虽然体量不大，但种类繁杂。如果按不同功能、规格进行配置，则各家具在造型上不能形成整体，不但有碍观瞻，而且易产生多处棱角，不利幼儿在室内的活动。因此，结合活动室室内空间划分，可以将前述各功能家具组织在一个家具隔断中。如活动室与公共走廊的空间划分，或在一个活动室与寝室合二为一的大空间中，需要将两者进行空间划分，以使功能分区明确，且保持活动室室内视觉效果较好。此时空间划分的手段不一定要用隔墙，完全可以采用组合家具隔断方式（图4-27）。在设计中以 2.10m（门的高度）和 0.7m（玩具柜高度）及 1.20m（幼儿使用家具的上限高度）分别作为适应教师、幼儿人体的尺度。2.10m 作为从活动室进出寝室的门高度，其上至顶棚范围的家具空间不适合活动室用，可作为寝室存放换季的卧具偶尔使用。0.70～1.20m 之间的组合家具部分可作为搁置音响器材、展示、陈列之用。0.70m（或 1.20m）以下至 0.10m 的空间范围完全作为幼儿的玩具柜、图书柜、水杯架、美工作业柜等之用。这样，各功能家具形成组合家具整体使用各得其所，活动室由此而显得宽敞整洁。

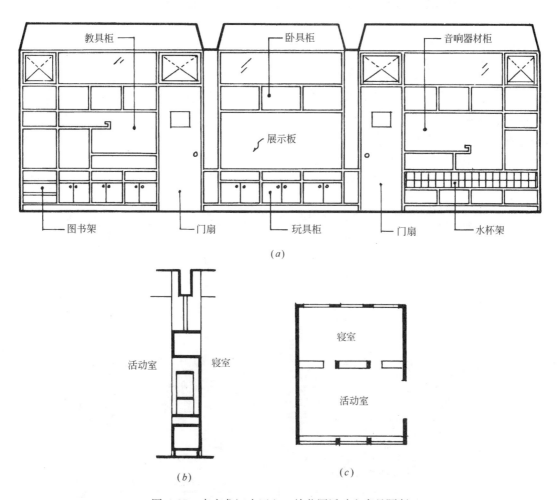

图 4-27　南京龙江小区六一幼儿园活动室家具隔断

（a）家具隔断立面图；（b）家具隔断剖面图；（c）平面图

（2）镶嵌家具

有些进深较浅的家具（如水杯架、图书架等），可以结合活动室的室内设计手法将它们嵌入墙体内，既不占地方，又使活动室整洁。其镶嵌高度要符合幼儿人体尺度。图 4-28 是南京市第三幼儿园活动室内的图书架和水杯架嵌入墙体内的做法。

图 4-28　嵌入式家具

（3）整体式家具

作为一般概念，家具是可以独立存在的。即使家具隔断可以这样隔，也可以那样隔；镶嵌家具可以镶嵌也可以不镶嵌，可以在这儿镶嵌，也可以在那儿镶嵌。总之这类家具依附性不强。但是，有一类家具已经成为建筑某部件的一部分。

如前述活动室门窗设计中，窗台作为活动室自然角，应较成人建筑的窗台又宽又长。其下部空间通常作为玩具柜（图 4-29）。而玩具柜的台面就是窗台，两者已经成为不可分割的整体。一方面玩具柜充分利用了窗台下部空间，另一方面将结构柱突出于活动室内的部分（壁柱）遮盖起来，从而消除了幼儿碰撞的隐患。

图 4-29　建筑化家具

（三）室内色彩

在考虑活动室室内的色彩时，不应孤立地分别考虑地（楼）面、墙面、顶棚几个界面的色彩，也不能孤立考虑家具的色彩。实际上，在活动室内有两类色彩必须事先考虑它们的影响：一是人的服饰色彩，二是按幼儿园教学需要而设置的墙饰。这两类色彩丰富鲜艳，面积较大，而且具有可变性。因此，活动室的环境色彩都应是作为背景色彩而存在的，以便更好地突出上述两类色彩的衬托效果。

但是，各个班级活动室的室内色彩又要避免雷同，要充分体现可识别性。因此，背景色彩又要有所区别。这样，从幼儿园整体上看，色彩仍是丰富的。

一般讲，活动室内几个界面的色彩，尤以地（楼）面最为重要，因为垂直墙面除去预留一整面实墙作为幼儿园教学的墙饰用，除去南界面一排外窗，再扣除家具占据一面墙，所剩就无几了。而顶棚的色彩为了增加室内漫射光的反射效果，并使空间不致造成视觉和心理上的压抑，各个活动室的顶棚基本上都应为白色。因此仔细推敲地（楼）面色彩就成为背景色处理的重点了。

地（楼）面因易弄脏，因此，色彩宜较深，以此产生一种稳定感。由于地（楼）面以木地（楼）面为宜，因此色彩以偏暖的栗壳色系列为宜。为了活跃室内气氛，突出幼儿活动空间的个性，可以以图案形的鲜艳色点缀其上。

窗的色彩在活动室室内色彩系统中也很重要，但室内设计师选择的余地不大。一是窗基本以铝合金窗或塑钢窗为主，只有银灰色或咖啡色两类；二是窗的色彩已由建筑师确定。为了使窗框、窗扇的色彩作为活动室背景色彩的整体部分，更加确认了墙面、顶棚的色彩以白色为宜。

家具（包括内门）色彩作为背景色彩，它与室内界面色彩还有所不同。在服从活动室室内总体色彩基调（如明快、愉悦等）前提下，可以适当夸张色彩的运用。例如内门采用鲜艳的色彩，家具采用深浅两种色彩的搭配都可以取得在色彩统一中求变化。例如，玩具柜木框架外侧部分为米黄色，内侧部分为白色，从视线效果看会显得生动活泼，从而活跃室内气氛。再从强调各班级的可识别性而言，甚至每一个班的家具色系都可以不一样，而各班级活动室的内门可用与该班家具协调的鲜艳色。至于欲进一步强调活动室的儿童个性，可以在某些家具部位（如把手、线角等）点缀原色，以此起到画龙点睛的作用。

六、活动室使用方式的新趋势

传统幼儿园教育是按教学计划由教师制定幼儿在活动室的活动内容，而且是集体进行同一种活动形式，幼儿没有选择的自主权。当在活动室只安排一种活动内容、只玩一种材料时，幼儿会很快产生厌倦。因为从幼儿生理和心理分析，幼儿大脑对某一件事物保持感兴趣的时间和身体对某一事物的动作保持不变的程度都不会很长，总是兴趣在转移，动作在变换。因此，教学计划应安排多种活动形式，以适应幼儿的这种需要。由于我国幼儿园每班人数较多，活动室面积有限，只有通过改变室内布置达到变换活动内容的目的，即所谓的活动室多功能使用。正是在这种改变室内布置的过程中，幼儿总是处在等待，这不利于培养幼儿的主动性和参与性。

改变上述活动形式的办法是让幼儿拥有在同一时间有选择多样活动内容的自主权。教师只要在活动室内按教学要求同时布置多种活动区域，而不是一种活动形式，让幼儿根据自己的兴趣和参与程度，自主地进行单独活动或几个人的集体活动。教师只是给予游戏的指导和注意幼儿在活动中的安全。这种活动室的多功能使用概念与我们常说的同一空间可以通过变换形式达到在不同时间进行不同活动内容的多功能使用是有差别的。前者更符合现代幼儿园的教学方式。

图 4-30 是一个可供本班幼儿在同一时间有多种选择活动内容的活动室布置图。这种平面布置可以保持一段时间不变，而让幼儿在一天或数天内变换着不同的活动方式，使他们始终保持玩的兴趣。这种平面布置也可以在保持若干天之后，重新进行新的布置方式，或者替换某一两种活动内容，以增加幼儿对玩的项目的新鲜感。

根据幼儿的兴趣，可以尝试布置下面几种活动区域：

（一）稍大活动量区

根据活动室大小，可在一隅适当摆放两三件小型有趣的滑梯、攀登架、平衡木、投球游戏等。可让

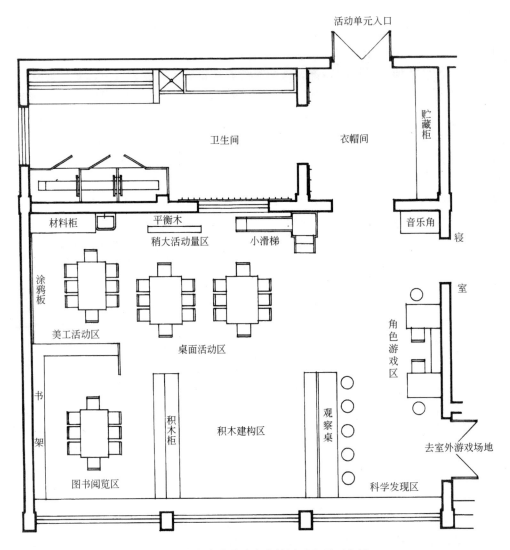

图 4-30　含有多种游戏内容的活动室平面布置

幼儿钻爬、蹦跳、跨步等全身活动，使幼儿肌肉得到锻炼。

（二）桌面活动区

在这个区域内可拼放小桌，数位幼儿围在一起在桌面上进行拼图、连接结构玩具、分类物品等各种小活动，一方面锻炼幼儿手指的动作和灵活性，另一方面锻炼幼儿的智力，增添快乐感。

（三）图书区

可以由矮书柜围成一区，放一两张小方桌，几把椅子，或干脆铺一块小地毯，让幼儿自由取画册，或三两幼儿围桌交流，或独自席地而坐入神欣赏。这将会提高他们对知识的渴望，并在讲故事的过程中，扩展幼儿的语言能力。

（四）美工区

可在墙壁上挂一块白磁板，让幼儿在上涂鸦，也可以在小桌上放些胶泥、纸张等美工材料，让幼儿自由想象地捏些小鸡小鸭之类的动物，以此培养幼儿对美的兴趣和表现力。

（五）科学发现区

可以在活动室又宽又长的低窗台上放许多小动物（如小鸟、小乌龟、小蝌蚪、小金鱼等）或一些小植物（如一碟豆芽、几株花卉等）以及放大镜、三棱镜、磁铁之类小物件，让幼儿经常观察这些小动植物的生长变化和一些物理现象，以此提高幼儿对大自然生命的热爱和好奇心。

（六）角色游戏区

角色游戏是幼儿模仿大人行为的一种游戏，如医生看病、厨师烹调、保姆看孩子、店员经商等。为了开展这些活动需要为幼儿提供相应的一些小道具，幼儿根据自己对大人们日常的生活行为各自想象着扮演某一角色进行模仿游戏，而且可以经常互换角色，这有助于加深幼儿对生活的理解和热爱。

（七）积木建构区

积木建构需要一个不被人流穿越的稳定空间，以便让幼儿在地面搭建的积木造型可以保持一段时间。该区域可适当扩大一些，因为幼儿要来回走动搬运积木，而且是多位幼儿共同建构，不免会发生碰撞。这种活动几乎是每一幼儿都喜欢的，可以培养幼儿的空间想象力和建构能力。

诸如上述各种适合幼儿兴趣的活动内容随着幼儿园教学的发展还可以挖掘出更多的形式，相应也会出现更丰富的活动室平面布置，这在国外幼稚园里已相当普遍。而国内一些实验幼儿园也向这一方向迈出了一步，取得了良好的效果。这就涉及一些家具（主要是空间分隔的家具）应该是可移动式的，以增加布置的灵活性。这些家具主要是贮藏各类游戏的玩具、材料之用，因此，应该是低矮的，一方面便于幼儿自取自放，另一方面不影响空间整体效果。为了做到灵活移动，可在低柜下装设万向轮，但就位后应该可以稳固，以免幼儿在活动中不慎撞碰而发生移位。

（八）创设兴趣角

毕竟由于每班人数较多，活动室要满足多样的游戏功能难以面面俱到，而且按兴趣游戏要求进行活动室空间划分也不可能长时间稳定，何况还要进行一些班内其他的集体活动，如午餐、上课等，也难以做到如前述幼儿园活动室的划分内容那样丰富多样。只能是小范围的、临时的进行，一旦需要进行午餐、上课等集中活动时，就要大动干戈，重新搬运家具恢复活动室常规布置方式，由此带来额外的工作负担。

为此，在一些活动室建筑面积较宽松的幼儿园中，除保留有一完整空间形态的活动室基本空间作为集体活动区外，常利用一些边角空间组织若干稳定的兴趣角活动区。如用固定家具围合地台空间（图4-31），或在活动室净高3.0m范围内，做一夹层小空间，形成上下两层低矮的兴趣角，幼儿可席地而玩，站立也不碰头。这些小空间是幼儿最喜爱的藏身玩耍之处（图4-32）。

图 4-31　活动室内的地台兴趣角

图 4-32　活动室内的夹层兴趣角

第二节　寝　室

睡眠是一种休息，是消除疲劳的最好方法。特别是对于幼儿来说，养成良好睡眠习惯是促进幼儿身心健康的必要条件之一。而且，幼儿年龄越小，需要睡眠的时间越多。3～6岁幼儿的睡眠一般需11～12h。其中，午睡为2～2.5h。为了保证幼儿有充足的睡眠，幼儿园必须为每一幼儿提供一个安静、舒适的睡眠空间。

一、寝室设计的一般原则

（1）保证每一幼儿有一床铺。幼儿睡单独床铺不仅可保证幼儿睡眠舒适，而且为幼儿养成正常睡眠行为的好习惯提供必要的条件。

（2）寝室要保证良好的通风条件。全日制幼儿园当寝室与活动室分设时，寝室位置应朝南，当全日制幼儿园寝室与活动室合一时，寝室位置亦可朝北。但寄宿制幼儿园寝室的位置应朝南，以保证能有紫外线对室内空气消毒。

（3）床铺排列应符合睡眠行为所需要的必要面积。但全日制幼儿园的寝室因使用效率较低，其床铺排列应尽量紧凑，以节省寝室面积。

（4）全日制幼儿园的各班寝室应与本班级活动室毗邻。寄宿制幼儿园各班的寝室应集中布置，且宜互相打通，便于保育员夜间集中管理（图4-33）。

（5）各班寝室应有存放每一幼儿衣物的贮藏空间。寄宿制幼儿园还应在每一寝室内设小卫生间。

二、寝室的平面设计

（一）寝室的平面位置

无论全日制或寄宿制幼儿园，寝室都应以每班独立设置为宜。

1. 寄宿制幼儿园寝室平面位置（表4-3）

（1）位于各活动单元内。

（2）各班寝室集中布置。

图 4-33　寄宿制幼儿园各班级寝室集中布置，且相互可串通。在两寝室之间设观察室、储藏室和幼儿卫生间

寄宿制幼儿园寝室平面位置　　　　　　　　　　　　　　表 4-3

寝室位置	特　点	图　例	优　缺　点
位于各活动单元之内	• 每两班的寝室紧邻，有门连通 • 在每两寝室之间设值班室		• 每一保育员可同时照顾两个班的幼儿睡眠，节省人力 • 幼儿起床可独自方便进入本班的活动室 • 可不另设卫生间 • 寝室占据了好楼层（1～2层） • 同层功能分区模糊 • 保育员休息不在同层，与寝室联系不便
各班寝室集中布置在楼层	• 寝室集中 • 寝室单元独立，两两相通		• 夜间管理安全 • 每一保育员可同时照顾两个班的幼儿睡眠，节省人力 • 集中寝室位于三层，有利一二层作为各班幼儿活动室 • 楼层功能单一，保育员休息与值班室在同层，联系方便 • 幼儿起床需集体下楼到活动室，使用不便 • 每班在寝室需增设了一套卫生间

注：1—活动室；2—寝室；3—卫生间；4—衣帽间；5—值班室；6—贮藏；7—保育员休息；8—值班室。

2. 全日制幼儿园寝室平面位置（表 4-4）

（1）在活动单元内独立设置。

（2）与活动室空间合一。

（3）活动室兼寝室。

寝室位置	特点	图例	优缺点
在活动单元内独立设置	• 寝室空间独立		• 与活动室功能分区明确，联系方便 • 易保持各自空间整洁 • 床铺固定，有利减轻保育员工作量 • 寝室仅为午睡用，空间使用率低
与活动室空间合一	• 可灵活调整寝室与活动室面积比例		• 空间感宽敞 • 使用灵活 • 空间零乱，需在寝室与活动室之间设隔断，遮挡卧具
活动室兼寝室	• 寝室呈从属地位		• 面积利用经济 • 每天需搬动家具，搭拆床具，造成保育员工作量太大 • 幼儿睡眠方式不符行为规范 • 室内因家具拥挤而显得零乱
在活动单元夹层上	• 有利于充分利用空间		• 活动单元空间形态活泼 • 各空间层高利用合理 • 幼儿上下寝室应保证安全

注：1—活动室；2—寝室；3—卫生间；4—衣帽间。

（二）寝室的平面尺寸

由于床具为矩形，为考虑有效地利用寝室面积，寝室一般以矩形平面为宜。其尺寸需根据每班床数及其布置方式而定（图 4-34），也要综合考虑活动单元（在第五章中将加以阐述）中活动室、寝室、卫生间、衣帽间的组合方式所决定的寝室平面形状。

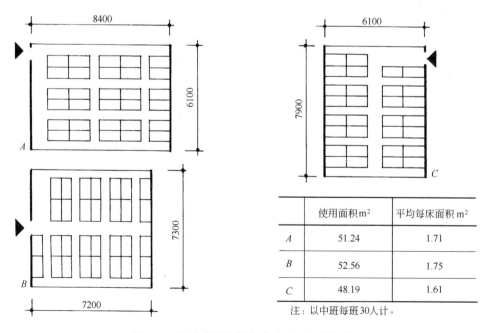

	使用面积 m²	平均每床面积 m²
A	51.24	1.71
B	52.56	1.75
C	48.19	1.61

注：以中班每班30人计。

图 4-34　寝室床位布置方式对平面尺寸的影响

按通常情况，寝室的平面形状有两种，其平面尺寸有所不同。

1. 寝室矩形平面的短边朝南

此种寝室平面，幼儿通常从寝室矩形平面的一条长边进入（图4-35）。此时，根据最经济的床具布置，得出寝室平面净尺寸为4.9m×9.7m。使用面积为47.53m²，平均每幼儿1.58m²。

2. 寝室矩形平面的长边朝北

此种寝室平面常常与活动室组成一个大空间，活动室朝南，寝室居北。幼儿是从寝室矩形平面的一条长边进入（图4-36）。此时，根据最经济的床具布置，得出寝室平面净尺寸为9.0m×4.9m，使用面积为44.1m²，平均每人1.47m²。

如果消除横向过道（宽0.9m），幼儿直接从活动室分别进入床具通道（图4-37），则寝室平面尺寸还可压缩成9.0m×4.0m，其使用面积为36.0m²，平均每幼儿1.2m²。

以上的寝室平面尺寸及其使用面积仅仅是理论推导，在实际设计中，还需综合考虑其他因素进行仔细推敲。

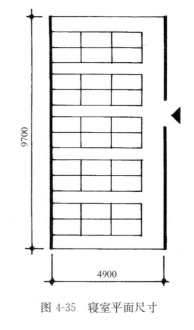

图4-35 寝室平面尺寸

三、寝室的门窗设计

由于寝室功能以睡眠为主，因此寝室窗并不要求如同活动室那样大，只要求满足设计规范要求的窗地比为1:6即可。这样可使寝室内光线柔和，如果配置窗帘，光效果会更佳。

值得提醒的是，窗台高度是关系到幼儿安全的重要问题，一般需要高于活动室的窗台，达到0.9m。由于南方幼儿园的寝室在很多情况下，幼儿床具会紧靠窗下，为防止幼儿站在床上爬高，窗的下部只能做固定窗，否则需要加护栏。

寝室是否设门，需视平面方案而定；若活动室与寝室分设，则可采用双扇外开木门；一是每扇门占面积小，二是便于疏散。若活动室与寝室合二为一，则寝室可不设门。

寄宿制幼儿园寝室的窗还需加纱窗和窗帘，防止夜间蚊虫侵扰幼儿睡眠。

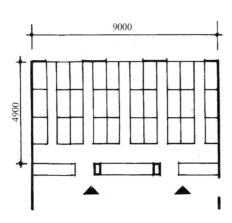

图4-36 寝室平面尺寸

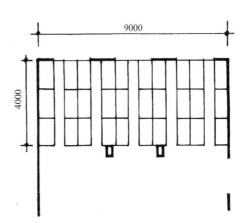

图4-37 寝室平面尺寸

四、寝室的室内设计

寝室室内设计的任务是创造一个宁静、舒适、整洁的睡眠环境。除室内几个界面的设计同活动室外，主要是进行床具的选择与配置，以及对室内环境色彩的考虑。

（一）床具选择

床是寝室的主要家具，其形式、尺寸、选材必须充分考虑幼儿的尺度和生长的特点。

1. 选材

幼儿期骨骼增长的过程是迅速进行的，而且骨质较软。为保证幼儿骨骼的正常生长，避免因床具不适而造成骨骼发育畸形，床具应有合适的软硬度以及透气性。一般以木板床或棕绷床为宜，避免使用帆布或钢丝折叠床，以免造成幼儿仰睡时因身体下陷使胸部受压，或侧睡时，脊柱扭曲。同时，幼儿站在床上因弹性而不易保持动作平衡，甚至因摔倒而发生伤害事故。

2. 尺寸

床的尺寸应适应幼儿的身材，且应随着幼儿平均身材的增高而修订床的尺寸规格。其次，由于人们的生活水平迅速提高，使幼儿体质逐渐增强，个别幼儿（特别是男幼儿）的生长速度过快，造成通常规格的床具很难适应这部分幼儿的需要，因此，应有备用的大尺寸的床具。

正常的床具长应为幼儿身长再加 $0.15\sim0.25$m，床宽应为幼儿肩宽的 $2\sim2.5$ 倍。为使幼儿能够锻炼自己铺放被褥以及上下床方便，床板距地不应太高，具体尺寸如表 4-5 所示。

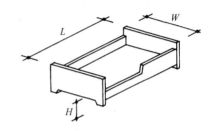

	幼儿园寝室幼儿床尺寸表（m）		表 4-5
	长（L）	宽（W）	高（H）
小班	1.20	0.60	0.30
中班	1.30	0.65	0.32
大班	1.40	0.70	0.35

3. 形式

为了从小培养幼儿睡眠的正常行为和自理能力，有条件的全日制幼儿园都需要为每一幼儿配备独用床具。由于幼儿睡眠时的随意翻动易使衣被滑落床下，因此，幼儿床的形式需在床的四周设挡板，两端稍高，两侧稍矮。考虑幼儿能自主方便地上下床，可局部将一侧挡板的高度降至与床垫齐平。

寄宿制幼儿园寝室的床具必须是单人床，而全日制幼儿园寝室因只供午睡用，为了节约寝室面积，可以对床的形式进行因地制宜的多种考虑(图 4-38)。

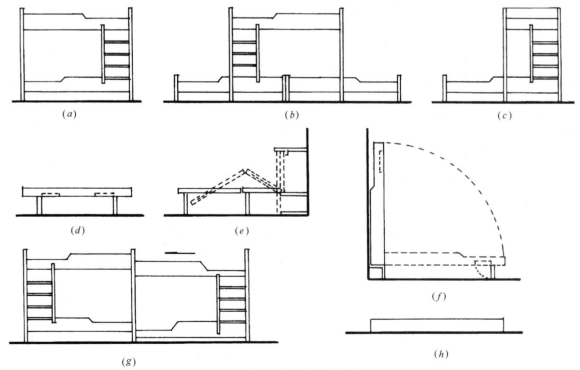

图 4-38 各种幼儿床的形式

（a）双层床；（b）、（c）组合床；（d）活动折叠床；（e）、（f）固定折叠床；（g）伸缩床；（h）床垫

（1）双层床　可使寝室面积大大节省（约1/2），每幼儿只占 0.85m²。但空间较拥挤，下铺幼儿有压抑感，上铺幼儿上下床不方便。小班不宜采用。

（2）组合床　为改善双层床造成寝室空间拥挤的状况，而又要达到适当节约面积的目的（约1/3，即每幼儿只占 1.17m²），可采用单双层床组合的方式。即在两张首尾相连的单人床结合部的上方或在两并排单人床幼儿脚部横向的上方再架设一张上铺。其高度可比双层床适当降低，以此减少室内空间的拥挤感。午睡时，下铺幼儿的脚伸入上下两层床之间的空隙，头仍露在外，以此消除下铺幼儿的压抑感。

（3）折叠床　多用于活动室兼寝室的情况。折叠床有活动与固定之分。

活动折叠床应轻质高强，灵活美观。其优点是可省去寝室面积，经济效益显著，但须相应增加一小间存放床具的贮藏室；否则，堆放在活动室内将影响幼儿的活动和室内的整洁。其次，活动折叠床的床面多为木板条，有时也有帆布或弹簧等便于折叠的轻便软质材料。但幼儿长期睡在其上，不利于骨骼发育。对于保育员来说，将大大增加每次拆搭床具、卧具的工作量。

固定折叠床应收放灵活，节点牢固。因收起时要占用墙面，对室内的整洁会受到影响，并占用了玩具柜等家具摆放的墙面，使室内家具配置有一定困难。而且，因为床具要经常折叠，再牢固的节点也会受损，给维修带来一定麻烦，甚至存在事故隐患。对于保育员来说，相比活动折叠床并没有减轻多少劳动量。

（4）伸缩床　像抽屉一样可以将床具自由伸缩，如果给伸缩床的腿装上滑轮，幼儿也可自己动手进行拼床活动，自己料理卧具，充当保育员的助手。应注意：床就位后，应设法固定，以免睡眠过程中晃动而相互干扰。这种形式的床仅适用于布置在寝室里。当伸缩床都收进时，腾出的集中面积可部分地做为幼儿小组活动区域，而不能作为活动室正规活动之用。如果这种形式的床布置在寝室与活动室合一的大空间里，虽然也能腾出面积作为幼儿活动之用，但床具固定部分及其床上的被褥衣物会全部暴露在人的视线中，使活动室显得零乱。

（5）床垫　这是一种取消床架，在活动室的木地板上铺床垫进行午睡的方式，可大大节省寝室面积和家具费用（但需设存放床垫的贮藏室）。床垫可制成 2 个 0.60m×0.60m 或 2 个 0.7m×0.7m 连在一起的"豆腐块"，在冬天能解决供暖的全日制幼儿园中都可采用。为节省床垫占地，可搭成通铺。但幼儿宜头脚交替睡眠，因为脸对脸睡眠，易发生呼吸道传染病（图 4-39）。如果活动室面积较大，最好能分块搭设床垫，以减少相互影响。此时，在保育员的指导下，由幼儿合作搭床垫，既是一种游戏，又培养了幼儿爱劳动的习惯。

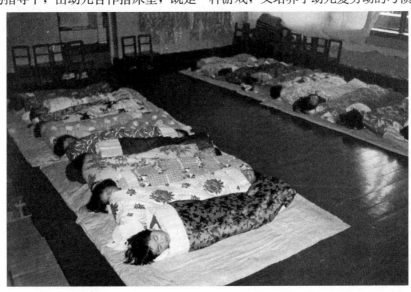

图 4-39　地铺

（二）床位布置设计

1. 床位布置原则

（1）床位布置应做到排列整齐紧凑，应能提供培养幼儿正常睡眠行为的合理布置方式。

（2）走道应通畅，尽量减少走道所占面积。

（3）床位侧面不应紧靠外墙，应保持适当距离，以使幼儿身体避开冬季寒冷的外墙面，或外墙窗下的暖气片，防止幼儿受凉或被烫伤。

2. 床位布置方式

床位布置的方式，主要的思路应是尽可能地结合空间形态，使过道数量及其所占用面积尽可能少。比较图 4-40 两种床位布置方案就可看出，在寝室同样进深的情况下，两个方案的 30 张床占有的面积是不一样的。方案 A 次走道数量为 5 条，而方案 B 次走道数量为 6 条，显然方案 A 比方案 B 节省面积。

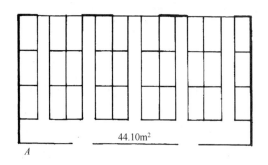
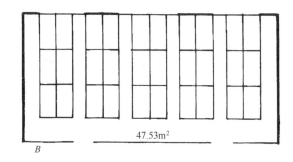

A 44.10m² B 47.53m²

图 4-40　寝室两种不同床位布置的比较

其次，图 4-41 将寝室两端的幼儿床改为双层床布置，寝室的面宽就可减少 1.90m。面积可节省 9.69m²。此时，寝室的空间因中间部分仍是单人床而不感到拥挤。这种床位的布置方案有一定的现实意义，因为一个班级总有几位个子高的男孩，他们的个性就是好动，喜欢爬上爬下，如同游戏一般。因此，在中、大班配备适量双层床，并将其布置在寝室两端，不仅节省寝室面积，而且也具有适用性。

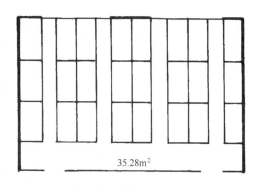

35.28m²

图 4-41　寝室两端为双层床的床位布置

当采用折叠床布置时，不应按通铺办法布置（图4-42），因为它有诸多缺点。一是幼儿必须从床的端头上下床。这种行为不符合幼儿长成人以后睡眠的正常行为，对幼儿容易产生不良行为的误导；二是幼儿睡姿彼此比较贴近，不符合卫生要求。因此，不能因为通铺布置方式可大大节省面积而牺牲幼儿根本的、长远的培养良好行为的目标。

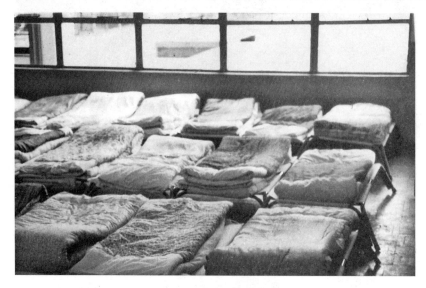

图 4-42　折叠床通铺

在具体布置床位时，各种间距尺寸应符合幼儿生理和幼儿园管理的要求和符合下述要求（图4-43）。

（1）并排床位不得超过2个，首尾相接床位不超过4个。

（2）主通道宽不得小于0.90m，床侧与床侧之间的次通道宽不得小于0.50m。

（3）床侧与外墙、窗、暖气罩的距离不得小于0.60m。

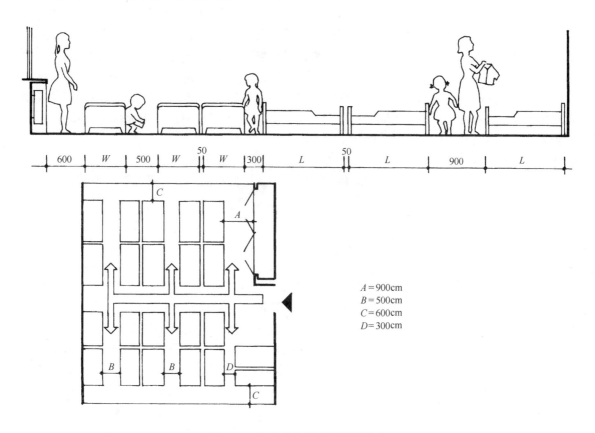

$A = 900cm$
$B = 500cm$
$C = 600cm$
$D = 300cm$

图 4-43　寝室床位排列的基本尺寸

（三）壁柜

全日制幼儿园的幼儿因每日接送，不需自带换洗衣物。至于属幼儿的换季卧具，现在一般都由家长替换，因此在寝室内可不单独设幼儿衣物存放的壁柜。

寄宿制幼儿园的寝室必须设置壁柜与贮藏室，以存放换季卧具和每一幼儿的换洗衣物、鞋袜等。其位置最好位于寝室入口附近，以便于保育员管理，但应注意不要影响床位的布置。

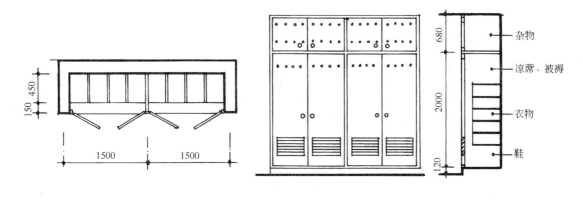

图 4-44　壁柜

壁柜内，下部可存放幼儿的鞋；中部分成小格，每一幼儿的衣物对号存取；上部因较高，可存放不常用的换季卧具等物。壁柜门以窄门平开为宜，以便开启时尽可能不影响走道交通。壁柜内为保持干燥通风，可在柜门下部做通风木百叶（图4-44）。

（四）室内环境色彩

睡眠过程是大脑皮层的抑制过程，在这过程中，应尽量减少各种外界对视觉的刺激。如果寝室色彩设计不当，就会成为这种视觉刺激因素之一。因为，从色彩心理学来说，任何鲜艳明亮的暖色都有可能使幼儿产生热烈、兴奋和激动的情绪，致使幼儿睡前很难静下心来。因此，寝室墙面的色彩宜选择明度不高的冷色，如浅绿、浅天蓝等色。这样，可以给人以安定、凉爽的感觉，有净化幼儿身心的特殊作用。而窗帘可用稍深的墙面协调色，一方面可取得室内垂直面的统一感；另一方面在室内可产生柔和的光效果。至于顶棚色彩可与活动室相同，仍以白色为宜，而地（楼）面色彩因大部分面积被床具遮盖，不必过多考虑，与活动室的地（楼）面同样做法即可。

在寝室内，由于卧具的色彩已经是五彩缤纷，已充分显露出幼儿园的强烈空间个性，而且，寝室特有的环境气氛，也不需要再在室内作过多的色彩装饰。因此，寝室的环境色彩以简洁为宜。

第三节 卫 生 间

幼儿园教育工作的目标之一是培养幼儿良好的生活卫生习惯，包括文明卫生习惯、日常生活的简单卫生常识、独立生活能力及自我保健等。帮助幼儿培养爱清洁的习惯，主要是保持自身清洁的一些初步卫生习惯。在成人帮助下，逐渐养成饭前、便后和手弄脏时的洗手习惯。并在洗手的过程中，教给他们初步的动作技能，幼儿自身也在洗手过程中发展了手指的动作，锻炼了骨骼、肌肉的功能，培养了洗手过程的正常秩序习惯。同时，幼儿通过如厕行为，养成按时大小便的习惯，并逐渐学会自理等。因此，幼儿园幼儿使用的卫生间完全不同于公共建筑成人卫生间的要求。它不仅是解决幼儿如厕的生理需要，更重要的是卫生间是幼儿重要的活动场所。同时，从幼儿卫生防疫和幼儿管理考虑，幼儿卫生间应每班独用，不可合班使用，其内部各项设施都要符合幼儿使用的特点。

一、卫生间设计的一般原理

（1）由于3～6岁幼儿性别意识弱，男、女幼儿可合用卫生间，这是与成人建筑的卫生间最大区别之一。

（2）盥洗与厕所功能分区应明确，宜分间或分隔设置，空间应宽敞。

（3）卫生间所有设施的配置、形式、尺寸都应符合幼儿人体尺度和卫生防疫的要求。

（4）室内通风良好，但应避免污浊空气传入活动室、寝室等主要幼儿生活空间。在有条件的情况下，卫生间最好朝南，以获得阳光对室内空气的紫外线消毒。

（5）卫生间与活动室应能通视，以便全班幼儿集体活动而个别幼儿在卫生间如厕或盥洗时，其行为能在教师的视线范围之内。

二、卫生间的平面设计

根据《托儿所、幼儿园建筑设计规范》JGJ 39—2016 的规定：幼儿园每班卫生间最小使用面积厕所为 12m²，盥洗室为 8m²。而卫生间设施却包含了大便槽、小便槽、盥洗台、污水池、淋浴、毛巾架、清洁柜等诸多内容设施。如何将它们在有限空间内合理配置，做到不但分区明确，使用合理，而且空间应显得宽敞，就不得不进行仔细的设计推敲了。

（一）基本设施

根据《托儿所、幼儿园建筑设计规范》JGJ 39—2016，卫生间主要卫生设施的数量不得少于表 4-6 的规定。

污水池（个）	大便器或沟槽（个或位）	小便器或沟槽（个或位）	盥洗台（水龙头、个）
1	6	4	6

1. 大便器

（1）蹲式大便槽（图 4-45）　通常蹲式大便槽应在蹲位之间加设隔板。为了克服幼儿在跨越便槽时易产生恐惧心理，需要在隔板上安装小扶手，以增加幼儿心理上的安全感，并借助蹲下站起。这种大便槽在卫生防疫上并不十分理想，因为，一旦发生便槽内有大便异常，则不易辨认需要做重点消毒处理的部位，只得进行整体消毒。但是，由于蹲式大便槽施工简便，造价较低，不易引起幼儿交叉感染，故在国内采用比较普遍。

在具体设计蹲式大便槽时，应注意下列问题：

① 每个蹲位平面尺寸为 0.80m×0.70m，但两端的蹲位因有高位水箱冲洗的主管或下水主管占据一定厕位长度，因此，蹲位长度应适当加长，为 1.10m×0.70m。在蹲位之间应设 1.0m 高的架空隔板，以木质为宜，并加设木扶手。

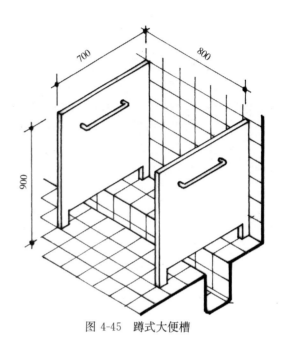

图 4-45　蹲式大便槽

② 沟槽内壁应贴白色瓷砖，以保持槽壁光滑清洁。阴、阳角宜呈圆弧形。

③ 槽底应存有积水，槽底的纵向可以有较小的坡度或平底，在落粪口处做一个高为 0.03～0.05m 的"挡水坝"即可存水（图 4-46）。

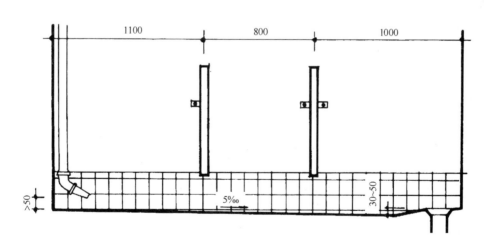

图 4-46　蹲式大便槽纵剖面

④ 沟槽不宜过宽，一般为 0.16～0.18m，以保证水流有足够的冲力。由于蹲式大便槽的沟槽有一定深度（0.30～0.32m），若是楼层的卫生间就会因沟槽做在楼板上而产生两级踏步（图 4-47），这对于幼儿使用蹲式大便槽是不安全的，且踏步又占据了卫生间有限的使用面积。为了消除这种事故隐患和面积浪费，就必须取消踏步。在卫生间设计时就要使沟槽范围内的现浇楼面下凹 0.32m（图 4-48）。

对于小班而言，因部分幼儿特别是女童，由于自理能力差，体力弱，不便于使用蹲式大便槽，就需配备痰盂。此时，就需要经常对痰盂进行整体消毒。

（2）坐式大便槽（图4-49）　　这种形式实际上是在蹲式大便槽上加做木坐圈和盖板。幼儿使用时，比蹲式大便槽舒适，有安全感，也比较整洁。但最大的问题是不符合卫生防疫的要求，极易引起交叉感染，应避免使用。

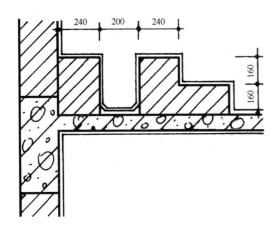

图4-47　楼层大便槽一般做法

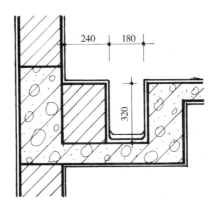

图4-48　楼层大便槽改进做法

（3）坐便器（即恭桶）（图4-50）　　幼儿使用时舒适，可以培养幼儿自己动手便后冲洗的习惯和能力。但是，易引起交叉感染，消毒工作麻烦。设备造价较高，型号不易购置，损坏后更换也比较困难。

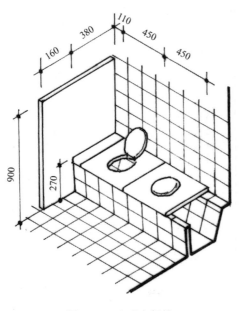

图4-49　坐式大便槽

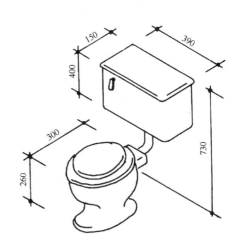

图4-50　恭桶

（4）蹲式便器（即蹲坑）（图4-51）　　这是比较理想的大便器。主要优点是符合卫生防疫要求，既可以培养幼儿自己动手便后冲洗的习惯与能力；又可以消除幼儿跨越蹲式大便槽的恐惧心理。如果某个蹲坑内发现大便异常，也能及时进行重点消毒处理，并易查询病儿进行检疫。

每个蹲位可加0.60m宽、0.60m高的双扇木百叶门，可以适当遮挡幼儿如厕行为，又可保证保教人员对幼儿如厕过程的观察需要；同时，对保持卫生间室内的整洁美观也可起一定作用。

2. 小便器

（1）小便槽（图 4-52）

小便槽因施工简便、造价低，较为普遍使用。设计时不应在幼儿站位处设站台，以防幼儿上下台阶不慎易失足摔倒，故与地（楼）面持平为宜，且向沟槽少许找坡，可及时排除地（楼）面积尿。

（2）小便斗（图 4-53）美观、洁净，应选择适宜幼儿使用的型号。分立式与悬挂式两种，中一中为 600～700。

3. 盥洗台

盥洗是促进幼儿掌握生活技能和养成良好生活卫生习惯的重要管理内容。按幼儿园的科学管理，盥洗应具有成套的工作程序，每一程序又包含着一连串的动作。如此有顺序、有条理地反复，逐渐使幼儿盥洗行为定型。因此，在盥洗台的设计中，要充分考虑幼儿自己动手使用龙头的特点和特殊要求，以配合幼儿园生活管理规程的实施。

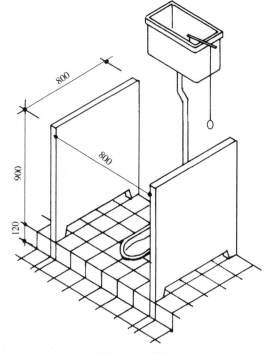

图 4-51 蹲坑

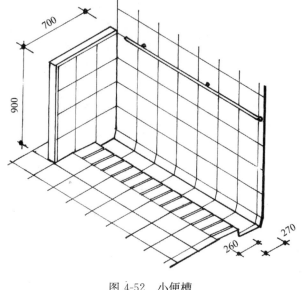

图 4-52 小便槽

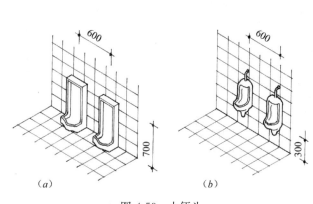

图 4-53 小便斗

（a）立式小便器；（b）悬挂式小便斗

根据卫生间的平面，盥洗台可沿墙设置，或不靠墙呈岛式布置（图 4-54）。

盥洗台的设计应考虑如下问题：

（1）台面高度与宽度应符合幼儿尺度。一般台面高为 0.50～0.55m，台面净宽为 0.40～0.45m。

（2）水龙头位置不应过高，以防溅水把幼儿衣服弄湿。水龙头形式以小型为宜，其间距为 0.55～0.60m，水龙头数量不少于 3 个，以 6 个为宜。

（3）在盥洗台靠墙的上方可设适应幼儿身高的通长镜面，并略有倾斜，使幼儿在盥洗过程中随时检查自己是否洗干净，养成爱清洁的习惯。

（4）应设置放肥皂的部位。

4. 毛巾架

根据幼儿卫生要求，每班必须设置毛巾架，以悬挂每一幼儿洗脸擦手用的毛巾。其位置应接近盥洗台。毛巾架常用活动支架式（图 4-55），使用灵活方便，可随时拿到室外进行日光消毒；但占据一定面

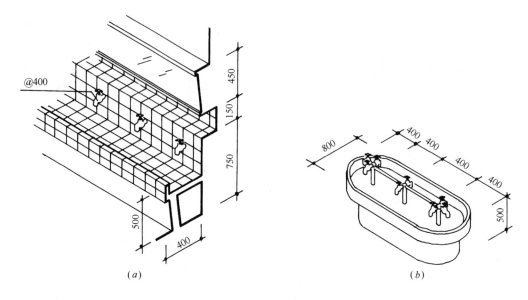

图 4-54 盥洗台
（a）槽式盥洗台；（b）岛式盥洗台

积，容易造成室内空间拥挤。

　　毛巾架应使每一条毛巾在悬挂中不相互接触，以免交叉传染眼病。因此，挂钩水平间距应为0.15m，行距应为0.35～0.50m。根据幼儿身材不同，小班的毛巾架最下一行距地为0.5～0.6m，中大班为0.6～0.7m，最上一行距地不大于1.2m。

　　为了节约活动毛巾架所占据的面积，还可将活动毛巾棍悬挂在墙壁上（图4-56），欲进行日光消毒时，只要取下毛巾棍临时架在室外即可。

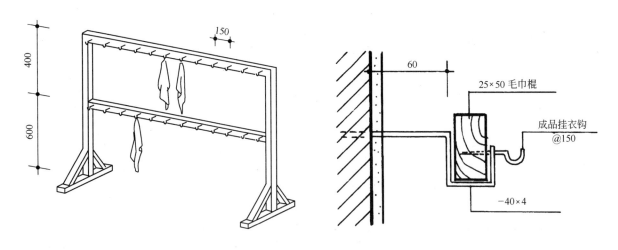

图 4-55　支架式活动毛巾架　　　　　　图 4-56　悬挂式固定毛巾架

　　5.污水池

　　污水池可作为冲洗拖布、洗刷痰盂以及打扫卫生时用，一般在盥洗台与小便槽之间设置，内外壁宜用白色瓷砖饰面，以保持清洁。不宜用水泥饰面或水磨石污水池，因为难以保持清洁，也不美观。污水池不宜落地设置，应架空搁置（图4-57），以便堵塞时利于疏通。

　　6.清洁柜

　　有条件的幼儿园最好在卫生间内设一清洁柜（图4-58），以存放清洁用具，诸如消毒液、洗涤剂、水桶、脸盆、扫帚、簸箕、抹布等。清洁柜应设柜门，一方面保持卫生间整洁，另一方面防止幼儿动用。清洁柜的位置最好位于卫生间入口附近，便于保教人员取用，并尽可能凹入或半凹入墙体内，以尽量减少占用使用面积。

7. 淋浴

在南方炎热地区，有条件的幼儿园根据需要可在卫生间内增设淋浴喷头。其位置应尽量靠卫生间端部设置。

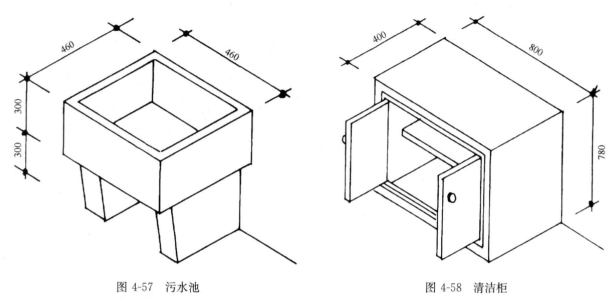

图 4-57　污水池　　　　　　　　　　　图 4-58　清洁柜

（二）卫生间的平面位置

按照幼儿园一日生活管理规程的要求，以及幼儿膀胱较小，造成尿的浓缩功能较差，排尿调节功能不够完善，使小便频繁，需要较多地使用卫生间。因此，卫生间在活动单元中的位置必须紧靠活动室和寝室（图 4-59）。

当各班的活动室与寝室分层各自集中布

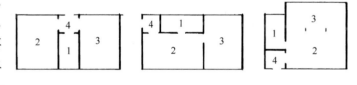

图 4-59　卫生间的平面位置示意
1—卫生间；2—活动室；3—寝室；4—衣帽间

置时，主卫生间应与活动室成组布置，而寝室内应各自套入一较小的卫生间，以备个别幼儿应急使用。

（三）卫生间的平面形状与尺寸

卫生间的设计即使满足了面积定额的要求，但功能设计并不一定合理。其原因在于卫生间平面的形状与尺寸非常影响卫生间卫生设施的布局。

由于上述若干卫生间设施需沿墙布置，因此，争取墙面的长度就是平面设计的关键了。按照平面几何的一般常识，在相同面积的情况下，长方形的周长要比方形周长更长些。因此，卫生间平面形状选择长方形无疑要优于方形。而长方形尺寸的确定取决于宽度的大小，即以适合于双面布置卫生间的卫生设施而确定的最经济尺寸，以此获得长方形平面最大的长边尺寸。

根据幼儿使用卫生间的卫生设施尺寸，建议幼儿园卫生间净尺寸为 2.76m×5.92m（使用面积为 16.33m²），或 3.60m×4.44m（使用面积 15.98m²）。

（四）卫生间的平面布置

卫生间的平面布置主要考虑基本卫生设施（大便槽、小便槽、盥洗台、毛巾架、污水池）的合理布置。有条件的幼儿园按需要也可增加对淋浴、清洁柜的考虑。

卫生间的布置方式有两种基本形式：

1. 盥洗与厕所合设（图 4-60a）

这种布置方式的盥洗与厕所虽然合为一个空间，但是功能必须有明确分区，不可混设各种卫生设施。这就需要将盥洗功能区布置在卫生间流线的前部，而将厕所功能布置在卫生间流线的后部，在两者之间尽可能用装饰隔断做稍许空间的象征性分隔，也增加了卫生间的美观。

在厕所功能区将大便槽、小便槽分别布置在卫生间两侧，同时将污水池紧靠小便槽布置，使上下水管布置简洁。而盥洗功能区在小便槽同一侧布置盥洗台，则盥洗功能区剩下的两面墙可分别设置卫生间入口和毛巾架位置。

这种卫生间平面模式，宜将短边作为外墙采光面，一方面可使卫生间的两条长边作为各种卫生设施布置的依靠；另一方面厕所功能区接近窗口，有利排除室内异味，尽量减少对活动室和寝室的影响。

2. 盥洗与厕所分设（图 4-60b）

这种布置方式是将盥洗与厕所严格分成两个功能区，而不是上述卫生间模式中盥洗与厕所是象征性分隔。其优点是功能分区明确，互不干扰。在具体布置时仍然是将盥洗功能区布置在流线前部，将厕所功能区布置在流线后部，在两者之间以台度或玻璃隔断分隔。一方面可将厕所对活动室的不利影响减小到最低程度，另一方面保教人员仍可观察到幼儿如厕的情况。

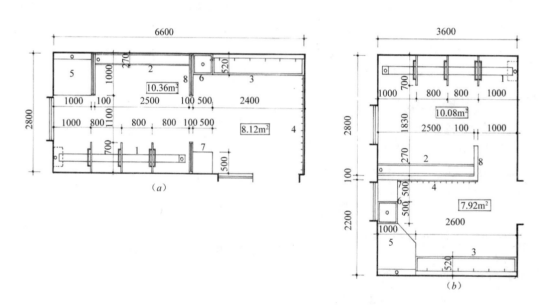

图 4-60　盥洗与厕所合设的卫生间平面尺寸
1—大便槽；2—小便槽；3—盥洗台；4—毛巾架；5—淋浴间；6—污水池；7—清洁柜；8—隔断

卫生设施具体布置时，在厕所功能区首先将大便槽布置在厕所入口的对面，以其大便槽总长作为卫生间进深尺寸，在大便槽对面则布置小便槽和污水池。在盥洗功能区宜沿总进深的一侧墙布置盥洗台，而将毛巾架布置在盥洗台对面的隔墙上。

这种卫生间平面模式，宜将长边作为外墙采光面，分别在厕所和盥洗两功能区各设一小窗。

寄宿制幼儿园，由于各班寝室宜集中布置在楼层，幼儿夜间若上厕所不可能回到各自班级的卫生间如厕。因此，在各班寝室内要附设一小卫生间，主要含大便槽、小便槽和污水池即可，而盥洗台不必设。因为，幼儿午睡或早晨起床后都是回到各自班级使用盥洗室的。

（五）卫生间的装修设计

卫生间因经常要保持干燥、清洁、卫生，因此，四壁宜贴瓷砖到顶，且尺寸规格宜大（如 250×330mm）可减少拼缝，从而提高墙面的整洁度。地面宜采用大块防滑地砖（如 330mm×330mm），且坡度要找准，不可有积水的凹陷现象。

第四节 衣帽贮藏室

衣帽贮藏室主要功能是存放幼儿进入活动室随身脱下的衣帽和自带教学要求的玩具、文具等物品。

一、衣帽贮藏室的平面设计

衣帽贮藏室在功能上总是与活动室紧密相连的。当活动室从北外廊入口时，因冬季比较寒冷，最好将衣帽贮藏室作为通过式的空间。一方面可起到活动室内外的过渡空间，尽量减少寒风对活动室的直接侵入；另一方面幼儿可随即脱下外套挂在衣帽间内，再轻装进入活动室，或者当幼儿离园时在衣帽间穿上衣服即可外出。

为了满足上述功能需要，衣帽贮藏室的面积在满足《托儿所、幼儿园建筑设计规范》JGJ 39—2016额定的 9.0m² 内，尽量使幼儿通行的流线短捷，即意味着衣帽贮藏室的入口与通向活动室的洞口应尽可能近，以便留下足够的墙面布置必要的家具（图 4-61）。

对于南方幼儿园，因气候温和或者较炎热，或者当活动室是南入口时，衣帽贮藏室就不必要如上所述做成通过式。幼儿可直接从南外廊进入活动室，而在活动室入口附近套一间衣帽贮藏室，可大大减少衣帽贮藏室的交通面积（图 4-62）。

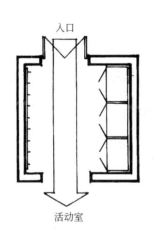

图 4-61 衣帽间流线组织

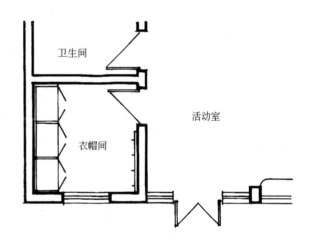

图 4-62 活动室套设衣帽间

但是，这样一来，活动室南向开窗面积因入口占据了一定长度而受到影响，相应窗台处的自然角也缩短了。其改进的办法是将衣帽贮藏室后缩，以形成幼儿进入活动室前的过渡空间，而将活动单元的入口改由从活动室侧面进，衣帽贮藏室的门仍开向活动室，从而保证活动室的窗面积不减少，窗台处的自然角长度也不受损失（图4-63）。

为了提高有效的贮藏面积，衣帽贮藏室的平面净尺寸以 2.5m×3.6m 或 2.8m×3.2m 为宜，且房间门最好开在入口墙面的中间，以最大限度保证两侧墙面可布置家具。

二、衣帽贮藏室的室内设计

衣帽贮藏室的室内设计主要考虑幼儿衣帽和物品的存放方式与相应的家具形式。

1. 挂衣柜（图 4-64）

每人或数人一格，不做门扇，分上下层，上层搁放幼儿帽子、手套，下层挂外衣。其优点是室内整洁，空间不感拥挤，家具尺度感适合幼儿身材。但占据房间面积较大，空间利用率不高。国外幼稚园常采用。

当幼儿园没有条件设置衣帽贮藏室时，可将幼儿挂衣柜放置在活动室入口处的宽敞走廊里（图4-65），而不要堆放在活动室内，以免造成活动室内的杂乱感。

2. 挂衣钩（图 4-66）

挂衣钩沿墙设置，简便易行。挂衣钩上方可置搁板，存放帽子。

3. 组合贮藏柜（图 4-67）

衣帽贮藏室除了存放幼儿的衣帽外，还有大量物品需要合理地进行存放，又为了要充分利用空间，提高贮藏效率，因此宜设计成组合贮藏柜，以便统一考虑所有物品的有序贮藏。

如果衣帽贮藏室能够在相对的两面墙布置家具，则靠一面墙可做较大组合柜，主要存放大件物品，如换季被、褥、凉席、枕头等，这一部分物品量比较大，要分格存放，以便拿取方便。靠另一面墙可做幼儿挂衣柜、文具柜、玩具贮藏柜、书架以

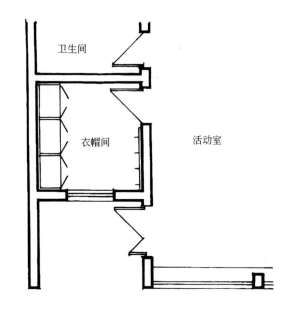

图 4-63 活动室套设衣帽间改进方法

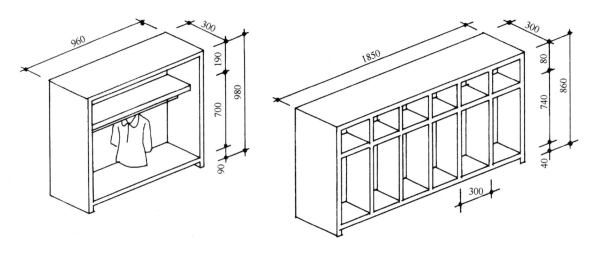

图 4-64 衣柜

及教师个人用品等小件物品。

有条件的衣帽贮藏室可在窗户下安排一张写字桌，供教师备课用（图 4-68）。

为了防止衣帽贮藏室内的各类物品因通风不良而受潮发霉，应设法开窗直接采光，至少是通过走廊间接采光。

幼儿园教育发展到今天，就幼儿园教学与管理方式而言，已出现了许多新情况、新问题，由此而影响到传统幼儿园的建筑设计。

例如，在传统幼儿园中，家长接送幼儿是以幼儿园大门为界，家长是不允许入园的。现在，幼儿园从安全考虑必须由家长刷卡进幼儿园大门，把幼儿送到班级门口亲手交给老师才行。再如，传统幼儿园的教学用品、玩具等都是由幼儿园提供，现在，却要家长为幼儿额外自备一些诸如图书、彩笔、小玩具等物品。有时，为了应急天气冷暖的变化，或意外事故造成幼儿内衣、裤、袜需要更换，即使全日制幼儿园也需家长备用一些衣物放在班内等等。这样看来，上述由家长为幼儿自带的物品远多于过去上幼儿园的量，这就需要为每一幼儿提供一个专用贮藏柜，而不是在衣帽贮藏室简单设些衣帽挂钩了。那么，

9m² 的衣帽贮藏室显然无法解决目前这个问题。况且，早晨入园时，每位幼儿的家长瞬时集中挤入衣帽贮藏室忙于存物、整理，其混乱程度也是不可想象的。为此，沿袭几十年的衣帽贮藏室面积标准的老规定在今天已跟不上变化了的幼儿园管理方式。

图 4-65　衣帽挂在活动单元入口走廊处

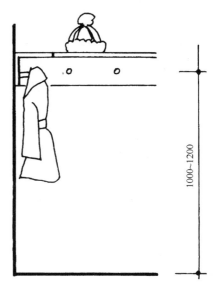

图 4-66　挂衣钩

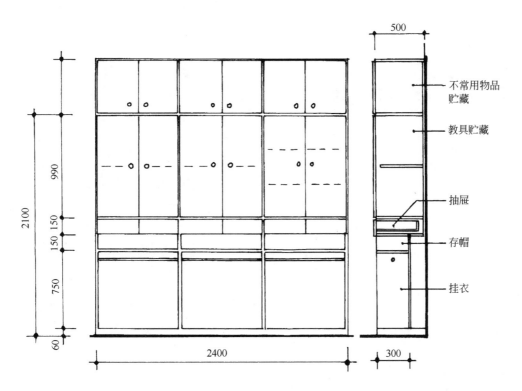

图 4-67　组合贮藏柜

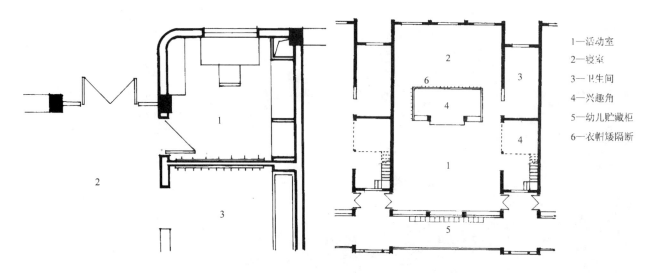

图 4-68　南京市第三幼儿园活动单元衣帽贮藏室
1—衣帽贮藏室；2—活动室；3—卫生间

图 4-69　南京外国语学校
幼儿园活动单元的衣帽间改为兴趣角

1—活动室
2—寝室
3—卫生间
4—兴趣角
5—幼儿贮藏柜
6—衣帽矮隔断

　　现在较为采用的存放幼儿自带物品的方式是为每一幼儿设置一个自用的贮藏柜，尺寸为 400×400×350（h），上下两层一字排开，置于走廊活动室窗下一侧。这样，家长为幼儿存放物品时就不需进入活动室内的衣帽贮藏间，而省下来的衣帽贮藏室空间就可作为活动室的幼儿兴趣游戏区（图 4-69）。而冬季幼儿进入活动室或午睡时脱下的衣服可存放在活动室与寝室之间开放式的衣帽贮藏矮隔断上（图 4-70）。

图 4-70　开放式衣帽贮藏矮隔断

第五章 活动单元设计

活动单元是幼儿园每个班级独立生活的互动空间,基本上包含了幼儿每日在园的学、玩、吃、饮、睡、洗、如厕等各项主要生活内容。在三年的幼儿园生活中,这里将是他们的又一个"家"。

早期的幼儿园,由于幼儿的生活与活动内容比较简单,因此,各房间构成也比较简易。随着各国对幼儿园教育的日益重视,为了满足合理的科学教养,方便的保教管理以及预防疾病的要求,逐渐形成了每个幼儿班组自成一体的格局,即单组式活动单元。这种单组式活动单元一般包含了如上一章所阐述的活动室、寝室、卫生间、衣帽贮藏室等各房间内容,再由若干单组式活动单元组合成幼儿园的主体建筑(在第八章中我们加以详述)。这种单组式活动单元模式强调各班之间互不干扰,有利于按年龄特点分别进行有针对性的保教工作,严格按卫生防疫要求进行隔离。但是,这种单组式活动单元限制了不同年龄幼儿的互相交往,各班按统一教学模式进行保教工作,不利于幼儿个性的发展。

针对单组式活动单元的上述缺陷,有些国家提倡不同年龄的幼儿可以分组、合组进行活动,让不同年龄的幼儿在合理的游戏接触中,促进幼儿的智力发展,培养集体生活的习惯和团队精神。在这种不同年龄幼儿的相互接触中,只要引导得法,年龄小的幼儿天生的模仿能力能向哥哥姐姐学到一些生活的基本动作和行为习惯;而年龄大的幼儿也能在与年龄小的幼儿的和谐交往中加强自身的责任感和榜样感,这种相互的学习比幼儿园教学计划中的正规教育来得更自然、更容易接受。因此,幼儿教育观念、方式的发展导致了幼儿园幼儿生活的组织从早期的集体活动发展到专组活动,又从专组活动逐渐向合组活动发展,这也是我国幼儿园教育发展的趋势。

第一节 单组式活动单元

如前所述,单组式活动单元是以一个班为一个完整的教学单位,从幼儿生活、教学到管理自成一体,并以此为"组细胞"进行多样组合而构成幼儿园建筑主体。这是我国目前幼儿园建设的基本模式。

一、平面功能分析

一个完整的单组式活动单元包含了活动部分(活动室)、睡眠部分(寝室)和辅助部分(卫生间、衣帽贮藏室)。其中,活动室是活动单元的主空间,是必备的空间,而所有其他功能部分都是以活动室为中心的。寝室对于不同条件的幼儿园,是否独设,还是与活动室混设差别较大。但不管哪种方式,幼儿午睡总是需要的,且与活动室有密切联系。而卫生间一方面作为解决幼儿随时如厕的生理功能需要,另一方面作为培养幼儿良好卫生习惯和能力的场所,应该和活动室和寝室有紧密关系。剩下的衣帽贮藏室是作为活动单元的入口或辅助空间,主要是和活动室发生密切关系。

同时,根据幼儿园教学要求,幼儿需经常到室外进行活动与游戏。因此,活动单元中的活动室要保持与室外活动场地的有机联系。

图 5-1 是单组式活动单元的功能关系。

二、平面设计原则

(1)各活动单元应有单独的出入口。其目的是尽量避免各班的相互干扰和影响,以保证各班教学正常进行,并满足幼儿的卫生防疫要求。

(2)活动单元内各房间应有良好的采光、通风条件。尤其是活动室和寄宿制幼儿园的寝室必须有最佳南朝向,以满足日照要求。

（3）卫生间不仅应靠近单元出入口，也应兼顾幼儿在活动室和寝室都能方便地使用。

（4）活动单元中的活动室与盥洗室、盥洗室与厕所，应有很好的视线贯通，以保证个别幼儿单独使用盥洗或如厕时，教师在正常教学活动中对其的关注和随机观察。

（5）活动单元各房间的平面布局应紧凑，尽量避免产生不必要的交通面积和无用空间。

三、平面组合方式

单组活动单元的平面组合主要考虑活动室、寝室、卫生间和衣帽贮藏室四者的关系。其组合模式如图 5-2 所示。

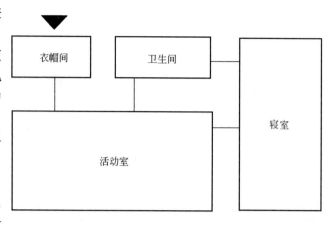

图 5-1　单组式活动单元功能关系图

1. 活动室与卫生间相连，寝室作为活动室的套间（图 5-3）

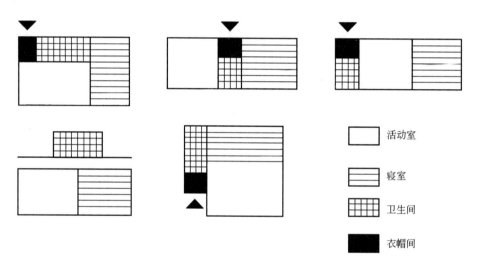

图 5-2　单组式活动单元组合方式示意

这种平面组合方式是将寝室套在活动室内，两者并列占据好朝向，而将卫生间置于活动单元北面，幼儿是从走廊直接进入活动室。这种组合方式的优点是平面方整，布局紧凑，主要房间有良好的朝向，有利于保温，节约面积，结构简单，寝室环境安静，通风较好。其缺点是活动室的通风条件因北面的卫生间阻隔而受到某种程度的影响，特别是当活动室南向有廊道时，加上单面采光，常常使活动室在进深方向采光不均匀，甚至在阴雨天时，这种现象更为明显。为了改变这种状况，有些幼儿园被迫将活动室与寝室功能对调，虽然满足了活动室的采光通风要求，寝室对光线要求也不需太强，但是原寝室的室内设计条件又不能同时满足更换功能后的活动室要求，反而造成功能使用的更大不合理（图 5-4）。

其次，这种组合方式的活动室因入口与公共交通缺少空间过渡，易受外界干扰，或者活动室是南入口而影响了南向窗户的面积和自然角的长度。上述两种入口都会使幼儿进入活动室脱下的衣帽因无处可挂而杂乱堆积在活动室，有碍观瞻。改进上述缺陷的办法是在进入活动室前增设衣帽间（图 5-5）。

另外，因活动室与卫生间、寝室等房间穿套，造成活动室内门较多；又因其造成内部交通面积过大，特别是当单元入口与卫生间距离过大时，造成穿越路线过长，从而影响室内活动和清洁，并且也影响家具的布置（图 5-6）。

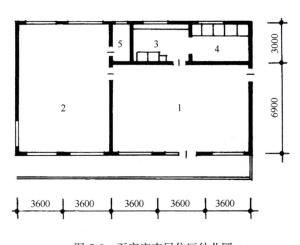

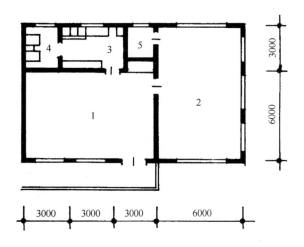

图 5-3　石家庄市居住区幼儿园
1—活动室；2—寝室；3—盥洗间；4—厕所；5—贮藏室

图 5-4　江苏省委机关幼儿园
1—寝室；2—活动室；3—卫生间；4—浴室；5—贮藏室

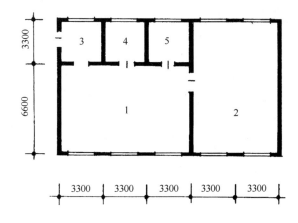

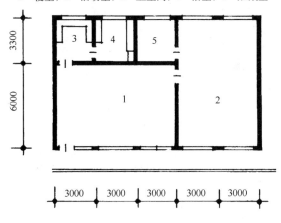

图 5-5　保定市统建幼儿园
1—活动室；2—寝室；3—衣帽间；4—盥洗间；5—厕所

图 5-6　浙江丽水地区幼儿园
1—活动室；2—寝室；3—盥洗间；4—厕浴；5—贮藏室

2. 卫生间在活动室与寝室之间

这种平面组合方式有两种方案：一是将活动室、卫生间、寝室三者竖向并列（图 5-7），但前提条件是该活动单元处于各单元组合的尽端，以便卫生间依靠端墙采光。该平面组合的优点是活动单元面宽较窄（但活动室面宽较大），进深较大，有利节约用地。二是将活动室、卫生间、寝室三者横向并列。按它们与廊道的关系有平行与垂直连接之分，其共同特点是各房间采光、通风、日照均能满足使用要求。但是，因活动单元进深浅，面宽长而相应增加了廊道交通面积，用地也不经济。其中，图5-8为南外廊尽端活动单元，室内外联系通畅，适于南方地区。图5-9为北外廊尽端活动单元。在北方宜将北外廊封闭成暖廊，在功能上可作为衣帽间之用。

图 5-10 为南外廊中间活动单元，平面组合紧凑，功能合理。

图 5-11 为活动单元与公共廊道呈垂直连接方式，寝室因远离公共廊道而比较安静，但活动室与公共廊道缺少空间过渡。

3. 卫生间位于活动室与寝室相套的活动室一侧（图 5-12）

这种平面组合方式可使卫生间作为活动单元的入口，一方面成为活动室与公共廊道的过渡空间，以减少外界干扰；另一方面当幼儿从室外活动场地进入活动室时，可先盥洗再进入活动室，以保持活动室的清洁卫生。但是，这种平面组合造成寝室距卫生间较远，幼儿午睡途中若如厕稍感不便。其次，为了节约用地，不使活动单元面宽过长，造成活动室面宽较小。

4. 卫生间独立于活动室与寝室之外（图 5-13）

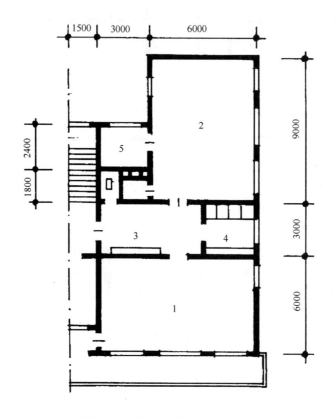

图 5-7 北京 1978 年托幼通用设计

1—活动室；2—寝室；3—盥洗间；4—厕所；5—淋浴

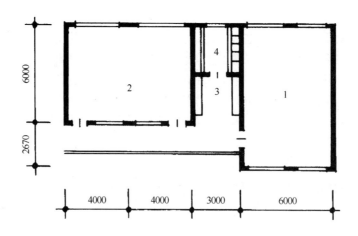

图 5-8 铜陵市磷胺工程居住区幼儿园

1—活动室；2—寝室；3—盥洗间；4—厕所

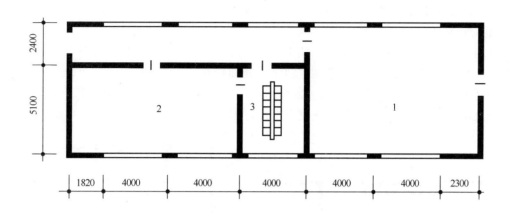

图 5-9　北京北海幼儿园
1—活动室；2—寝室；3—卫生间

图 5-10　福州市王庄居住区乐西托幼
1—活动室；2—寝室；3—盥洗间；4—厕所

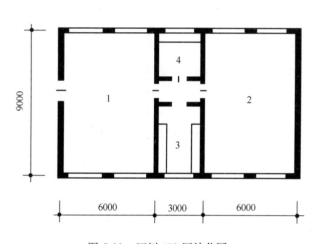

图 5-11　四川 431 厂幼儿园
1—活动室；2—寝室；3—盥洗间；4—厕所

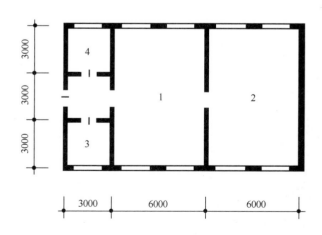

图 5-12　湖北化肥厂幼儿园
1—活动室；2—寝室；3—盥洗间；4—厕所

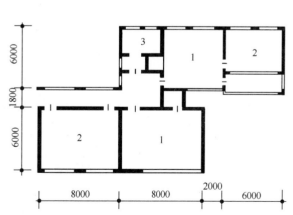

图 5-13　常州花园新村幼儿园
1—活动室；2—寝室；3—厕所

这种平面组合方式无论从幼儿使用、卫生隔离以及保教要求来说都不符合幼儿园的管理标准，特别是当卫生间与活动室在中廊两侧时，明显看出幼儿园教育小学化的设计倾向（图5-14）。

5. 活动室与寝室融为一个大空间（图5-15）

这种平面组合方式因活动单元进深大，使由若干活动单元组成的幼儿园主体建筑的总长度相对要节约许多用地，而且室内空间较为开敞。活动室由于采光面较宽，室内较明亮。寝室虽然朝北，但是对于全日制幼儿园来说，因幼儿午睡只有2.5h，影响并不大。反而因光线柔和而更有利于形成寝室的睡眠气氛。活动单元进深大的另一优点是容易产生空气对流，因此通风效果较好。

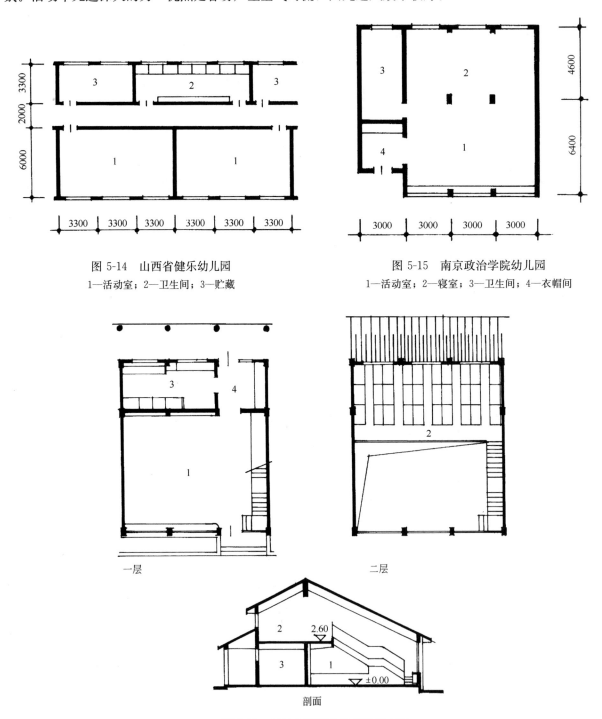

图 5-14　山西省健乐幼儿园
1—活动室；2—卫生间；3—贮藏

图 5-15　南京政治学院幼儿园
1—活动室；2—寝室；3—卫生间；4—衣帽间

一层　　　　　　　　　　二层

剖面

图 5-16　某幼儿园活动单元设计方案
1—活动室；2—寝室；3—卫生间；4—衣帽间

如果在活动室与寝室之间结合结构柱、组合家具进行空间分隔，对室内也是一种较好的装饰。

6. 寝室设在夹层

这种平面组合方式是将活动单元层高提高，以便将寝室设在卫生间、衣帽贮藏室之上。此种平面组合方式特别适合活动单元呈一层形式，这样可充分利用坡屋顶形成夹层寝室空间，又可使造型活泼，尺度小巧（图 5-16）。

这种平面组合方式若设于楼层时，仅适于全日制幼儿园。因为，在夹层寝室区可不设卫生间，使设计矛盾简单化；但活动室空间较高大，幼儿尺度感较难处理，且活动单元建筑面积将超定额比较多（图 5-17）。

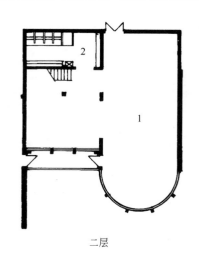 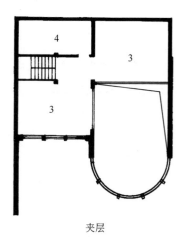

二层　　　　　　　　　　　　　　　　　夹层

图 5-17　南京聚福园幼儿园
1—活动室；2—卫生间；3—寝室；4—贮藏室

第二节　多组式活动单元

多组式活动单元是区别于单组式活动单元的另一种单元组合形式，它是不同幼儿教育理论与观点在幼儿园教学和设计中的反映。

传统的教育论，重视知识的传授，而忽视了幼儿喜爱游戏的天性，把幼儿教育过程看成是教师用知识填充幼儿的头脑，而幼儿的任务则是获取知识，贮存知识，运用知识。因此，教学方法是"注入式"的。其次，传统的教育论对幼儿过分看重保护、严格的卫生防疫，而忽略了幼儿需在自我的活动中发展身心，增强能力。适应这种幼儿教育特点所产生的单组式活动单元，就成为封闭的教学单位。这种单组式活动单元虽然在我国幼儿园教育发展过程中曾显示出一定的长处和存在的价值，但是，进入 21 世纪的我国幼儿园教育已经在教学、方法、措施等诸方面发生了很大变化。特别是 2001 年，我国《幼儿园教育指导纲要（试行）》颁发以后。幼儿园教育开始突破原有办园模式，幼儿园建筑设计也应适应这种幼儿园教育的发展，探讨与此相适应的新的活动单元形式，即多组式活动单元。

实际上，在国外早已出现了多组式活动单元，这种多组式活动单元并不强调班组之间的严格隔离，而是在按幼儿年龄特点分班组的基础上，以尊重幼儿自主地、自发地开展和谐活动为原则，着重强调让幼儿的身心得到和谐地发展。其教育计划重视幼儿年龄和身心发展的程度，适应幼儿的生活经验进行组织活动内容，并设法使他们互相密切联系起来。因为，现代幼儿园教育需要充分理解每个幼儿的兴趣和要求的方向与强度，注意安排每个幼儿都能自己积极地选择和自由地进行活动，充分满足他们的兴趣和要求。同时，也希望幼儿在小组里与其他幼儿和谐地进行交流，共同游戏。这样，可以使幼儿建立起良好的人与人之间的关系，获取集体生活的经验，培养社会性；也可根据教育的需要、幼儿的要求发展成为全年级的活动。这种加强幼儿之间交往的开放型教育，更进一步促进了幼儿身心得到发展。至于单组式活动单元所强调的防疫疾病问题，也会因现代医学的发展、幼儿卫生防疫工作的加强、保健医疗设施的完善，以及幼儿体质整体上逐渐增强等因素而是可以防范的。

但是，多组式活动单元适于规模较小的幼儿园，且每班人数不宜太多。否则，因幼儿数太多而难以管理。

一、多组式活动单元功能分析

多组式活动单元包含了若干小规模的班级活动室，其功能很单一。各活动室内都不内套寝室和卫生间，主要作为幼儿进行小活动量的游戏和学习之用。当需要进行较大型室内游戏或各班级进行合组活动时，都会在一个面积较大的游戏室进行。而且各班幼儿都可共用一个卫生间（图5-18）。当幼儿需要集体午睡时，也都可利用游戏室的空间。

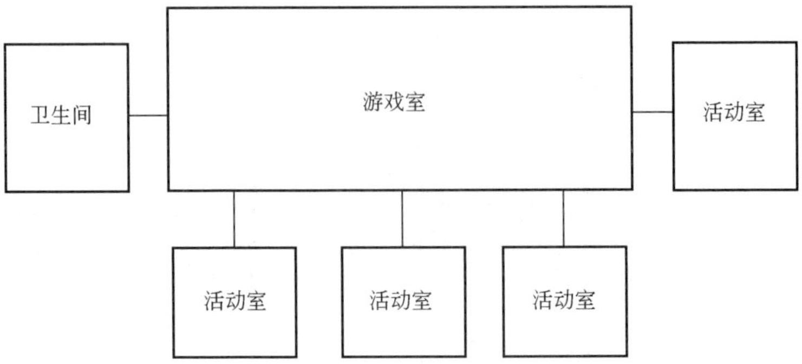

图 5-18　多组式活动单元功能关系图

二、多组式活动单元平面形式

多组式活动单元根据需要可有两种平面组合方式：

1. 不同年龄分设（图 5-19）

这种多组式活动单元是将同一年龄段的幼儿组织在一个多组式活动单元内，然后由若干这样的多组式活动单元构成幼儿园建筑的主体。这种平面组合形式的特点是各班级之间可以用灵活隔断进行分隔，有利于教学的灵活组织。打开灵活隔断就可以扩大空间进行合班教学。当需要在游戏室进行活动时，由各班级活动室就可直接进入，甚至多组式活动单元所有幼儿的午睡当活动室不能完全解决时，也可在游戏室临时铺垫席地而睡（图 5-20）。这样，就可省去单组式活动单元的寝室内容和相应的面积，从而大大节约面积。当然，这种多组式活动单元要求幼儿保教人员在数量和素质上有更高要求，对幼儿从小加强教育，使幼儿从小养成遵守公共卫生、道德与习惯的良好品质，培养幼儿一定的独立生活能力。同时，为了减轻搭拆床的大量劳动，应对家具进行改革。例如，日本的幼稚园多采用"榻榻米"作为传统的床具，由幼儿自己铺弄床具，这既是一种游戏活动，又可以培养幼儿从小料理自己生活的能力。

图 5-21 是泰州师范学校附属幼儿园对单组式活动单元结合国情进行类似多组式活动单元设计的探索，在保持单组式活动单元的基本形式前提下，在三个活动单元外增加一个多组式活动单元的较大游戏空间，以提供合班游戏之用。在这里，幼儿可以自由地参与各种角色游戏活动，和谐地与他人进行交往。值得注意的是，这种设计意图必须使活动室与游戏室有直接而紧密地联系，不可在两者之间插入其他功能空间。

2. 不同年龄混设（图 5-22）

这种多组式活动单元从平面图形上看，与上述组合方式没有什么大的区别，只是各班活动室的幼儿是由几个不同年龄段的幼儿组成。它适合于规模更小的幼儿园。

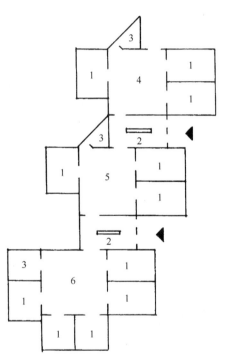

图 5-19　日本绪川保育园

1—保育室；2—衣帽间；3—卫生间；

4、5—年少儿游戏室；6—年长儿游戏室

图 5-20 日本东埔町立石滨中保育园

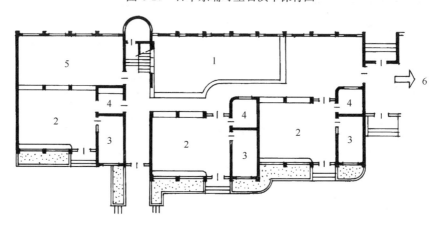

图 5-21 泰州师范学校附属幼儿园

1—中庭；2—活动室；3—卫生间；4—衣帽间；5—美工室；6—寝室区

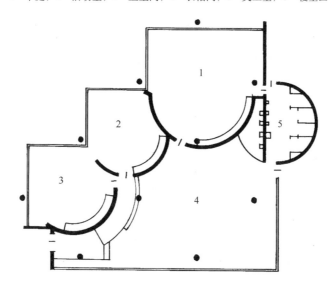

图 5-22 日本芦屋市立靖道保育所

1—3 岁幼儿室；2—4 岁幼儿室；3—5 岁幼儿室；4—游戏室；5—卫生间

第六章　幼儿公共活动用房设计

幼儿园教育的发展已使幼儿的活动空间不能被活动单元所限制了，特别是幼儿园教学的内容与方式已经走出幼儿园"小学化"的误区，向多样化、综合化和大型化发展。而幼儿在家庭、社会中已经接触到更多、更丰富的活动实践。原有只能进行小型室内游戏和桌面游戏的活动室空间再也满足不了幼儿的兴趣和要求了。因此，为适应幼儿园教育的发展，在幼儿园原有音体活动室（现称多功能活动室）的基础上，不少有条件的幼儿园都增设了若干幼儿公共活动用房，如科学发现室、图书室、舞蹈室、美工室、建构游戏室等。甚至某些城市的幼儿园主管机构为此制定了办园标准及评估细则，其中就包含了一个优质幼儿园至少要有3间公共活动室的要求。可见，在幼儿园中设置公共活动用房越来越被重视了。

幼儿公共活动室的内容除多功能活动室外，其他内容并没有统一规定，各地幼儿园可以根据自身的办园条件和特色，设置有个性的幼儿公共活动室。而在城市幼儿园评定优质幼儿园的硬件标准中，也规定了公共活动室的数量，即每3个班级必须设1个公共活动室。

第一节　多功能活动室

幼儿园的多功能活动室是为幼儿园提供进行音乐教学、体育教学、观摩教学以及全园的节日集会、演出，必要时还可召开家长会等大型活动。在活动室空间较小的全日制幼儿园中，还可以作为集中的幼儿餐厅。

一、多功能活动室的位置

由于多功能活动室面积比各班级活动室面积大，其结构形式就不同于班级活动室。因此在考虑多功能活动室位置时，要统筹兼顾两者的功能联系与结构合理性，根据各幼儿园具体条件，其位置可有不同处理方法。

（一）多功能活动室布局的考虑因素

1. 与各班级活动室既要联系方便，又要有适当距离

由于多功能活动室主要用于各班的较大型活动，因此应使幼儿能方便到达。如果多功能活动室脱离幼儿园主体建筑，一定要用连廊联系，以便幼儿使用时不受雨雪天气的影响。同时，由于在多功能活动室进行较大型活动，易产生声响，可能会对其他班级的教学活动产生一定的干扰。因此，多功能活动室又要与各班级活动室有适当距离。毕竟多功能活动室仍然属于幼儿活动用房的功能区域，因此两者距离不应过远。

2. 宜接近全园的共用室外游戏场地

多功能活动室从活动性质看，更接近于在室内开展各种较大型活动，与在室外所开展的游戏相仿，在幼儿园教学活动安排上，两者经常互动。

为了使幼儿能方便、直接地从多功能活动室到室外共用游戏场地进行活动，多功能活动室的位置应与室外共用游戏场地保持紧密联系。

3. 要有较好的通风、朝向条件

如同班级活动室对日照、通风条件的要求一样，多功能活动室布局的位置不应处在其他建筑物的阴影之中，也不应处在通风不良之处。这是确保幼儿在活动时，身心能得到健康发展的保证。

4. 兼顾对外使用的方便

当多功能活动室需要对外使用时，如召开家长会或者寒、暑假对外租用时，为了不使外来人员深入到幼儿园内部，从管理上考虑，多功能活动室宜接近园入口。

（二）多功能活动室布局方式

1. 位于主体建筑内

与各活动单元融为一体，相互联系便捷，节省交通面积。但若平面关系处理不好，多功能活动室易对各活动单元产生干扰。当多功能活动室位于底层时（图 6-1），虽然与室外活动场地进出联系方便，疏散易于处理，但因其体量较大，层高较高，结构需特殊处理，故以一层为宜。当多功能活动室位于顶层时，结构设计较易处理，但应考虑独立出入口和疏散问题（图 6-2）。

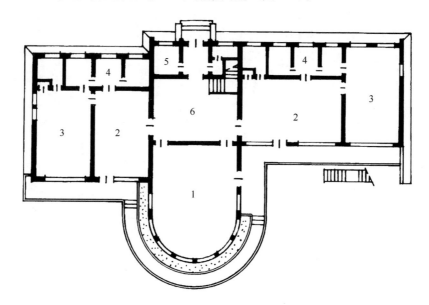

图 6-1　中共中央对外联络部幼儿园
1—多功能活动室；2—活动室；3—寝室；4—卫生间；5—办公室；6—门厅

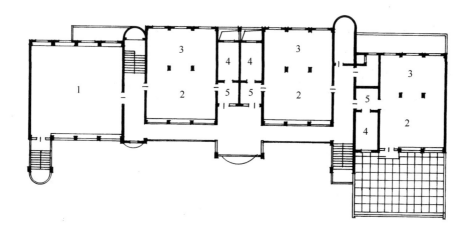

图 6-2　江苏盐城城区机关幼儿园（二层）
1—多功能活动室；2—活动室；3—寝室；4—卫生间；5—衣帽间

多功能活动室位于主体建筑内的布局方式适于小型幼儿园。

2. 与活动单元主体建筑毗邻

这是考虑多功能活动室由于空间较高大，为了使结构简单，将其脱离活动单元主体建筑而又为了近距离与各班级活动单元保持方便联系的一种空间组合关系。一般是将多功能活动室毗邻在活动单元主体建筑的一端。其优点是，一方面各班级活动单元可按标准单元模式自由叠加或生长，而不会像上述组合方式受到多功能活动室特殊空间形态和结构形式的限制；另一方面多功能活动室自身的设计也较为自由，但宜在两者之间介入一个过渡空间。不但在功能上可使多功能活动室的门不至于直接暴露在门厅或公共空间内，可避免来自外界的干扰，而且在造型中体量的主从关系因为中介一个插入体量而显得两者结合自然（图6-3）。

多功能活动室此种布局方式适于中型幼儿园。

3. 独立设置

这是多功能活动室脱离开活动单元主体建筑的布局方式。其平面与结构形式自由度比较大，易取得幼儿园建筑整体造型上的活泼感。在功能上对各班级干扰较小，但应用廊道将多功能活动室与各活动单元连接起来，以不受天气的影响（图6-4）。

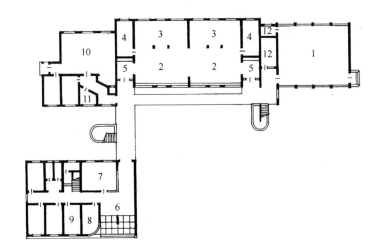

图6-3 全国幼儿园建筑设计竞赛一等奖方案（设计：黎志涛、曹蔼秋）
1—多功能活动室；2—活动室；3—寝室；4—卫生间；5—衣帽间；6—门厅；
7—晨检室；8—传达室；9—保健室；10—厨房；11—开水间；12—贮藏间

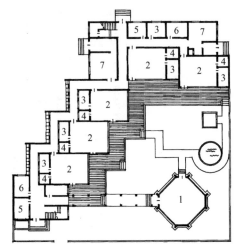

图6-4 上海曲阳新村幼托
1—多功能活动室；2—活动室；3—卫生间；
4—贮藏；5—晨检；6—隔离；7—厨房

二、多功能活动室的平面设计

为体现幼儿园建筑的独特个性，利用多功能活动室的平面变化，进而获得造型的活泼感是最有效的设计手法之一。多功能活动室的平面形状除了常规的方形、矩形外，还可以设计成多边形、圆形、半圆形或一端成圆弧形、倒角形等不同的平面形式（图6-5）。

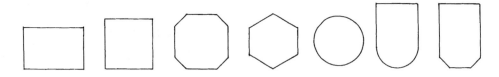

图6-5 多功能活动室平面形状示意

多功能活动室的使用面积在《托儿所、幼儿园建筑设计规范》JGJ 39—2016中，并没有规定，可参考《托儿所、幼儿园建筑设计规范（试行）》JGJ 39—87不应小于表6-1的规定。城市幼儿园的多功能活动室最小使用面积可参考表6-2的规定。

幼儿园音体活动室的最小使用面积（m²）　表6-1

规 模 名 称	大型幼儿园	中型幼儿园	小型幼儿园
音体活动室	150	120	90

注：引自《托儿所、幼儿园建筑设计规范》JGJ 39—87。

城市幼儿园园舍面积定额分项（音体活动室）参考指标（m²）　表6-2

规 模 名 称	6班（180人）	9班（270人）	12班（360人）
音体活动室	120	140	160

注：摘自《城市幼儿园建筑面积定额》。

但是，在幼儿园教育又经历30年发展的今天，无论幼儿园教学手段、活动内容、游戏方式、综合服务等都对多功能活动室提出了新的要求，而且现在办园条件也比过去优越得多。因此，原音体室使用面积规定显然适应不了现代幼儿园教学的需要，故提出全日制幼儿园多功能活动室最小使用面积参考指标（表6-3）。

当多功能活动室的面积超过150m²时，可设简易小舞台，以满足小型演出的需要（图6-6）。为了满足作为多功能使用的要求，应在其附近设一间贮藏室，以备存放家具、教具和电声设备等之用。还应设一间幼儿卫生间，以备幼儿急用。

由于多功能活动时容纳的人数较多，从安全疏散考虑应至少设两个双扇外开门，其宽度不应小于1.50m，且宜为木制门。

多功能活动室窗面积的大小应满足窗地面积比为1/5，以保证良好的天然采光条件。但应避免单纯为了造型而扩大窗面积的做法，以避免可能产生的东西晒，或致使夏季室内温度过高，或冬季室内温度过低而造成耗能过大的情况（图6-7）。因此，如果南北向窗面积符合窗地比要求，则东西向墙宜为实墙，可作为室内主景面或作为舞台背景使用（图6-8）。

全日制幼儿园多功能活动室的最小使用面积（m²）　　表 6-3

规　模 名　称	6班（180人）	9班（270人）	12班（360人）
多能能活动室	150	200	230

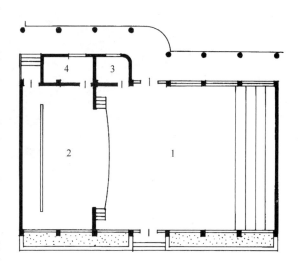

图 6-6　江苏兴化市幼儿园多功能活动室
1—多功能活动室；2—舞台；3—卫生间；4—电声控制室

图 6-7　南京南湖幼儿园多功能活动室

大型多功能活动室可按不同功能区域利用地面高差进行划分，一方面可丰富空间形态，另一方面也可以适应各种活动的需要。例如主场地可作为幼儿进行音体活动或作为观摩教学场地，而台阶可作为看台或供幼儿席地而坐（图6-9）。

图 6-8　江苏省委机关幼儿园多功能活动室

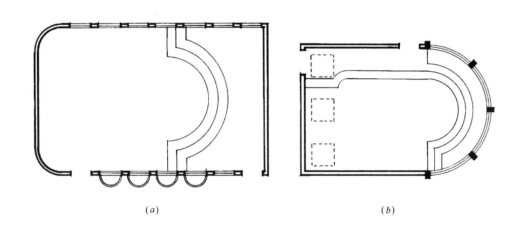

图 6-9　多功能活动室地面设计

(a) 南京鼓楼幼儿园；(b) 南京如意里幼儿园

三、多功能活动室的室内设计

幼儿在多功能活动室的活动量一般比在各班活动室要大。因此，在室内设计时，对幼儿最易接触的部位——地面，要充分考虑材料对幼儿的安全性，即地面以木地板为宜，不宜用既冷又硬的地砖、花岗石等。

由于多功能活动室空间较高大（最小净高为 3.9m），一般为框架结构。当框架柱突出于室内墙面呈壁柱时，应通过窗下玩具柜的配置包住壁柱，以保证幼儿在活动中不会撞上，或者将结构柱设计成圆形。

多功能活动室大面积顶棚是室内设计的重点部位，但这并不等于要做过多的装饰。如果结构设计能结合室内设计的要求，充分暴露梁柱的结构美，再辅以板底色彩和灯具点缀，则室内效果既自然又有特点（图 6-10，图 6-11）。

东西向的实墙面在室内占有较大面积，也是室内装饰与色彩重点施加部位，对于烘托室内气氛、表达空间个性有着特殊的作用，因此应予重点考虑。为了强调多功能活动室的活跃气氛，其色彩宜以暖色为基调，辅以对比色，并以流畅曲线或图案纹饰加以美化，这种动态美的装饰可以充分表达幼儿好动的个性（图 6-12）。

图 6-10　日本芦屋市立靖道幼稚园多功能活动室顶界面的结构装饰效果

图 6-11　南京外国语学校幼儿园多功能活动室顶界面的裸露网架装饰效果

图 6-12　无锡商业局幼儿园多功能活动室

实际上，幼儿在多功能活动室展开活动时，地面上的一些色彩斑斓的大型玩具、造型奇特的道具等都可成为室内效果的组成部分，甚至在室内设计中需要留出一些空白，作为幼儿园教师为考虑教学要求而后置若干功能性装饰物的施展天地，如悬挂彩带、彩球及做各种饰墙美工等。

第二节 美 工 室

幼儿在美工室的活动是通过幼儿在观察物象的形状、颜色、结构等的基础上，培养他们用绘画和手工（泥工、纸工、自制玩具等）充分表现自己对周围生活的认识和情感；初步培养幼儿对美术的兴趣以及对大自然、社会生活、美术作品中美的欣赏力；发展幼儿的观察力、想象力、创造力；发展手部肌肉动作的协调性、灵活性；初步掌握使用美术工具及材料的技能等。因此，在幼儿园设置美工室十分必要，对于有美工特色的幼儿园更是不可缺少的幼儿公共活动用房。

一、美工室的平面设计

幼儿园美工室不像艺术院校的美术教室必须朝北，或采用天光以获得稳定的、柔和的漫射光。幼儿园的美工室首先也是一种幼儿活动室，他们的绘画或手工活动并不是为了完成一幅美工作品，而是进行培养对美的兴趣与爱好，因此仍以朝南为宜，应避免东、西向。

美工室平面形状要服从幼儿园建筑整体设计，但仍以矩形为宜。其面积可容纳一个班级幼儿的活动，约与班级活动室面积相当。

为了尽可能多地利用实墙面积作为美工墙或展示用，美工室采光只要满足窗地比为 1/5，采用单面采光即可，不必南北双面开窗。

二、美工室室内家具、设施配置设计

幼儿在美工室内进行活动需要接触更多样的材料，如蜡笔、马克笔和水彩笔、各种颜料、不同形状大小和颜色的纸张、剪刀、儿童画册以及胶棒等。这些美工用品和用具在使用时，需要有大桌面为幼儿进行美工活动提供操作条件，需要为幼儿张贴自己的美工作品提供一定面积的展示墙面。当结束美工活动时，要有水池供幼儿洗手、清洁美工用具及教室，要有家具柜分类收藏各种美工用品、用具和幼儿的美工作业（图 6-13）。

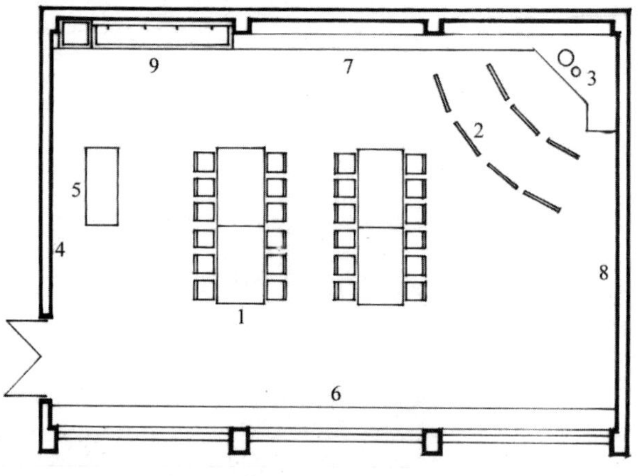

上述美工室的设计要求，就成为美工室室内设计所要考虑和解决的问题。

图 6-13 美工室

1—绘画桌；2—写生架；3—静物台；4—涂鸦墙；

5—颜料桌；6—作业柜；7—用品柜；8—展示墙；9—洗池

1. 美工活动桌椅

美工活动桌椅是为幼儿在桌面上进行美工活动（如绘画、手工等）而准备的、最简单的美工活动桌椅，如同各班活动室的桌椅一样，可以在美工室中间用几张桌子拼成整体。这样，幼儿就围着大桌面集体进行美工活动。这种形式可以使幼儿互相观摩，互相引起对美的兴趣（图 6-14）；而不宜将桌椅分散布置，造成幼儿孤单进行美工活动，这样会使幼儿很快失去对美工活动的兴趣。

2. 美工墙

另一种绘画的方式是可以在美工室的墙面上进行，即在幼儿身高范围内（1.2m）的实墙表面上镶贴光滑平整的白色金属板、塑料板等。在其旁边搁置一张可放各种颜料、水彩笔的桌子，让幼儿随心所欲地在墙面上涂鸦（图 6-15）。其目的是一方面满足幼儿喜爱随意涂抹的心理要求，另一方面逐渐培养幼儿对绘画的兴趣与爱好。这种美工活动的本身并不要求幼儿真正画出一幅作品来，而是对幼儿进行美育的一种活动内容。当结束这种美工活动时，只要用湿抹布擦拭，以后可以重复使用。但是有些幼儿园用白瓷砖做墙裙，让幼儿在其上涂鸦，其用意是好的，只是因为白瓷砖拼缝太多，作画效果并不好。

图 6-15　涂鸦墙（日本）

图 6-14　东台市幼儿园

如果美工室没有条件做美工墙，可以以支架画板代替（图 6-16）。在画板下有存放各种绘画的工具（笔、颜料）。但这种作画方式不宜用水彩作画，否则地面将被搞得一塌糊涂，而宜用蜡笔、马克笔等作画。用画板代替美工墙其优点是在美工室内配置较机动，方便。

图 6-16　支架画板

3. 水池

在幼儿美工活动过程中，有时需要用水，如在美工墙上作水彩画、水粉画时，要用水调颜料。在美工活动结束时，需要用水擦洗美工用品和用具，幼儿需要洗手，教室需要打扫清洁等。因此，在美工室设置一个洗手盆和一个污水池是必要的，但应设置在室内一隅，并在其旁地面上有地漏，可防止幼儿在美工室活动时无意中碰撞和保持美工室其余大部分地面的干燥清洁。在水池周边要适当留有空间，避免多位幼儿使用时发生拥挤。

4. 美工柜

美工柜是贮藏各种美工用品、用具的家具（图 6-17），设计时要按教师使用部分和幼儿自取部分进行功能分区。在美工柜下部（0.60～0.70m）作为幼儿使用区域，可设计抽屉（存放各种画笔、颜料、剪刀、胶棒、橡皮泥等）、柜门（存放小水桶、盛具等）、搁板（存放幼儿绘画作业）等，宽度为 0.40～0.50m。在美工柜上部（0.60～2.10m）作为教师使用区域，可设计成带玻璃柜门或板门的书橱形式（存放教具、备用纸张等）、博古架形式（陈设幼儿手工作品）等，宽度为 0.35～0.40m。须提醒的是，在美工柜上下部分之间最好留有空格，一方面可增大柜下部分台面进深，以临时搁放必要的用品；另一方面柜上部的柜门，开关时不影响下部台面搁放的用品。在美工柜顶部因高度超出人使用的舒适范围

（大于 2.10m），可作为贮藏不常使用的物品之用。

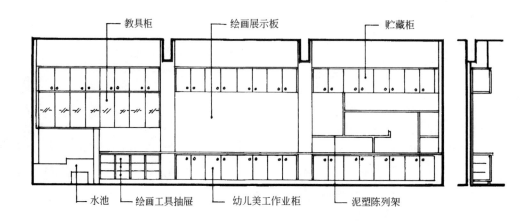

图 6-17　南京市第三幼儿园美工室美工柜

5. 展示板（墙）

幼儿都有一种表现欲，这是增强自信心的一种心理活动。在幼儿美工活动中，要提供为幼儿表现自己的机会和场所。对于美工室的室内设计来说，就是要设法布置一块展示板（墙）。这种展示板（墙）要面对采光面，以获得足够的亮度，切不可在背光面，否则展示效果肯定不尽人意。

设计展示板（墙）要使张挂幼儿绘画作业十分方便、容易，其关键是展示板（墙）的构造设计。可以在展示板（墙）的木基层上（如满铺木工板或五夹板墙）先贴 KT 板（通常作展板的底衬泡沫塑料材料），为了表面美观再蒙上灰色亚麻布。张挂过程中只要用美工图钉将幼儿绘画作品插上即可，十分方便、灵活（只能由老师操作）。

展示板（墙）也可用搪瓷板制作，使用时用彩色小磁块靠吸力将幼儿绘画作品压上即可。这种方法适宜幼儿随意临时张挂，而作为较正式展示还是前述方法较好。

展示板可独立设置在美工室一面墙上，其高度以 0.60~1.50m 适合幼儿身高范围内为宜。一方面可方便幼儿自己动手操作，另一方面处在幼儿水平视线上，便于幼儿观赏。但是用于这种方式的展示板宜用搪瓷板，因为幼儿只能用磁块使绘画作品张挂，而不能用美工图钉方式，否则易扎伤幼儿手脚或误吞体内。展示板也可与美工柜组合在一起，成为较正式的展示，但高度也需处在幼儿的水平视线上。

第三节　角色游戏室

角色游戏是幼儿以模仿和想象，在游戏中扮演一定的角色，通过语言、动作、表情等手段创造性地反映周围的现实生活的一种游戏。

爱模仿是幼儿天生的行为，他们对父母和周围人们的生活样子十分感兴趣，经常模仿大人的动作。从模仿家庭生活开始，逐渐发展到能模仿平常所憧憬的一些事物，以及模仿印象较深的周围人们生活的各种形象。幼儿通过模仿游戏，满足自己良好的愿望和表现欲望，并能体会到表演的乐趣。例如，通过过家家游戏，每个幼儿分别担任家庭的不同角色，展开家庭生活的各种表演，体会到父母与子女，兄弟姐妹之间的亲情关系；或者分组表演不同家庭的相互来往，朦胧发现人与人之间的社会关系。通过模仿交通工具游戏，幼儿分别担任司机、售票员、乘客的角色，展开行车、购票、上下车的模仿游戏，从中理解集体游戏要共同遵守游戏规则的道理，从而增加了对社会行为的认识。通过模仿购物游戏，幼儿把沙土当砂糖，把积木当点心，把纸片当钱等模仿买卖游戏，在这种游戏过程中，学习怎样交换，怎样买进卖出，怎样招徕顾客等。幼儿正是在这些自然地开展模仿游戏中，体会游戏的快乐、锻炼交往的能力。

对幼儿模仿游戏的观察发现，为了提高幼儿兴趣的倾向和程度，必须为他们提供必要的能展开模仿游戏的空间环境，这就是在有条件的幼儿园里要设置角色游戏室。

一、角色游戏室的位置

1. 独立设置

像美工室一样，角色游戏是作为单一功能独立设置在一个房间里（图 6-18），也可以是不被流线穿行的开放空间（图 6-19）。在这个空间较大的区域里，可以同时布置若干组角色游戏区。其优点是室内的角色游戏区域及其设施可以保持较长时间，以便各班幼儿轮流游戏。

2. 设于公共交通的边角处（图 6-20）

有一些不规则的公共交通空间，如局部放宽处，走廊转角处等，可利用这些边角空间设置单个模仿游戏内容的区域。如放一两张小桌、几张小椅，桌上摆放"药箱"、听诊器之类"医疗器械"和布娃娃等，再用低矮小屏风隔成小空间，一个医

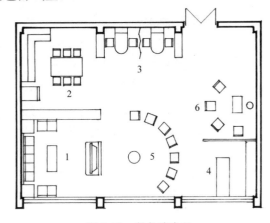

图 6-18　角色游戏室
1—家庭角色游戏区；2—烹饪角色游戏区；3—门诊游戏区；
4—购物角色游戏区；5—交通角色游戏区；6—演讲游戏区

疗室的游戏区就形成了。这种布置比较灵活机动，空间利用巧妙。只是由于分散布局，给管理工作带来不便，幼儿互换模仿游戏也不方便。

图 6-19　在开放空间独立设置角色游戏区——清华大学洁华幼儿园

3. 设在开放式的边庭或中庭空间（图 6-21）

这是比较理想的平面位置。其优点是空间开放、开阔，便于不同角色游戏的统一规划，变更布置也比较灵活机动。如果位置与各班级接近，更能充分发挥使用效率。其次，周边交通过道，甚至上空楼层的走道都可以成为观摩的看台。

图 6-20 设在走廊一侧的角色游戏区——东南大学幼儿园

图 6-21 设在中庭的角色游戏区——南京市第三幼儿园

4. 设于活动室一角（图 6-22）

图 6-22　设在活动室一角的角色游戏区
——清华大学洁华幼儿园

当活动室被划分成若干游戏区，以便让幼儿可以自主选择活动内容时，可在活动室一个角落布置成角色游戏区，再放几件与主题游戏相关的小道具，并用小家具适当围合成一个稳定的空间。这样，一个有趣的、被幼儿乐意参与的角色游戏区就形成了，只是这种角色游戏方式在面积较小的活动室内难以进行。

二、角色游戏室的平面设计

角色游戏室如果是独立的空间，从幼儿公共活动空间的整体设计而言，仍以矩形为宜，只要用灵活的分隔道具，即可划分为若干不同内容和不同空间形态的角色游戏区域。如果是在边庭或中庭作为角色游戏区使用，则要从该空间的空间形态效果，结合角色游戏内容考虑，不但进行平面功能区域的划分，而且可将地面作不同标高的变化，以与交通走廊区别开来；或者做下沉式，或者做地台式，以此强调角色游戏区的领域感。但不必再在这个领域作过多的标高变化，否则将影响角色游戏区调整的灵活性。

在具体划分不同角色游戏区域的面积时，要视游戏的幅度而定，动作小的角色游戏如过家家角色游戏，空间范围可小些；而作交通角色游戏时，因为幼儿坐的"车厢"——小椅子要移动，其空间范围就应大些。人少的角色游戏如门诊角色游戏，空间范围可小些；参与人多的角色游戏，如购物角色游戏，则面积要大些。总之，要因地制宜地进行空间的合理划分。

第四节　音乐舞蹈活动室

幼儿园音乐舞蹈教学培养的目标是教给幼儿唱歌、舞蹈粗浅的知识和技能（包括节奏感、音乐感、表现力等）。初步培养幼儿对音乐、舞蹈的兴趣爱好，发展幼儿的智能与陶冶性情和品格。上述对幼儿的音乐舞蹈教学一般都是各班按幼儿一日生活规程的要求在各自班级中，或者在多功能活动室内进行。但是，作为一个具有音乐舞蹈特色的幼儿园，还需要有一个正规的音乐舞蹈活动室作为训练场所。

一、音乐舞蹈活动室的位置

由于音乐舞蹈活动室在使用时容易产生较大响声，为了不影响各班级的正常活动，其位置应远离各班级活动单元。

1. 位于独立的公共活动室教学楼

此种布置方式是将音乐舞蹈室与其他幼儿公共活动室共同组成一幢教学楼，并与各班级活动单元主体建筑脱开，可以最大限度地减少影响；但最好有连廊将两者联系起来，以保证幼儿使用时不受天气影响。

2. 位于活动单元主体建筑之内

由于用地紧张，音乐舞蹈活动室必须置于主体建筑内时，必须将音乐舞蹈活动室布置在尽端，并以过渡空间（如楼梯、过厅等）适当分隔，或布置在顶层。

二、音乐舞蹈活动室的平面设计

作为舞蹈室使用时，应考虑在端墙设高为1.80~2.00m的通长照身镜，并在距照身镜前0.30m处设练功把杆（最好可升降），以便幼儿在舞蹈或练功时能看到自己的形体动作，也可保护幼儿在活动时不至于偶尔撞上照身镜发生事故（图6-23）。

在音乐舞蹈活动室入口附近应设一间幼儿更衣室，或在室内（或走廊）设置衣柜或挂衣钩。音乐舞蹈活动室的地面应为架空木地板，以保证一定的地面弹性。作为音乐室使用时，要考虑安放钢琴的位置。

在音乐舞蹈活动室之旁可另设一间贮藏室，以存放必要的家具和音响设备、音乐器材等。更完善的音乐舞蹈活动室还可另设若干间琴房。每间琴房应为不规则平面，以保证声音效果。为避免幼儿在一起弹钢琴相互干扰和方便管理，琴房应为单间并集中成区（图6-24）。

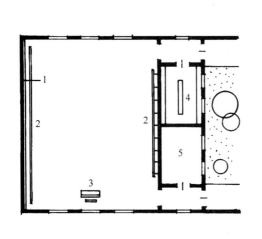

图 6-23　音乐舞蹈室
1—通长照身镜；2—把杆；3—钢琴；
4—更衣室；5—贮藏室

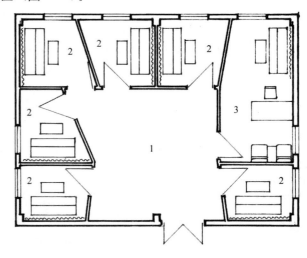

图 6-24　琴房
1—门厅；2—琴房；3—教师工作室

第五节　科学发现室

幼儿在身心发展过程中，对周围事物和现象都有极大的兴趣和好奇。这种兴趣和好奇正是学习知识、促进智力发展的一种动力。爱因斯坦说过："兴趣是最好的老师"。巴尔扎克把提出问题看成是科学发现的起点。幼儿一旦对某事物发生浓厚的兴趣，他便会积极主动地去观察、探索，总想从"为什么"中找到一个回答。幼儿一旦获得观察的结果，从而就掌握了有关某种事物的粗浅知识，并产生愉快的情感体验。

但是，幼儿智力的发展还需要从幼儿对客观世界的兴趣和好奇心上升到通过有目的、有计划地对幼儿进行感官教育，包括发展视觉、听觉、触觉、味觉、嗅觉、空间知觉和时间知觉。为此，幼儿园就要为幼儿组织生动有趣的观察活动，促进幼儿观察力的提高。其途径之一就是建立科学发现室，让幼儿通过若干仪器、设备、试验等中介，诱发幼儿的学习兴趣，并激发幼儿的好奇心和求知欲（图6-25）。同时，幼儿在观察过程中，通过"用手来捕捉世界"的活动，不但提高了实际动手操作能力，而且促进了幼儿智力的其他五个要素（感知观察力、注意力、记忆力、想象力、思维和语言表达能力）在整体上得到发展，逐步使幼儿智力的发展过程从无意性、不稳定性和具象性向有意性、稳定性和抽象性过渡。

总之，科学发现室是幼儿认识客观世界的重要场所，是幼儿智力发展的环境条件。

图 6-25　科学发现室——东南大学幼儿园

一、科学发现室的位置

科学发现室因有若干观察仪器（如显微镜、放大镜等）、标本（如禽鸟、昆虫等）、设施（如水池、教学模具等）需要保管，因此，应有一间固定的教室供幼儿展开不受外界干扰的爱科学的兴趣活动。它可以与其他公共活动室组成综合楼（其中，科学发现室以朝南为佳），以便于日常统一管理，特别是寒暑假期间，可以暂时封闭以确保安全。

二、科学发现室的平面设计

科学发现室的面积以 $50m^2$ 为宜，平面形状以矩形为宜，主要是因为便于展台、工作台、橱柜等的布置，也便于教师能观察到室内各个角落。倘若平面不规则，则须根据活动内容的不同进行功能分区，使室内空间组织井然有序。

科学发现室内有些展示品是提供给幼儿观察认知的。这些展示品如各种鸟、蝴蝶等的标本需要挂在墙上陈列，一些观察仪器需要放在桌面上供幼儿动手使用，有些植物的生长过程需要供幼儿了解，各种金鱼需要有一个鱼缸展示等等，所有这些都要在平面上精心安排。为了使一些观察活动，演示活动能够正常进行，需要配置水池、插座等。在朝阳的窗台处最好有通常的台面，此处最适合让幼儿观察植物（如黄豆）的生长过程，也是观察小动物活动的最佳区域。此外，科学发现室需要有一面实墙，以便设置橱柜，供仪器、物品等存放（图6-26）。

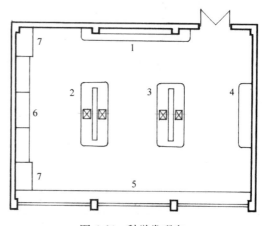

图 6-26　科学发现室

1—机械操作台；2—化学现象观察台；3—物理现象观察台；

4—天体现象认知台；5—生物实验观察台；

6—标本展示柜；7—贮藏柜

第六节 积木建构室

自从德国教育家福禄培尔在 1837 年创办德国第一所幼稚园，并编制了一套称为"福禄培尔恩物"的积木玩具，已风靡世界 180 多年，成为各国幼稚园必有的玩具之一。随着儿童玩具的发展，幼儿对桌面积木玩具的兴趣日渐减退，开始玩起大型地面积木、积塑和箱式积木的游戏活动了。不管积木的形式如何变化、发展，幼儿对积木游戏的喜爱是情有独钟的。这是因为，玩积木游戏可以培养幼儿丰富的想象力，逐步培养幼儿对数量和图形的理解和认识，以及具有创造性地构造物件的能力。幼儿在建构立体物件的过程中，可以满足表现欲望，体会积木建构的喜悦心情，并培养认真做事，与其他小朋友同心协力进行游戏的习惯和态度。为迎合幼儿玩积木游戏向大型化发展的要求，设置积木建构室是需要的。

一、积木建构室的位置

1. 独立设置

大型积木的搭建需要多位幼儿同心协力才能完成，而且需要保留若干天不被拆除，以此增添幼儿的成就感，同时也可以营造出一种幼儿园特有的活动氛围。因此，为此活动提供一个固定的场所是必需的，而且在这个独立的积木建构室内还可以划分成若干区域，供不同幼儿组同步进行不同规模的积木搭建活动，不同组幼儿还可互相观摩欣赏，达到共同快乐的目的。

这种独立的积木建构室可以较长时间保留积木造型，但因为空间封闭，没有充分发挥其对幼儿园环境气氛的渲染作用。

2. 设于公共空间内

幼儿园一些开放的公共空间是人来人往之处，在此开放空间辟一角或临墙一侧作为积木建构区域也不失为一种理想的方式。因为开放的公共空间面积较大，气氛活跃，有利于幼儿在搭建积木过程中，因有路人（同龄幼儿、教师、家长）的驻足观看欣赏，更能使幼儿兴奋。

3. 含在多功能活动室内

有的幼儿园既没有条件作独立的积木建构室，也没有开放的公共空间，而是在多功能活动室内辟一边角作为幼儿积木建构的区域（图 6-27）。虽然多功能活动室空间比较开敞，但毕竟占据了多功能活动室一部分面积，在一定程度上将影响幼儿在多功能活动室的活动开展。

图 6-27 南京市第一幼儿园多功能活动室

4. 设于活动室一角

为了迎合幼儿喜欢动手搭建积木的兴趣，可在活动室一角开辟一个较稳定的区域，让幼儿根据他们在日常生活中观察到的现象，自由想象地搭建他们理解的世界。甚至可利用废弃物代替积木进行创造性建构，不但能促使幼儿思考如何巧妙利用手中各种形状的包装盒搭出形象能反映内容的造型，而且从小能增强他们环保的意识，这就把游戏与教育很好地结合起来了（图 6-28）。

图 6-28　上海中国福利会幼儿园活动室一角

5. 设于宽走廊一侧或转折的节点处

为了充分利用走廊的交通面积，在走廊较宽的情况下，根据具体空间环境条件，可适当划分出一点面积作为幼儿搭建积木的活动场地。虽然面积条件有限，但却是展示幼儿搭建积木成果的最好区域。但须注意，这个区域不应处于班级活动单元入口处，应处在不被人流穿行的较独立地带。

二、积木建构室的平面设计

积木建构室平面形状应完整，但不一定非矩形不可。因为一个较完整平面形态的房间有利于若干活动内容的同步展开，也有利于教师对幼儿活动进行全方位的观察，而且还具有调整活动内容与方式的灵活性。

幼儿在搭建积木过程中经常会发生积木造型倒塌的现象，同时，较大的积木块会撞击地面而发出噪声。为了减少这些噪声对周围教室活动的影响，最好在积木建构活动区域范围内铺上地毯或地胶；也可防止幼儿因在搭积木过程中采用跪姿或坐姿而感不舒适或受凉。

第七节　图　书　室

看图书是幼儿生活中不可缺少的部分。这里所指的图书主要是适合幼儿看的画册，包括以故事、童话、幼儿身边的事物现象为内容的画册。一本好的画册可以使幼儿天真地进行各种想象，从而获得欢乐和愉快，逐渐增长知识，对于培养语言能力和良好的读书习惯以及养成爱惜、整理东西的习惯都有启蒙作用。特别是对于培养幼儿丰富的感情、辨别什么是美的、正确的以及人格的形成起到一个良好的开端作用。因此，在幼儿园除了各班设有图书角外，有条件的幼儿园还应设公共图书室（图6-29）。因为公共图书室里有更多的画册，可供幼儿自由选择。

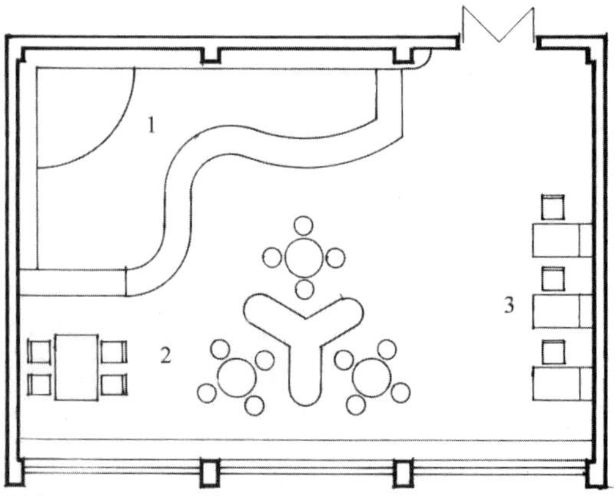

一、图书室的位置

幼儿在图书室里看画册也是一种活动方式，为了营造阳光明媚的室内气氛，有利幼儿身心发展，图书室应以朝南为主。因图书室无噪声产生，可以与各活动单元同在一幢教学楼内，以利各班幼儿能方便到达。如果设在教学楼外，应有连廊相接，可使幼儿不受天气影响而直接到达。

二、图书室的平面设计

由于幼儿翻看画册的方式与成人阅览有所不同，因此涉及幼儿园图书室平面的设计有较特殊的个性。

图 6-29　图书室

1—地台阅读区；2—集体阅读区；3—个人阅读区

1. 家具尺度小

幼儿看画册用的桌椅应适合幼儿尺度，基本与活动室的桌椅尺度相同，只是桌椅形状更富于趣味性。特别是书架高度应适合幼儿自取图书的范围，高度一般不超过1.20m；而书架的形式应类似于成人的期刊架，可使每册画册能摊开封面，便于幼儿选择。

2. 家具布置灵活

幼儿园图书室的桌椅布置不像成人阅览室的桌椅布置那样规矩。因为幼儿喜欢几个人在一起翻看画册，边看边讲自己的感想，甚至由教师讲画册中的故事，幼儿边听边问，这是他们自身的一种乐趣。因此，图书室桌椅宜成组布置。而书架不易集中布置，以免幼儿取书时走动太多，可以沿墙布置，也可以凌空布置在室内中央，或者作为分组阅读的空间划分手段（图6-30）。在桌椅布置上也要适当放一两张单人桌椅，以适合有的幼儿喜欢一个人看画册的习惯，他会看得很仔细，一边看一边随意加上自己的想象，或者浮想起教师给他作的讲解，从中得到满足。

图 6-30　南京鼓楼幼儿园图书室

106

3. 空间形式可自由

幼儿一得到自己喜欢的画册便会不管什么地方，坐下就入迷地看起来，这是幼儿的天性。为了适应幼儿这种习惯，不妨在图书室一角设计成台阶形地面，铺上地毯，可以让幼儿席地而坐，更显出幼儿看画册的一种童趣（图6-31）。

图 6-31　上海中国福利会幼儿园图书室

第八节　兴趣活动室

兴趣活动室按照现代幼儿园教学的要求，为培养幼儿多方面的兴趣，开发幼儿的智力而设。各幼儿园可以根据自身的办园特色，或者当地的条件设置三个以上的各类兴趣活动室，以便让幼儿自主选择。

一、电脑室

"电脑要从娃娃抓起"。在幼儿园设置电脑室可以让幼儿在教师指导下学会电脑的简单操作，进行电脑游戏，或观看动画片等。在进行电脑室的设计时，宜将电脑沿墙周边布置（图6-32），以便教师能环视到所有幼儿活动的情况。其次，电脑桌与凳的尺寸要符合幼儿人体工程学。

图 6-32　南京聚福园幼儿园电脑室

二、陶艺室

幼儿从小就爱玩泥巴。他们把泥揉成团，搓成面条状，捏个小鸭，做他们想做的东西，由此感到轻松愉快，又充满成功的喜悦。由于玩泥巴游戏是几个小朋友在一起玩，因此他们很自然地发生交往，从而逐渐培养起与他人同心协力的习惯和态度。同时，由于玩泥巴的游戏需要动用一些简单的工具，如用桶盛水，用器皿和泥，用模子成型等，从而培养他们动脑筋努力创造的精神和动手操作的实践能力。总之，为满足幼儿玩泥巴的兴趣，在具备条件的幼儿园可以建立一间陶艺室。幼儿在教师的指导下，完成各种泥塑造型活动，在提高幼儿兴趣的同时，开发幼儿的想象力。

为此，在陶艺室设计中要配置水池、橱柜、展示架、工具箱、材料桶、垃圾箱。桌椅应围合而成，以便互相协作、互相观摩（图 6-33）。有条件的幼儿园最好为每位幼儿配置围裙和护袖，防止衣服被泥巴弄脏。

如果用橡皮泥代替泥巴，可以减少很多室内和幼儿的清洁工作，保证陶艺室的环境卫生。而且，橡皮泥可以重复使用，色彩多样，更能引起幼儿的兴趣，增添活动的快乐。

图 6-33　南京外国语学校幼儿园陶艺室

三、室内体育室

爱玩是幼儿的天性，尤其那些能锻炼勇敢精神的"冒险"游戏男孩子更喜爱尝试。在保证绝对安全的条件下，可以为那些胆大的幼儿设置一间室内体育室。图 6-34 是意大利罗马某幼儿园的体育游戏室，它将捉迷藏、攀登、高跳等游戏活动采用立体构成组合在一个半地下室的空间里，大大满足了好动幼儿的兴趣和愿望。图 6-35 是南京市第三幼儿园体育活动室中的攀岩游戏，在一个较高墙壁上镶嵌若干脚蹬和抓手，地上铺上厚厚的垫子，勇敢的幼儿在老师保护下，一步步攀高。图 6-36 是上海中国福利会幼儿园海洋球室，可以让幼儿从较高处跳入，也可钻进上部管道中爬出，再从高处顺滑板滑入海洋球池中。这些大活动量的活动增添了幼儿玩游戏的胆量。

诸如上述活动内容的兴趣活动室，还可以从多渠道中进行挖掘。其目的就是增添幼儿玩的乐趣，并从中增长知识，培养能力，为健康人格的成长奠定基础。

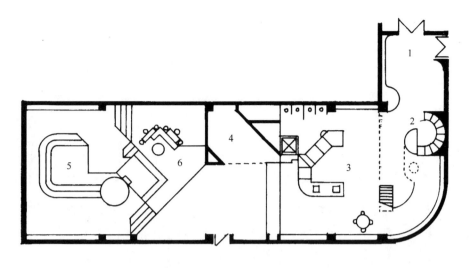

图 6-34 意大利罗马某幼稚园游戏室

1—衣帽间；2—椅子；3—厨房；4—舞台；5—沙坑；6—冒险游戏

图 6-35 南京市第三幼儿园体育活动室

图 6-36 上海中国福利会幼儿园体育活动室

第九节 开放式公共活动室

上述各项公共活动室虽然活动内容各不相同，但其共同点是室内平面单一，空间封闭。这种公共活动室的设计手法已显得不合时宜了。从幼儿的心理特性、行为好动、感官好奇而言，幼儿喜欢在一个动态、活泼、丰富、变幻的空间环境中自由自在地享受游戏的乐趣。因此，在建筑设计中，可将集中设置的各公共活动室空间开放，让平面形式结合游戏组合，空间形态结合不断变化，使各公共活动室的室内设计打破传统的单一而僵化的模式。诸如采用各公共活动室空间流通，分隔自由，装饰童趣，手法多样等，不但使各公共活动室结合自身的活动内容做到特色突出、氛围适宜，而且从幼儿园建筑设计整体上由外而内给人以耳目一新的感受。

图 6-37 南京外国语学校幼儿园将二层的集中公共活动室包括原内走廊全部打通，通过灵活的分隔手段，不同材质的界面表现，划分出不同的多个兴趣活动区域，如美工室、陶艺室、书法室、烹饪室等。其各兴趣活动区域空间是流动的、视线是可贯穿的、平面是变幻的、装饰是有特色的、室内是各具氛围的（图 6-38）。总之，幼儿在这些不同的兴趣活动区域能体验到不同的情趣，得到不同的能力锻炼，以及养成不同的好习惯。所有这些比起在传统的单一兴趣活动室游戏更令幼儿沉浸与兴奋。

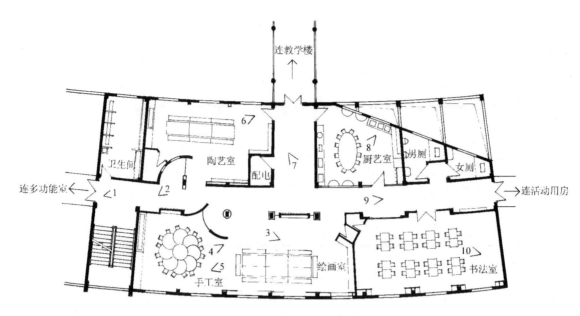

图 6-37 南京外国语学校幼儿园开放式公共活动室平面图

1. 走廊入口

2. 走廊起点

图 6-38 南京外国语学校幼儿园开放式公共活动室（一）

3. 走廊趣味中心

4. 手工活动室

5. 绘画活动室

图 6-38　南京外国语学校幼儿园开放式公共活动室（二）

6. 陶艺活动室

7. 纵横走廊交叉节点

8. 厨艺活动室

图 6-38 南京外国语学校幼儿园开放式公共活动室（三）

9. 走廊流通空间

10. 书法活动室

图 6-38 南京外国语学校幼儿园开放式公共活动室（四）

第七章 服务管理用房与供应用房设计

第一节 服务管理用房

幼儿园的服务管理用房既有对外联系的功能，更重要的是直接为幼儿的保健和教育服务。在平面布置与各房间的设计中都要充分考虑其功能使用的合理性。

一、服务管理用房的功能组成（图7-1）

1. 对外管理部分

（1）传达室——供门卫人员管理大门、夜间值班及日常收发和监控之用。

（2）晨检、接待室——担负每日清晨对入园幼儿进行身体检查职责，兼顾接待家长来访。

（3）财务室——供家长缴纳各项费用以及结算幼儿园收支之用。

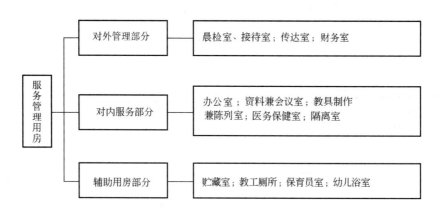

图 7-1 服务管理用房的功能组成

2. 对内服务部分

（1）办公室——包括行政办公室和教师办公室两部分。后者供教师进行教学法研究和备课使用，前者供园领导及行政人员管理之用。

（2）资料室兼会议室——存放幼教书籍、刊物供教师阅读之用，并可兼做会议室。

（3）教具制作兼陈列室——供教师制作、保存教具之用。

（4）医务保健室——以幼儿健康检查、疾病预防为主，同时承担部分幼儿常见的小病、小伤的处理。

（5）隔离室——临时收容在托途中的生病幼儿，进行观察、简单治疗，或隔离使用。

3. 辅助用房部分

（1）贮藏室——供贮藏幼儿园各种总务用品、体育器材及杂物之用。

（2）教工厕所——供教工如厕之用。

（3）幼儿浴室——供寄宿制幼儿园幼儿集体洗澡之用。

（4）保育员休息室——供保育员休息之用。

二、服务管理用房的功能布局

服务管理用房在使用上分为对外管理部分和对内服务部分，在功能布局上应将前者和后者的部分房间（医务保健室、隔离室、总务办公室）以及辅助用房部分布置在一层，且应接近幼儿园入口，以方便

114

地对外管理。而对内服务的教师办公室、行政办公室、会议室、资料室、教具制作室等各房间宜布置在楼层，或一层的安静角落处。

三、主要服务管理用房的设计

1. 医务保健室与隔离室

医务保健室与隔离室在功能上应紧密相连，通常隔离室套在医务保健室内（图 7-2）。两者的位置不应与各活动单元相混，也不应设于幼儿活动的主要通道上，最好位于建筑物的端部（图 7-3），并有良好的朝向和安静的环境。同时，为了便于家长探望，并带病儿离园，不和正常幼儿接触，最好有专用的出入口，或靠近入口（图 7-4）。

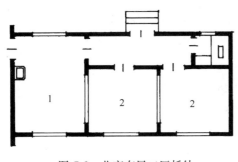

图 7-2 北京东风二区托幼
1—医务室；2—隔离室

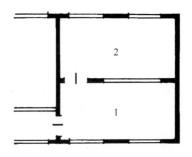

图 7-3 西宁 56 厂托幼
1—医务室；2—隔离室

医务保健室室内应设诊断办公桌、检查床、药品器械柜、洗手盆、体重身高计、卡片柜等（图 7-5）。医务室应位于卫生保健单元的入口处，以便将病儿与正常幼儿隔开，同时又有利于护理、照顾病儿。

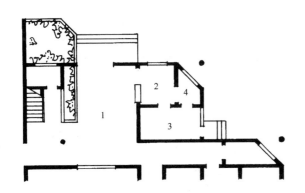

图 7-4 上海仙霞新村二街坊托幼入口
1—门厅；2—医务保健；3—隔离室；4—盥洗室

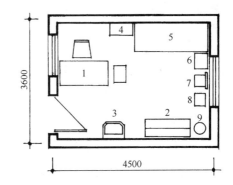

图 7-5 医务保健室（使用面积：14.31m²）
1—诊察桌；2—药品柜；3—洗手盆；4—病历柜；
5—诊察床；6—床头柜；7—体重秤；8—身高器；9—污物桶

隔离室内安放床位不宜超过两床，通常视办园规模不同而设置床头柜，以专辟内部通道与医务保健室相连，便于减少相互之间的干扰。其次，隔离室要紧临医务保健室，其间最好是玻璃隔断，便于医护人员随时能观察到病儿的一举一动（图 7-6）。有条件的幼儿园还可为隔离室设置单独的室外小院（图 7-7），供病情轻微的幼儿在室外玩耍。

没有条件设置隔离室的幼儿园可在医务保健室内设置一观察床位。

在隔离室附近应设病儿专用厕所，既方便病儿，又可防止疾病传染。通常设一件幼儿用蹲位和一件洗手盆，也可视情况加设污洗池。专用厕所要有直接采光，位置要适中。

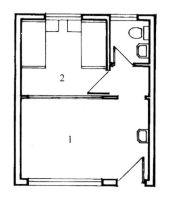

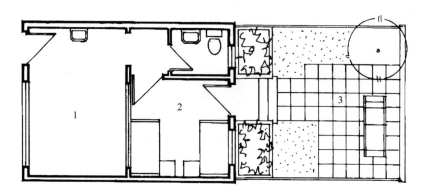

图 7-6 套在医务保健室内的隔离室
1—医务保健室；2—隔离室

图 7-7 带小院的隔离室
1—医务保健室；2—隔离室；3—小院

2. 晨检室

全日制幼儿园每日对入园幼儿都要进行例行晨检，主要是观察幼儿精神状态是否萎靡不振，皮肤是否有异常，是否有感冒、沙眼等五官病症。如发现幼儿身体异常要试体温，有了疾病要收容或请家长领幼儿去医院进一步检查或医治。这一关卡的晨检工作对于保证全园幼儿的健康有着重要的作用。因此晨检工作一般应在幼儿园入口大门处或在主体建筑的门厅中进行。对于全日制幼儿园可不设单独晨检室。因为晨检人员就是保健室医务人员，只要将保健室设置在大门入口或门厅附近，当每日晨检时，可提前准备好晨检用具、用品再用小车从保健室推至大门入口附近或门厅中，即可进行晨检工作。当晨检工作完毕，再将小车推回保健室。这样，医务人员不但尽职尽责，而且可节省晨检室面积，可谓一举两得。

3. 园长室

园长室至少设两张办公桌，供园长和副园长办公，同时要配置电脑桌、文件柜、书柜。如果需要兼做接待，还应适当增加一些面积，以布置一组接待沙发。较理想的园长室位置应能看到集体活动场地，以便能随时观察到幼儿园的教学活动。

4. 教师办公室

教师办公室供教师进行备课或教学法研究等集体活动。环境应安静，与幼儿生活用房联系要方便，位置宜布置在主体建筑内。可集中设置（图7-8），便于各班组教师进行教学交流；亦可分散在各活动单元内（图7-9）。其优点是教具存放固定，备课方便，但易受幼儿活动的干扰。

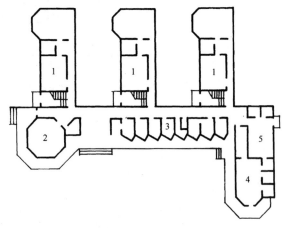

图 7-8 云岗幼儿园
1—活动单元；2—多功能活动室；3—办公室；4—乳儿班单元；5—厨房

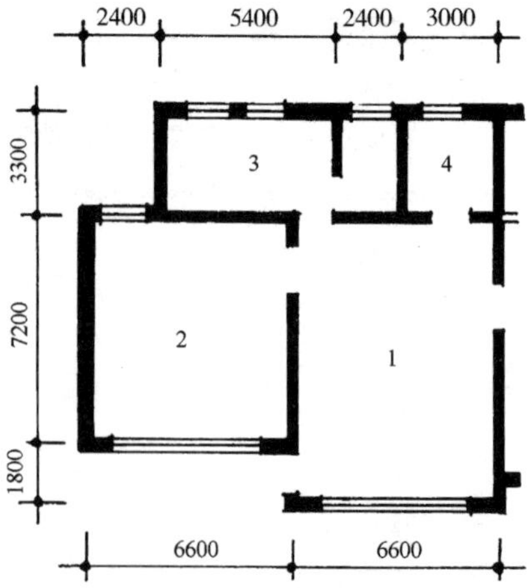

图 7-9 齐齐哈尔市第一幼儿园活动单元
1—活动室；2—寝室；3—卫生间；4—教师办公室

在教师办公室内要设存放教具、文具、幼儿作业、幼儿教育书刊等的橱柜，除办公桌以外还应有电脑桌。

5. 行政办公室

行政办公室主要供财务、总务等人员使用。较大规模的幼儿园各行政办公室要分设。室内除办公桌椅外，另设存放文件、用品等的橱柜。财务室还要布置电脑、复印、保险柜等设备，并宜对公共空间或室外开设交费窗口。

6. 传达室

传达室的位置一般与幼儿园入口大门结合在一起，在用地局促的幼儿园中，其位置可设置在主体建筑的门厅内。

传达室常设计成两间，外间为门卫，套间为值宿。当传达室设在幼儿园大门处时，为了值宿人员洗漱方便和夜间上厕所，应增设一间卫生间。

门卫对内与对外都要有较好的视野，有利于安全管理。特别是当今的幼儿园门卫还增加了一项监控任务。因此，在门卫室要设置一套监控设备，以确保幼儿的安全。

独立设在大门入口的门卫室在造型尺度上应适合幼儿园建筑的个性。图7-10是江苏兴化市幼儿园的传达室。它独立设置在幼儿园大门处，以幼儿在童话世界里熟悉的蘑菇造型以及小尺度的形体尺寸，十分得体地表达出与众不同的幼儿园传达室建筑个性。

图 7-10　江苏兴化市幼儿园传达室与大门

7. 幼儿浴室

寄宿制幼儿园必须设置集中的或分散式的热水洗浴设施。当为集中浴室时，其使用面积6、9、12班分别为 $20m^2$、$30m^2$、$40m^2$。浴室分为更衣间和淋浴间两间相套（图7-11），在更衣间内设衣柜（或衣钩）、坐凳（图7-12）。在淋浴间设若干淋浴喷头，高度约 $1.65m$，控制开关距地 $0.82m$。有条件的幼儿园还可设浴盆，供年幼小孩洗浴（图7-13）。

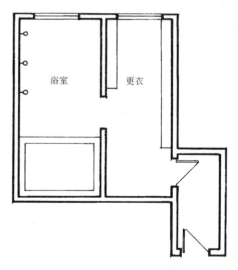

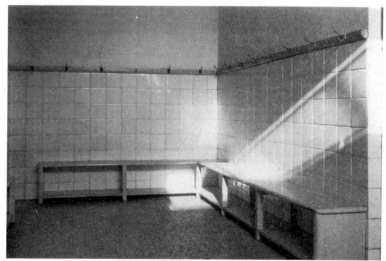

图 7-11　南京龙江小区六一幼儿园浴室

图 7-12　南京市第三幼儿园浴室更衣间

由于幼儿洗浴是在保育员帮助下进行的，当所有幼儿洗浴完毕后，保育员自己要洗浴。因此在淋浴间要另设一个高度为 $2.20m$ 的淋浴喷头。

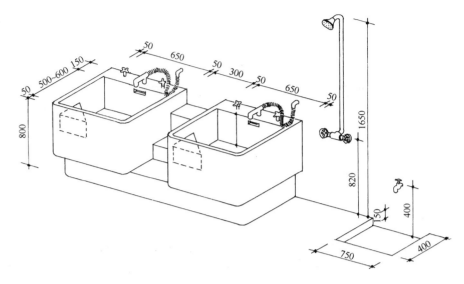

图 7-13　浴盆、淋浴、洗脚池

　　淋浴间的热水来自太阳能热水器或电热水器，但热水温度必须事先由保育员经调至可洗温度，并注入备用热水箱（桶）使之保持恒定温度后，方可放水给幼儿洗浴。在北方地区可由地区锅炉房直接供热水，但水温仍然需要自行调试，以保证绝对安全。

　　由于寄宿制幼儿园集中浴室一般脱离幼儿园主体建筑，冬天幼儿洗澡时要带换洗衣服经过露天，来回十分不便。因此，当寄宿制幼儿园寝室内含有面积较大的卫生间时，可增设一淋浴间（图 7-14），而全园可不必设集中浴室。其优点是幼儿可就近在寝室卫生间内轮流洗浴（一名保育员负责为幼儿洗浴，另一名保育员负责为幼儿脱穿衣服），幼儿浴后可直接上床睡觉，而避免了幼儿在集中浴室集体洗浴时（特别是冬季），浴前浴后要长时间等待，教师还要携带大量幼儿换洗衣物，而且幼儿浴后回到寝室，因要走较长的路程（尤其是要经过露天时），容易受凉感冒。因此，在寄宿制幼儿园将集中浴室的建筑面积分配到各班寝室卫生间各自增设淋浴间更为合理、实用。

　　8. 贮藏室

　　幼儿园在教学、生活、管理各方面会有大量的物品需要贮藏，如教学中的纸张、文具、教具、玩具等；幼儿生活中的卫生用品、洗漱用品、被褥毛巾等；管理中的清洁用具、洗涤用品、闲置杂物、维修工具等。这些名目繁杂的物品应分类贮藏，且各类贮藏室不必集中布局，宜随使用对象就近设置。如教学类用品贮藏室宜设在教师办公区；管理用品贮藏室宜设在行政办公区；室外游戏用具贮藏室宜设在幼儿室外游戏场地附近，以便贮藏，取用方便。

　　9. 教工厕所

　　教工厕所供教职工及外来人员使用，必须严格与幼儿使用的卫生间分开。其位置在服务管理区应设一套男女厕所，在幼儿生活用房区，为便利教师使用，亦应单独设置在较隐蔽的公共空间之处（图 7-15）。

图 7-14　寄宿制幼儿园寝室卫生间内的幼儿淋浴间

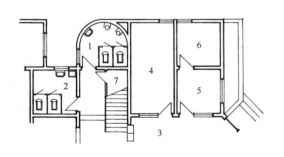

图 7-15　南京龙江小区六一幼儿园厕所位置
1—男厕；2—女厕；3—门厅；4—保健室；
5—传达室；6—值班室；7—贮藏室

118

第二节 供应用房

幼儿园的供应用房是保障幼儿园教学活动正常开展的支撑条件，它与幼儿生活用房有着密切的联系。

一、供应用房的功能组成

（1）厨房——幼儿厨房是为幼儿提供午餐（全日制幼儿园），或三餐（寄宿制幼儿园）以及上、下午点心。在有条件的幼儿园亦可设教工厨房，为教工提供午餐。

（2）洗碗消毒间——含在幼儿厨房内，为幼儿餐具进行蒸煮消毒用。

（3）开水间——供应各班幼儿和教职工饮水用。

（4）洗衣房——洗涤幼儿衣被等用。

（5）锅炉房——在北方地区，为厨房烧蒸汽或给全园供暖，南方幼儿园可不设。

（6）配电间——保证幼儿园电力正常使用。

（7）车库——停放幼儿园自备车辆。

二、供应用房的功能布局

除洗衣房宜布置在屋顶上，便于与屋顶晒衣场结合。配电间宜布置在行政用房附近，便于管理。其他供应用房应自成一区，相对集中布置在幼儿园辅助入口附近，便于货物进，垃圾出，做到不与幼儿活动区域相混。

三、主要供应用房的设计

（一）幼儿厨房

幼儿厨房的功能是根据科学的膳食计划所制定的食谱，为幼儿烹制清洁无毒、膳食结构合理、营养素比例合适、热能充足、适合幼儿消化机能的饮食。因此，除去严格按科学方式管理幼儿园的膳食外，还须根据幼儿厨房操作程序和卫生要求，进行合理的建筑设计。在位置、交通流线、平面设计和建筑材料选择等方面进行仔细考虑。

1. 位置

幼儿厨房的位置应尽可能布置在幼儿生活用房的下风方向，与幼儿生活用房要有适当的距离，但与幼儿生活用房的交通联系应力求便捷，且不受雨雪天气影响。具体布置方法有下列三种：

（1）独立设置幼儿厨房（图 7-16a）

这种布置方式，将厨房靠近幼儿园辅助出入口，便于食材、垃圾运输出入方便，可以保证厨房的功能要求得到满足。厨房所产生的噪音、油烟、气味等对幼儿生活用房无影响，但必须考虑与幼儿生活用房的联系应方便。在冬季严寒的北方应用采暖连廊，在南方要用防雨敞廊连通。连廊地面不应有台阶，若有高差宜做坡道，便于餐车通行。

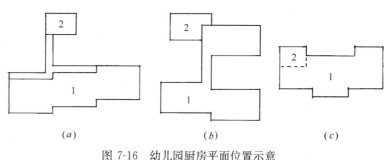

图 7-16 幼儿园厨房平面位置示意

1—教学楼；2—厨房

（2）与幼儿生活用房毗邻（图 7-16b）

这种布置方式可使厨房与幼儿生活用房联系方便，运输距离较短。但要特别注意避免噪声、气味、油烟对幼儿生活用房的影响。可将厨房布置在幼儿生活用房的一端，或与幼儿生活用房稍许脱开，围合成院落。

（3）设于主体建筑内（图 7-16c）

这种布置方式易对幼儿生活用房产生干扰，厨房本身的功能要求不易得到满足，层高受到限制，流线容易相混。其改善的方法是使幼儿活动流线不经过厨房的送餐入口。这种布置方法多适用于小型幼儿园。

2. 平面设计原则

（1）应设置专用对外出入口和杂物院，便于货物流线与幼儿入园流线分开（图 7-17）。

（2）主副食加工应符合烹饪工艺操作流程，避免生熟食物流线交叉。员工流线应严格按卫生防疫要求到岗（图 7-18）。

（3）厨房各房间布局应功能分区明确，设施配置应合理（图 7-19、表 7-1）。

（4）副食粗加工往往占用面积较大，且比较脏乱，最好不要在室内进行。宜利用户外场地或厨房门外平台进行副食粗加工工作（图 7-20）。

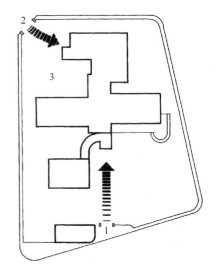

图 7-17 天津体院北居住区幼儿园
1—幼儿入口；2—供应入口；3—杂物院

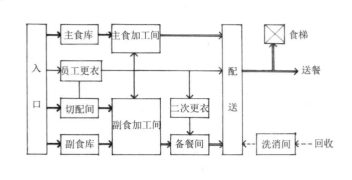

图 7-18 厨房主要功能分析图
——→生食流线 ——→熟食流线 ——→员工流线 ┅┅→餐具回收流线

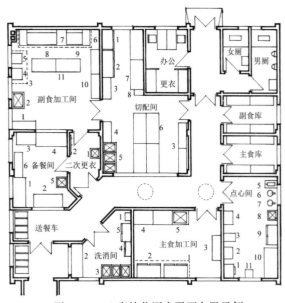

图 7-19 12 班幼儿厨房平面布置示例
（各房间设施见表 7-1）

图 7-20 上海友谊幼儿园厨房
1—敞棚；2—厨房；3—库房

（5）备餐间应清洁、卫生、安全。备餐人员进出备餐间必须经二次更衣。熟食必须经烹饪与备餐之间的窗口递进，且必须从备餐与送餐车之间的窗口递出。

（6）洗碗消毒间位置必须在从各班级回收餐具至厨房区的第一关口，并从窗口递进洗碗消毒间进行清洗消毒。

（7）主副食库应位于厨房出入口附近，便于进货，同时又要靠近主副食加工间，便于日常取用。在副食库宜设置货架，以扩大贮存面积，并可对副食、佐料、干货等进行分类贮藏。要留有放置冰箱、冰柜的位置。

（8）工作人员的办公室、更衣室及男女厕所必须设置在厨房操作区的门外。

（9）厨房燃料以清洁能源为宜，避免烧煤造成环境污染。

（10）幼儿厨房内各房间使用面积可参照表3-7的指标。

厨房设施及尺寸（单位：mm）　　　　　　　　　　表7-1

房间	设备名称	尺寸（长×宽×高）	房间	设备名称	尺寸（长×宽×高）
副食加工间	1. 四层货架	1500×500×1800	点心间	1. 烤箱	二层二盘
	2. 单槽水池	1000×800×800		2. 点心架	按烤箱尺寸订制
	3. 集气罩	3000×1000×500		3. 发酵箱	500×700×1550
	4. 蒸饭车	50kg		4. 开水器带座	9kW
	5. 单眼矮汤炉	650×650×580		5. 搅拌机	B20
	6. 脱排油烟罩	4500×1100×500		6. 压面机	110型
	7. 调理台	4500×950×800		7. 和面机	1-WT25型
	8. 双眼大锅灶	1800×950×800		8. 单槽水池	600×600×800
	9. 单眼大锅灶	950×950×800		9. 四门冰箱	1235×700×1920
	10. 地架	1500×500×250		10. 木棉工作台	1800×800×800
	11. 双向移动工作台	1800×800×800		11. 面粉车	500×500×500
副食库	1. 四层货架	1500×500×1800	主食库	1. 四层货架	1500×500×1800
	2. 地架	1500×500×250		2. 地架	1500×500×250
切配间	1. 四门冰箱	1235×700×1920	洗消间	1. 电热开水器	12kW
	2. 六门冰箱	1870×700×1920		2. 双层工作台	1800×800×800
	3. 四层货架	1500×500×1800		3. 三槽水池	1800×750×800
	4. 四层货架	1500×500×1800		4. 双门消毒柜	900×400×1200
	5. 三槽水池	1800×750×800		5. 保洁柜	1120×550×1800
	6. 双层工作台	1800×800×800	备餐间	1. 单向移门工作台	1800×800×800
	7. 平冷工作台	1800×800×800		2. 带架平冷工作台	1800×800×800
	8. 绞肉机	180×530×300		3. 双门展示柜	1235×700×1920
主食加工间	1. 集气罩	3400×1000×500		4. 双层工作台	1800×800×800
	2. 蒸饭箱	80kg		5. 单槽水池	600×600×800
	3. 四层货架	1500×500×1800		6. 四层货架	1500×500×1800
	4. 双层工作台	1200×800×800	二次更衣	1. 单槽水池	600×600×800
	5. 淘米池	1000×800×800		2. 挂衣钩	

（11）有条件的幼儿园可设置教工厨房与餐厅，但必须与幼儿厨房严格分开（图7-21）。

3.室内设计

（1）主副食加工间内所有灶台、工作台、洗池、备餐台等厨具设施都应按烹调操作程序布置，避免生熟流线交叉，洁污相混，并可减轻炊事员的劳动量。

（2）妥善进行侧窗、气窗的设计，组织好气流，以保证通风排气良好，排烟通畅。在条件受限制的情况下，可在灶台上部装置脱排油烟罩，通过竖风道拔气，从屋顶排出油烟，效果较为理想（图7-22）。

（3）为了解决室内平顶的蒸汽遇冷凝结水珠下滴，可将平顶改为弧形或人字形，使凝结水珠沿倾斜顶棚顺流至截水槽，可防止平顶上凝结水珠垂直落下，掉入锅内。

（4）墙壁应以瓷砖贴面到顶，便于洗刷，保持清洁卫生。地面应贴防滑地砖，并有排水坡度（1%～1.5%）。在室内集中用水的地方应设有盖地沟，便于平时或打扫厨房卫生冲刷地面时，及时排除地面大量积水。

（5）厨房门窗均应加设纱窗、纱门，以防鼠避蝇。

图 7-21　幼儿厨房与教工厨房布局示例

图 7-22　厨房烹饪间

122

4. 送餐方式

幼儿用餐时，由各班保育员负责领取碗筷和饭菜，用餐完毕后，还需将餐具送回厨房清洗消毒。这种往返运输的劳动量很大，为了减轻保育员的劳动量，除水平运输可用保温餐车运送（沿途不得有台阶，若有高差应做成坡道）外，楼层的垂直运输最好在适宜位置设置食梯，且最好通往各层的小备餐间（图7-23），而不是公共走道内。这样，在各层小备餐间内还可配置洗池，便于幼儿用餐后，由保育员收齐碗筷等餐具在小备餐间内用热水洗刷干净后再原路送回厨房消毒。

食梯的位置一般有两种情况：

（1）位于厨房的备餐间内，适用于幼儿厨房在主体建筑内（图7-24a）；

（2）位于幼儿生活用房的公共交通空间内，适用于幼儿厨房毗邻或脱离主体建筑（图7-24b）。图7-25为食梯的基本尺寸。

（二）洗衣房

幼儿园尤其是寄宿制幼儿园的洗衣量大，都应设置洗衣房。由于多数幼儿园用地紧张，不可能辟专用晒衣场，而将晒衣场移至屋顶。因此，为洗晒方便，洗衣房宜设置在屋顶上（图7-26，图7-27）。这样，洗完衣被即可就近晾晒，十分方便。洗衣房内要设置至少两个大洗池，另设一组双槽盥洗台，可洗零星小件。此外，要有放全自动洗衣机、烘干机的位置。条件好的幼儿园，最好在洗衣房旁设一间库房，暂存干净衣被。室内可放一张较大的案桌，便于叠衣被（图7-28）。

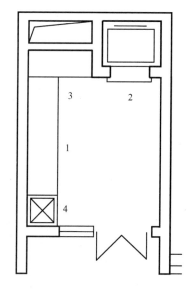

图7-23　南京政治学院
幼儿园楼层备餐室
1—备餐桌；2—食梯；
3—碗柜；4—水池

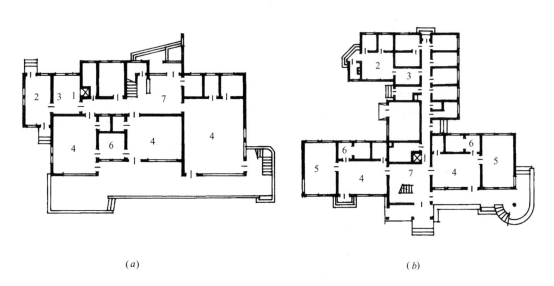

(a)　　　　　　　　　　　　(b)

图7-24　食梯位置

（a）上海宛南新村幼儿园；（b）天津体院北居住区幼儿园

1—食梯；2—厨房；3—备餐间；4—活动室；5—寝室；6—卫生间；7—门厅

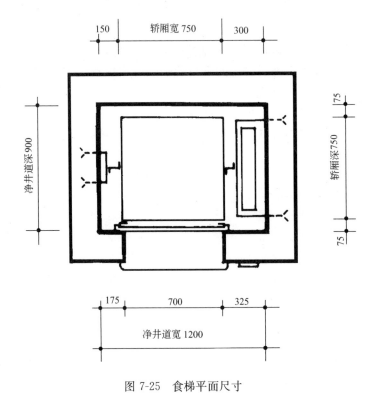

图 7-25 食梯平面尺寸

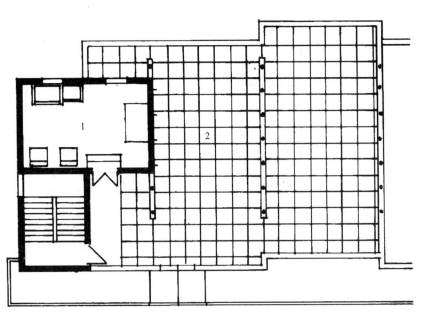

图 7-26 南京龙江小区六一幼儿园屋顶洗衣房
1—洗衣房；2—晒衣场

图 7-27 南京外国语学校幼儿园屋顶洗衣房

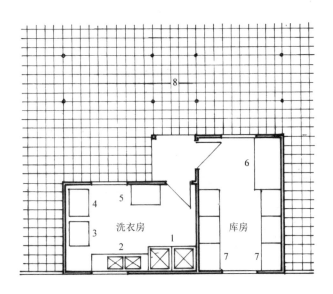

图 7-28 屋顶洗衣房附库房

1—洗衣池；2—盥洗台；3—洗衣机；4—烘干机；5—待洗衣物；

6—工作台；7—贮藏柜；8—晒衣场

第八章 交通空间设计

幼儿园建筑的交通空间主要包括门厅、走廊及楼梯。设计中着重解决如何舒适地满足幼儿使用以及保证安全的问题。

第一节 门 厅

一、门厅的功能

(1) 门厅起着水平与垂直交通枢纽的作用,每天入托幼儿经过门厅可分散到达各层的活动单元,又在每天结束时从各层活动单元经过门厅由家长接回家。

(2) 门厅是全日制幼儿园在每天清晨对入托幼儿进行晨检的地方,在此晨检可以保证无一幼儿漏检。

(3) 与门厅紧临的门卫室是控制外来人员不要深入幼儿园教学区和通过监控设施对全国进行安全监控的咽喉部位。

(4) 门厅是幼儿园对外的宣传窗口,它的自身艺术形象以及门厅中的展橱都能给外来者第一深刻印象,起到宣传、广告的作用。

二、门厅的形式

(1) 半开敞式门厅 在南方温湿地带,特别是炎热地区,通常将门厅空间半敞开,除了设大门便于管理外,朝向内部庭院的门厅界面全部打开,或做景框处理。通向幼儿园各功能部分的通道以敞廊联结(图 8-1)。

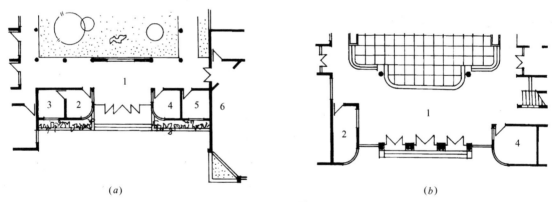

(a)　　　　　　　　　　　　　　　　(b)

图 8-1 半开敞式门厅

(a) 马鞍山发电厂幼儿园;(b) 南京政治学院幼儿园

1—门厅;2—传达室;3—值班室;4—晨检室;5—保健室;6—多功能活动室

(2) 架空式门厅 利用过街楼下部架空空间作为门厅功能使用。通常在幼儿园主体建筑需保持造型完整,而又要保证人流穿越主体建筑,到达后部各建筑物中去的情况下采用(图 8-2)。这种门厅形式适于幼儿园建筑呈分散式布局。

(3) 封闭式门厅 这是通常采用的室内门厅形式(图 8-3)。这种门厅形式冬天可以御寒保暖,特别是北方寒冷、严寒地区的幼儿园门厅还应设挡风门斗,其双层门中心距离不应小于 1.60m。

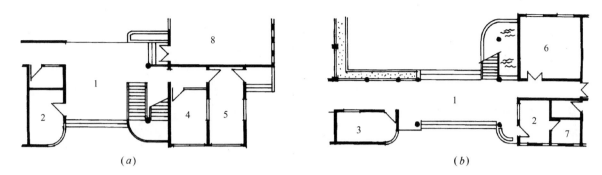

图 8-2 架空式门厅

(a) 南京鼓楼幼儿园; (b) 江苏东台市幼儿园

1—门厅; 2—传达室; 3—晨检室; 4—医务室; 5—隔离室; 6—接待室; 7—值班室; 8—多功能活动室

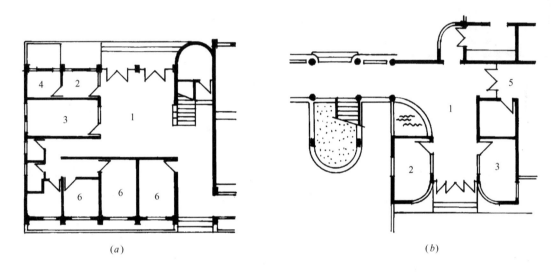

图 8-3 封闭式门厅

(a) 江苏盐城城区机关幼儿园; (b) 南京如意里幼儿园

1—门厅; 2—传达室; 3—晨检室; 4—值班室; 5—多功能活动室; 6—办公室

三、门厅的室内设计

(1) 门厅的人流路线要简捷、通畅,通往不同区域的流线要分明。图 8-4 为无锡市商业局幼儿园门厅的流线分析。该门厅集中了全日班、寄宿班、隔离室和行政办公四股人流。设计者强调门厅内楼梯的显要位置、重点艺术处理以及运用光的导向作用,从而突出了全日班幼儿的主要人流方向。而寄宿班幼儿因每周一般进出两次,不需要过分引人注目,因此采用藏中有露的手法,运用门厅中 1/4 圆弧形沙发得到导向。行政办公的人流仅仅置于一隅,明确而含蓄。隔离室病儿的流线从进入门厅即独自向右,由此与其他向左的三股人流完全分开,整个门厅的人流组织井然有序。

(2) 门厅的空间形态要掌握好合适的尺度,避免大而无当,失去幼儿园的小尺度感,包括在面积上要根据幼儿园的规模、主体建筑中幼儿的人数合理进行面积控制。如小型幼儿园建筑门厅面积一般为 $30\sim40m^2$,中型幼儿园建筑面积一般为 $50\sim70m^2$,大型幼儿园建筑门厅面积一般为 $80\sim100m^2$。门厅净高以不低于 3.0m 为宜。

(3) 由于门厅是幼儿园建筑室内设计的重点,因此需通过艺术设计手法,如设置大镜面、室内绿化、水体、宣传栏以及其他小品等点缀,以创造愉悦欢快的气氛,使幼儿在其中得到美的享受和好奇心的满足(图 8-5)。

（4）门厅的门扇双面均宜平滑，无棱角，在距地 0.7m 处宜加设幼儿专用拉手。在距地 0.60～1.20m 高度内，不应装设易碎玻璃。在一些大型幼儿园，由于幼儿入（离）园时，是瞬时人流集中高峰时段，为避免进出门厅人流（包括幼儿、家长）拥挤，可将门厅大门做成悬挂式折叠门扇，需要时全部打开，以便大量人流畅通（图 8-6）。

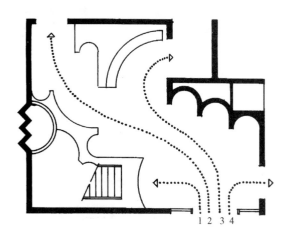

图 8-4　无锡商业局幼儿园门厅流线分析
1—全日制幼儿流线；2—行政办公流线；
3—寄宿制幼儿流线；4—隔离室病儿流线

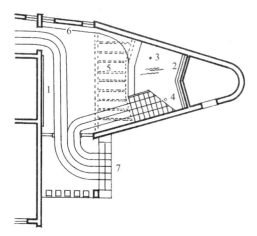

图 8-5　南京市第三幼儿园门厅室内设计
1—镜面墙；2—流水墙；3—涌泉池；4—梯段下部色灯；
5—上空葡萄架；6—装饰墙；7—色带（红、黄、绿、蓝）

图 8-6　南京外国语学校幼儿园门厅折叠式大门

第二节　走　廊

一、走廊的功能

（1）走廊的功能主要是作为用来联系同层各个房间的纽带，使各房间彼此保持水平交通的互达。

（2）当走廊被稍许加宽后还可成为幼儿在活动室以外的活动空间。

（3）封闭的北外廊还可起到隔声、保暖的作用。

二、走廊的形式

1. 中廊（图 8-7）

中廊两侧因布置有房间造成采光不足，且通风不佳。当为了将更多的南向房间布置活动室和寝室而将卫生间布置在走廊北面时，将造成各班活动单元被走廊分隔。其不但幼儿使用不便，管理也欠妥，而且各班活动单元很难自成一区。此种走廊形式已不适宜现代幼儿园建筑布局。

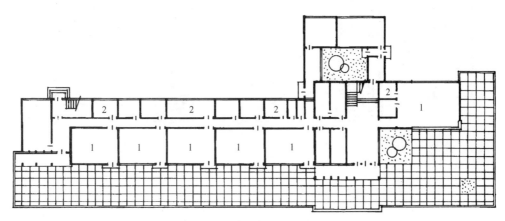

图 8-7　合肥工业大学幼儿园
1—活动室；2—卫生间

2. 外廊（图 8-8）

外廊仅一侧有房间，因此，外廊的采光、通风均较中廊为好，但交通面积相对增加。由于外廊的人流要经过各班活动单元，有可能对活动室产生干扰，因此外廊所连接的活动单元不宜过多。改进的办法是，视地形情况，将外廊按纵向连接各班活动单元呈枝状（图 8-9）。这样，走廊在活动单元端侧而不是在活动室寝室窗前，可大大减少外界对活动室的噪声干扰。

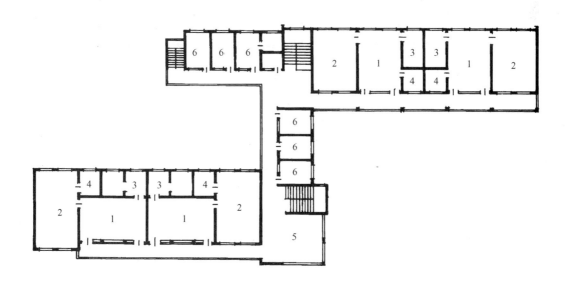

图 8-8　浙江丽水地区机关幼儿园
1—活动室；2—寝室；3—卫生间；4—贮藏室；5—游戏室；6—办公室

外廊以南外廊为佳，一方面外廊在夏季对室内可起遮阳作用，另一方面冬季幼儿在南外廊上可享受阳光，凭栏眺望，或进行其他活动。但南外廊宽度以控制在不大于 2.4m 为宜。当宽度过大时，如超过

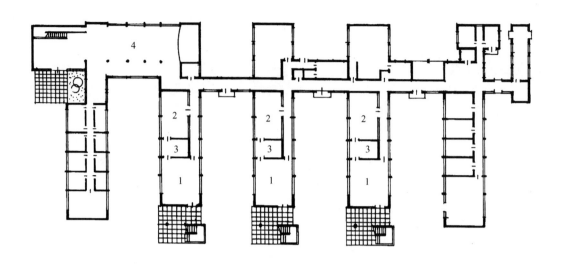

图 8-9　北京北海幼儿园

1—活动室；2—寝室；3—卫生间；4—多功能活动室

3m，将影响活动室在冬天阳光的进入。改善的办法是将外廊的屋顶改为玻璃顶，或将外廊脱开活动室一段距离，形成小天井，以改善采光通风条件（图 8-10）。

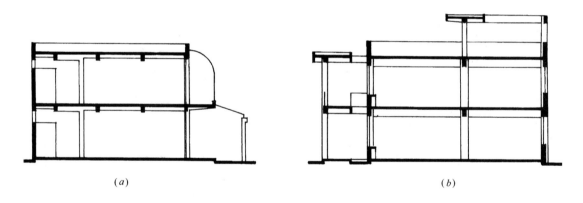

图 8-10　减少外廊对室内采光影响的处理

（a）日本东京"枫"幼儿园；（b）南京如意里幼儿园

当总平面布局要求主体建筑为北外廊时，活动室、寝室南面无遮挡，室内光线充足、明亮，但夏天阳光直射室内将会炎热，从节能考虑需要适当做遮阳处理。而北方地区不宜采用北外廊，否则冬季寒风容易窜入室内，此时必须将北外廊用玻璃窗封闭，成为暖廊。

3. 单侧内廊即暖廊（图 8-11）

适于北方寒冷地区和冬季较冷的温带地区。此时走廊外墙窗应尽量开大，以减小对教室通风、采光的影响。

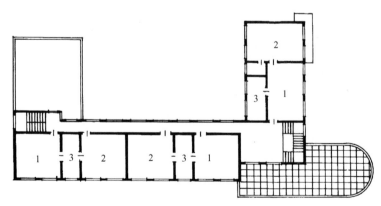

图 8-11　辽宁省辽阳石化纤维总厂幼儿园

1—活动室；2—寝室；3—卫生间

130

三、走廊的设计

1. 走廊的宽度

根据《托儿所、幼儿园建筑设计规范》JGJ 39—2016，走廊的净宽不应小于表 8-1 的规定。实际上，当考虑到走廊增加其他功能时，如作为幼儿的活动场所等，往往将走廊净宽增加到 3.0m（中廊）或 2.4m（外廊）。

走廊最小净宽度（m）   表 8-1

房间名称	走廊布置		房间名称	走廊布置	
	中间走廊	单面走廊或外廊		中间走廊	单面走廊或外廊
生活用房	2.4	1.8	服务、供应用房	1.5	1.3

2. 走廊的长度

走廊的长度由建筑物的耐火等级决定，且必须满足建筑物防火规范的要求。根据《建筑设计防火规范》GB 50016—2014 的规定，当建筑物属于 Ⅰ、Ⅱ 级耐火等级时，房间门至最近外部出口或楼梯间的最大距离（L_1）为 25m，也即两楼梯之间的走廊长度不允许超过 50m。而袋形走廊的长度（L_2）不允许超过 20m（图 8-12）。当外廊为敞开式时，L_1 和 L_2 可相应增加 5m。当为内廊且楼梯敞开时，L_1 应减少 5m；L_2 应减少 2m。

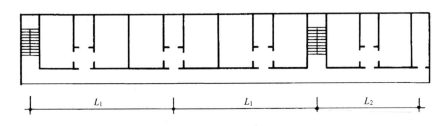

图 8-12　房间出口门至楼梯的允许距离

3. 走廊的细部设计

外走廊栏杆宜为通透式金属栏杆，一方面可保证通风效果，另一方面幼儿在走廊活动向外观看时视野较宽阔。为了保证绝对安全，栏杆高度不得低于 1.10m，宜采用不便攀登的垂直线饰。其净空距离不应大于 0.11m。

走廊内不能设有台阶，有高差时可设防滑坡道。其坡道不应大于 1：12。外走廊地面应比室内低 0.02m，并向外侧找坡，以便及时排除地面积水。但外廊栏杆下离楼面 0.10m 高度内不应留空，应以实体遮挡，以防楼面灰尘或物体下落，并在走廊凸起外缘预留出水管（图 8-13）。

顶层外廊的屋顶宽度应比楼层外廊宽度宽出不少于 0.60m 的出挑，以防暴雨飘洒进走廊。

南方幼儿园即使楼层外廊，也宜在其外侧增设玻璃雨披，既可防暴风雨，又不影响活动室采光（图 8-14）。

走廊内不应有壁柱突出，以防幼儿碰撞。

4. 内走廊的艺术处理

当幼儿园建筑因水平交通需要而出现内走廊时，如果不作任何艺术处理将会产生非常单调的空间，对人没有任何吸引力。此时可以通过室内设计手法，变枯燥的交通空间为充满新奇的趣味空间。图 8-15 是南京市第三幼儿园主体建筑二层通往多功能活动室屋顶的长度为 5m 内走廊，在室内设计中采用多种设计手法，大大改观了原建筑空间的诸多缺陷。首先用弧形吊顶将净高压至极限（边缘 2m，中间起拱 2.4m）形成适合幼儿身高的尺度，有如钻洞一般感觉，适合幼儿游戏的心理。再在穿顶上以红、橙、黄、绿、青、蓝、紫七色形成幼儿所熟悉的彩虹，且在灯光照明的效果下十分令人惊喜。在内走廊两侧实墙上满铺镜面，造成互相反射，形成无穷成像，给好奇的幼儿在此流连忘返。为了安全起见，在两侧镜面前设置护栏和花盆，更增添了空间的内容。外门以艳丽的红色及门扇上的圆窗形成对景，在逆光的效果下，阳光将圆窗形状映射在地面上生动有趣。

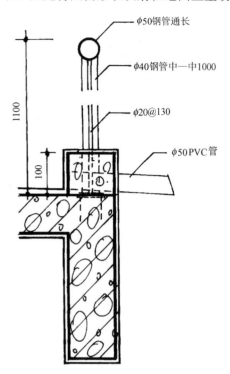

图 8-13　外廊构造

图 8-14　南京外国语学校幼儿园外廊防雨玻璃雨披

图 8-15　南京市第三幼儿园趣味走廊

　　外廊因一面为临空通透栏杆，另一面为活动室大片低窗，往往外廊顶棚的桥架走线较为困难。裸露出来势必影响美观；用吊平顶遮挡起来，其底标高因低于活动室窗上过梁而发生相撞的矛盾。解决的办法是让桥架走线置于外廊顶面中线，再用弧面吊顶使其中间下凹，以保证桥架走线净空要求，而两侧上抬，并与窗过梁脱开距离，从而不但解决了建筑设计与电气走线设计的矛盾，而且外廊顶界面更为新颖别致（图 8-16）。

连廊作为园舍之间联系的室外有顶通道，若能在最一般的梁板结构基础上，结合艺术造型处理，定会变单调为神奇。图 8-17 是南京外国语学校幼儿园主要人流的连廊通道，在设计上打破柱廊常规做法，而采用若干片实墙挖圆门洞的手法，从中轴一眼望去，门洞层层相套，立刻童趣无穷。再在各门洞边框以红、橙、黄、绿、青、蓝、紫色彩镶边，以此更能吸引幼儿眼球而流连忘返（图 8-17）。

5. 走廊功能的扩展

走廊的功能毫无疑问是以水平交通为主。但对于现代幼儿园教学来说，幼儿的活动范围越来越扩张，活动内容越来越多样，活动形式越来越新颖。而现行规范所规定的活动室面积只能满足一般的幼儿园教学要求，一旦受到雨雪天气的影响，更制约了幼儿到室外进行更大活动量的集体游戏。

为此，在建筑设计中，可以挖掘走廊功能的潜力，创造或放大一些走廊的空间节点。如走廊的转折处，或不同幼儿生活用房区的衔接处，或走廊宽度变化的边边角角等，让这些作为单一交通功能的空间通过一定的设计手法，使其变得更具趣味与活力（图 8-18）。图中：

图 8-16　南京外国语学校幼儿园外廊吊顶

图 8-17　南京外国语学校幼儿园连廊

（1）为南京外国语学校幼儿园在全日制活动单元区与寄宿制活动单元区的外廊转折相接处，将走廊空间节点放大，形成楼内较宽敞的游戏场所，可不受天气影响展开多样的集体活动。

（2）是南京外国语学校幼儿园在门厅与连廊之间，介入一个过渡交通空间，并适当放宽尺寸，成为该幼儿园人流必经之咽喉的宣传窗口。

（3）是南京外国语学校幼儿园在连廊与主楼梯结合部的水平交通节点中，通过梯段下配置绿化；在格栅吊顶上悬吊挂饰；在圆柱上绘儿童壁画等方式，活跃了这一水平交通节点的氛围。

（4）是南京外国语学校幼儿园在寄宿制活动室区与集中寝室区之间插入一段经美化的走廊空间，给人以耳目一新的感受。

图 8-18　幼儿园走廊功能的拓展

　　（5）是南京外国语学校幼儿园在幼儿生活用房主体建筑西端连接疏散楼梯的走廊尽头。由于建筑造型顺应用地边界和受城市道路走向的外界条件制约而形成一个锐角实体，反映在室内呈现出一小段"盲肠"空间。为了变此无用交通面积及其尴尬异形空间为特定的趣味空间，在西墙上开设有 6 个窥视孔，其距楼面高度与幼儿立姿视线齐平。幼儿在这一幽暗、狭小、闭塞的小空间里，从窥视孔放眼可一览明亮的外部精彩世界。

　　（6）是清华大学洁华幼儿园在走廊放宽处设置了幼儿搭建的想象中的城市房屋和道路上行驶的车辆，作为幼儿兴趣活动的成果广招同伴与家长的点赞，幼儿由此获得成就感。

　　（7）是南京市第一幼儿园在架空走廊中，设置了跑道和若干小型运动器械，为幼儿提供了不受天气影响的室外集体活动场所。

　　（8）是南京空军直属机关幼儿园在新老两座园舍夹缝的幽暗内走廊中，虽然两侧无法开窗采光，但在走廊尽端设置了一个开口天井，让明亮天光倾洒而下，并以一幅童话壁饰作为对景，吸引幼儿前行，并获得惊喜的感受。

第三节　楼　　梯

一、楼梯的功能

（1）楼梯的功能主要是联系垂直方向上各层的交通，并起到疏散人流的作用。

（2）楼梯以它新颖的造型和细部艺术处理可成为建筑造型或室内的重点装饰部件。

二、楼梯的形式

从安全考虑，幼儿园建筑的楼梯形式应采用普通的折跑楼梯（图 8-19），而不宜采用有楼梯井的三跑楼梯或单跑直楼梯。如采用有楼梯井的楼梯，应在楼梯井的一侧设防护措施。

三、楼梯的数量和位置

在幼儿园主体建筑内，楼梯的数量应满足《建筑设计防火规范》GB 50016—2014 的规定。不但应满足各功能区的交通需要，而且应保证人员的安全疏散要求。

幼儿园楼梯的位置视其规模和功能布局而定。对于规模小的幼儿园至少也要设两部楼梯。其主要楼梯位置宜设在首层门厅和楼层幼儿生活用房区的端部，而次要楼梯宜设在幼儿生活用房区的另一端，以做到能双向疏散为准。若服务管理区出现过长袋形走道，则在其另一端需增设一部疏散楼梯。对于规模较大的幼儿园，由于通常为各功能区自成一体进行体量组合，故楼梯数量宜各自根据交通和安全疏散要求设置，也宜在两功能区之间以楼梯衔接，以便共用而减少楼梯数量（图 8-20）。

四、楼梯的细部设计

1. 踏步尺寸

幼儿迈步的幅度和抬腿举高都比成人小，因此，幼儿使用的楼梯踏步尺寸相应减小。其踏步高度宜为 0.13m，踏步宽度宜为 0.26m（图 8-21），在踏步面前缘宜作防滑处理。每个梯段的踏步一般不应超过 18 级，亦不应少于 3 级。

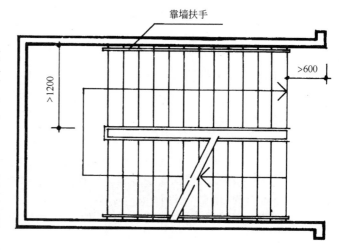

图 8-19　楼梯

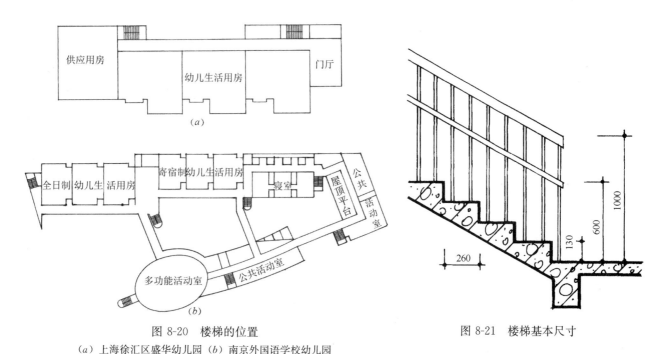

图 8-20　楼梯的位置

（a）上海徐汇区盛华幼儿园　（b）南京外国语学校幼儿园

图 8-21　楼梯基本尺寸

2. 栏杆与扶手

幼儿园的楼梯要同时兼顾成人与幼儿使用的要求。按成人使用要求，栏杆高度不宜小于0.90m。靠楼梯井一侧水平扶手超过0.50m长时，其高度不应小于1m。如果为室外疏散楼梯，则栏杆高度不应小于1.10m。

幼儿上下楼梯总是由教师带队单排集体行动，故至少在楼梯一侧（最好在靠墙一侧）专为幼儿加设小扶手。其高度距踏步面外缘不应大于0.60m。宜采用木制扶手，而不宜采用钢管或不锈钢管扶手，以免冬季幼儿抓握扶手触感太凉。

为了安全起见，栏杆应采用不易攀登的垂直线饰，净空距离不应大于0.11m。当梯井净宽大于0.11m时，必须采取安全措施。室外疏散楼梯的外侧栏杆宜作为实心栏板，在一定程度上可防止雨雪，并增加安全感。其内侧栏杆可为镂空金属直栏杆，避免双侧实心栏杆造成的楼梯狭窄感。

3. 主楼梯室内造型的艺术设计

位于门厅、中庭中的主楼梯还应考虑造型上的艺术要求，以各种设计手法做重点处理，力求功能与艺术的完美结合。

在一层楼梯起步的第一梯段宜将栏杆造型显露在门厅中，或中庭空间里，不但可起导向作用，而且在室内成为重点装饰之处。进一步推敲设计细部，可以打破栏杆的传统手法，而改为叠落式花槽，一方面起到栏杆的防护功能作用，另一方面槽内放置花盆，更增添了室内美感和气氛（图8-22）。

在楼梯休息平台处，可以适当扩大面积形成壁龛，通过重点装饰后可形成对景，以增加空间的趣味性（图8-23）。

一层楼梯两跑梯段的下部空间倘若不作任何处理，不但空间形态难看，而且有可能藏污纳垢；如果幼儿进入有可能发生碰头危险。因此要设法通过艺术设计手法将其不利空间变为景观空间。可以在此设计小水池、流水墙，再配上涌泉、潜水灯或投放几尾金鱼，立刻会使此空间活泼生动起来（图8-24）；也可以通过放置大型积木造型点缀出幼儿园门厅的独特个性等等（图8-25）。

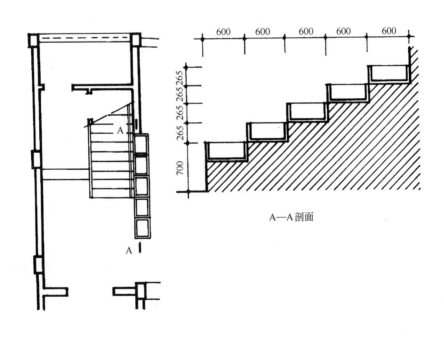

图8-22 南京市第三幼儿园楼梯做法

图 8-23　南京市第三幼儿园主楼梯壁龛

4. 次要楼梯一层梯段下部的空间处理

室内次要楼梯在一层的梯段下部空间就没有必要作为景观空间处理了，可以用实墙封闭起来作为清洁工具等贮藏用。为了增加休息平台下部空间的净高，宜将地面标高下降至比室外地坪高 0.10m 即可，或者在楼梯间长度有余地的情况下适当增加第一梯段的长度，设计成长短跑（图 8-26）。

图 8-24　南京市第三幼儿园楼梯下水池

图 8-26　楼梯下贮藏室

图 8-25　南京汽车制造厂幼儿园楼梯下积木造型

5. 室外楼梯造型的艺术设计

当幼儿园设计考虑疏散要求而出现室外楼梯时，它不仅起到保证人员安全疏散的功能作用，而且在幼儿园建筑整体造型上可产生画龙点睛的效果。为了突出室外楼梯的这种造型艺术上的潜在作用，在幼儿园设计上往往将封闭的室外楼梯间围护墙打开呈开放式的形态，且利用梯段和休息平台的组合变化，加以运用造型艺术的处理手法，这样，一种新颖别致的室外楼梯造型就会呈现在幼儿园建筑环境之中。

图 8-27 是南京外国语学校幼儿园二层多功能活动室的室外疏散楼梯。在设计中，以上下两跑梯段间的实体作为结构支撑，分别向两侧悬挑上下跑梯段和休息平台，并以简洁的实体白色栏板突出其形式变化。这样，室外疏散楼梯，在鲜艳天蓝色垂直结构墙体的衬托下，造型异常醒目轻巧，犹如优美的雕塑一般。而天蓝色结构墙体上幼儿所熟知的日、月、星辰镂空图案，不但起到在两跑梯段转折处可对视，避免人员上下楼梯转身相撞的提醒作用，而且趣味性也由此而生。

图 8-27　南京外国语学校幼儿园多功能活动室室外楼梯造型

第九章　建筑造型与装饰艺术设计

建筑造型设计是幼儿园建筑设计的重要内容之一，它以直观的外形表达特定的建筑个性。这个特殊的建筑个性完全不同于成人建筑，无论在体量、规模、建筑组合规律等诸多方面表现出与其他公共建筑类型截然不同的建筑形象。另外，基于幼儿园建筑所服务的对象在生理、心理上的特殊性，决定了幼儿园建筑的造型蕴含着童贞的气息。因此，幼儿园建筑的造型设计要通过运用各种与造型相关的要素来表达。如体量的灵活组合、形式的多种手法、色彩的大胆处理、光影的巧妙利用、虚实的合理搭配、装饰的突出点缀、材质的正确选择等，共同创造幼儿园建筑所应有的独特形象，并渲染建筑形象所隐喻的内涵。

在幼儿园建筑造型的设计中，除与其他公共建筑的造型设计一样都要符合一般的形式美法则，如统一与变化、对比与微差、均衡与稳定、比例与尺度、节奏与韵律、视觉与视差等构图规律外，还应根据幼儿园建筑各种制约造型艺术的内外因素，以及所要表达的特有个性进行大胆的创作。那种把功能所决定的平面形式，简单地反映到外部体形上，不从建筑造型自身设计规律进行深入细致的推敲，必然造成幼儿园建筑的造型呆板、丑陋，从而失去童贞的建筑艺术表达。而另一极端，在建筑造型设计中全然不顾环境条件，功能要求，甚至建筑技术条件，随心所欲地玩弄形式主义的造型设计手法，堆砌所谓设计符号，必然使幼儿园建筑的形象杂乱无章，从而也失去了幼儿园建筑的个性表达。

总之，幼儿园建筑造型设计是一种艺术创作活动，设计者应按照建筑艺术创作的共同规律和幼儿园建筑自身的特殊要求正确处理好形式与内容的辩证关系，运用有效的、独特的处理手法，创作出真正富有幼儿园建筑个性、并深受幼儿喜爱的建筑艺术形象。

第一节　影响幼儿园建筑造型设计的因素

幼儿园建筑造型设计不能脱离功能内容而进行纯形式构图，也不能不顾环境条件、技术要求、投资效益而一味追求虚假的装饰。幼儿园建筑的造型要受到自身内在规律的制约，这些制约的因素包括：

一、体量不大

由于幼儿园规模一般以中小型为主，总建筑面积有限，因此，幼儿园建筑的规模较之一般的公共建筑要小得多。即空间体量较小，房间不多，而且各功能空间除了多功能活动室相对稍大外，都是较小的房间。这就决定了幼儿园建筑造型不会以高大形象取胜。

二、层数少

按照《托儿所幼儿园建筑设计规范》JGJ 39—2016 的规定，幼儿园的幼儿用房在一二级耐火等级的建筑中，不应设在四层及四层以上；三级耐火等级的建筑不应设在三层及三层以上；四级耐火等级的建筑不应超过一层。因此，幼儿园建筑较之其他公共建筑的层数要少得多。这就决定了规模较大的幼儿园建筑造型基本以横向舒展形式为特征。

三、尺度小

这完全是由幼儿园建筑使用的对象所决定的。在幼儿眼中，幼儿园建筑不应是庞然大物，而应是他们心目中的乐园，甚至是童话般的世界。因此，幼儿园建筑的造型从体量控制到细部比例的一切尺度处理都要适宜幼儿的使用和生理心理特点。

四、平面构成模式

幼儿园的平面构成模式是以活动单元为基本母题的，各班平面功能组合自成一体，都要求有良好的日照、通风，要求有班级室外活动场地。因此，建筑布局多呈院落式或枝状式。有时为了解决用地不足，室外活动场地紧张的矛盾，往往需要将建筑造型呈跌落式，以形成若干屋顶平台，供二三层各班作为室外活动场地。因此，中、大型规模的幼儿园建筑体形就比较丰富。

第二节　幼儿园建筑造型设计方法

幼儿园建筑造型设计的宗旨，是创造一个适合幼儿园个性特征的建筑形象。为达此目的，通常需要运用建筑造型手法和建筑装饰语言，这两者是不可分割的有机整体。但在具体创作中，手法又是多种多样的，可以根据设计项目的具体情况，以独特的方法创作出别具一格的幼儿园建筑形象。

一、体量造型的设计方法

1. 主从造型

这是大多数幼儿园建筑造型设计的一般手法，即根据幼儿园建筑主要是以活动单元按一定规律组合成幼儿园的主体建筑。而多功能活动室，由于使用功能、空间体量的特殊要求又常独立设置，这就构成了在体量上两者的主从关系。此时，主体建筑宜强调整体感，但又不是被动地将所有活动单元毫无区别地组成单调的形体，而是可以通过突出活动单元的组合变化表现出富有韵律感的形态，并在细部处理上还可强调同一符号。如通过特殊窗形式的重复运用而保持整体感（图 9-1），但不可因过多地滥用各种符号而破坏了主体建筑的整体性和统一性。

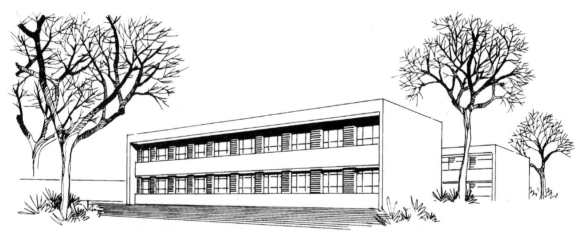

主体建筑造型过分单一，更多地趋向成人化建筑的特征，已失去幼儿园建筑的活泼感。

以活动单元组合的韵律感，强调整体性上的统一与变化，富有幼儿园建筑的个性。

图 9-1　幼儿园主体建筑造型分析

至于体量处于从属地位的多功能活动室，在建筑造型设计中则是一个活跃的因素。无论在平面形式上还是在空间形式上都应重点推敲与主体建筑的关系。由于它在体形处理上的自由度较大，可以以特殊的造型与主体建筑相协调，或形成对比。但在细部设计上还应与主体建筑取得内在的联系，避免主从建筑体量因造型语言不同而产生拼凑感（图 9-2）。

八边形的多功能活动室在造型上与锯齿形主体建筑统一中有变化，主从关系明确。

图 9-2　上海曲阳新村幼儿园

2. 积木造型

自从福禄培尔恩物问世以来，积木一直成为幼儿最喜爱的玩具之一。幼儿通过搭积木的游戏可以丰富想象力，培养创造性，逐渐理解各种图形。这种积木与幼儿之间必然的内在联系，有助于在建筑造型上再现积木这一符号。这不仅极易被幼儿认知，而且也是区别于其他公共建筑造型的一种独特表达方式。

毕竟积木与建筑有着本质的区别。这种建筑的积木造型并不是如同搭积木那样简单地将各种积木块堆砌在一起，而是要经过艺术加工，形式提炼，抓住典型的体块要素（如方、圆、三角形等），并与平面功能设计、结构构造要求很好地结合起来，在重点部位大胆运用（图 9-3，图 9-4）。

积木体块的入口处理突出了幼儿园建筑的强烈个性。

图 9-3　南京光华园小区幼儿园

3. 母题造型

母题造型是运用同一构图要素为主题，在建筑造型上反复运用，并以统一中求变化的原则使母题产生一定相异性，以此达到幼儿园建筑的活泼感。

墙面突出的立方体块以及几何形窗，由此构成具有特色的幼儿园建筑造型。

图 9-4　重庆巴蜀幼儿园

多个六边形保育室相互组成既统一又富于变化的保育园造型。

图 9-5　日本船桥市立高根台保育园

142

母题有多种形式，但适合幼儿园建筑的母题常用几何形体，如正方形、六边形、圆形等。其中，六边形母题在体量衔接上比较自然，且功能布置易于处理，又利于连接再生（图9-5）。圆形母题因其线形的流动感特别符合幼儿活泼好动的特性（图9-6）。三角形母题因其锐角的空间形态对于幼儿园建筑的个性表达，以及室内家具配置都难以适应，因此，在体量造型上不宜作为母题进行建筑造型设计。

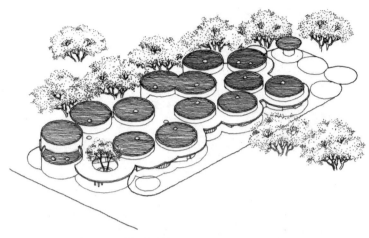

图9-6　西班牙马德里 Arganda del Rey 幼儿园

母题的相同与相异两者的关系也应遵守主从法则。由于由相同活动单元所构成的主体建筑在形体上占优势地位，因此，主体建筑的母题在大小、方向、质感等方面及外观上的相同性，可以构成母题造型的强烈韵律感。

母题的相异可以运用在从属的体量上或次要的装饰图形上，以求统一中有变化。如圆的母题相异性，可通过改变其直径、去除圆的一部分、取圆的一段弧长等来获得。

4. 退台造型

为了在有限的用地上尽量扩大室外游戏场地，便出现了游戏场地向空间发展的设计手法。这一功能要求作用于幼儿园建筑的外部空间便产生了退台式造型。这种造型可使幼儿园建筑的尺度显得小巧、活泼，更富有幼儿园建筑的个性特征。

退台造型可以前后退台和侧向退台。

前后退台造型可以使各班活动室与屋顶活动场地保持前后紧密的有机关系，如同处在地面层的感觉一样。在造型上表现出水平舒展状，有利于创造近人的尺度感（图9-7）。但是从地面近距离仰视时，由于二三层体量后缩，透视效果不佳（图9-8）；且底层进深过大，需要通过挖小天井妥善解决底层的采光和通风问题，结构布置也会因此受到很大限制。

按进深方向前后退台，不但使活动室与各自屋顶的班级活动场地形成紧密关系，而且使造型产生水平舒展感。

图9-7　无锡市商业局幼儿园

前后退台的造型，在透视上天际轮廓线缺少丰富的变化。

图 9-8　无锡商业局幼儿园

　　侧向退台造型较之前后退台更能表现退台造型的特征，因建筑造型是按开间方向退台，因此结构合理（图 9-9）。但是各班活动室与屋顶活动场地的功能关系因不能互相对视，使相互空间关系欠佳。

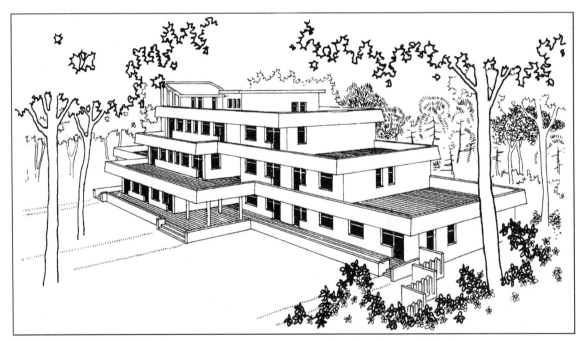

按开间退台，由此创造了屋顶班级活动场地，并使造型产生丰富感。

图 9-9　常州红梅小区幼儿园

　　另一种退台造型手法不像前述两种那样理性，而是结合平台功能与主体建筑层数的变化，形成体量的高低错落，使二层班级幼儿可上多功能活动室屋顶进行游戏活动，三层班级幼儿可上二层屋顶进行游戏活动，甚至四层办公室的教师可上三层屋顶进行集体备课活动，如编舞、排练节目等（图 9-10）。

　　5. 坡顶造型

　　屋顶在建筑形体上占有重要地位，它可以丰富建筑的形态、表达艳丽的色彩、勾勒建筑的天际轮廓线。特别是坡屋顶形态，对于低层幼儿园建筑来说，更能体现一种小建筑的尺度感和幼儿园建筑的独特

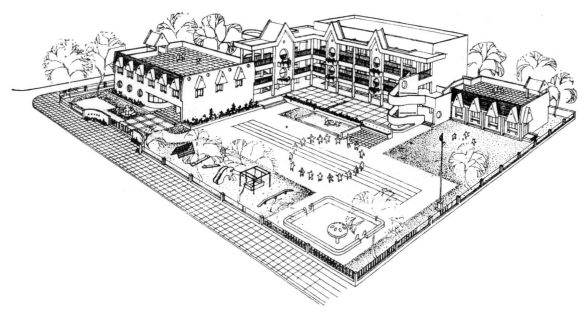

按各层功能布局进行多体量的组合，一方面满足各层活动室有相应的屋顶活动场地，另一方面使体形高低错落有致，更具幼儿园建筑的活泼感。

图 9-10　全国幼儿园建筑设计竞赛一等奖方案（设计：黎志涛　曹蔼秋）

个性，给人以生动的形象。但是，运用坡屋顶造型并不是简单地移植传统式样，那将带来沉闷的感觉。应当运用现代设计手法加以创新，形式要新颖，手法要简练，使之既能表现出幼儿园建筑的个性，又有强烈的时代感。如采用长短坡、错位正反坡、两坡单坡相混用、陡坡缓坡相结合等各种坡顶组合形式，创造出一种丰富多变而又统一协调的屋顶形式，借以表达幼儿园建筑的活泼感（图 9-11）。

丰富的屋顶造型体现了幼儿园建筑的活泼感。

图 9-11　南京如意里幼儿园

6. 乐园造型

幼儿园的教学方式主要是寓教于乐。从这一特点出发，幼儿园建筑环境与其说是一所校园，不如说应当是一座乐园。幼儿在这样一座乐园里，一方面受到系统的幼儿园教育；另一方面，在建筑环境的潜移默化中既受到美的熏陶，更得到快乐。因此，竭力使幼儿园建筑形象避免成人化，而创造幼儿喜闻乐见的形式，就成了幼儿园建筑造型设计的出发点之一。其方法是把握好小尺度比例关系，在屋顶、墙面的形式构成上，适当采用夸张的设计手法，使其建筑形象更加童真化（图9-12）。

形式构成的夸张设计手法，表现出幼儿园建筑童趣盎然的特性。

图9-12　全国幼儿园建筑设计竞赛鼓励奖方案（设计：罗林）

7. 城堡造型

幼儿从画册中对城堡中的童话都能如数家珍，他们对白雪公主、米老鼠等各种人物和动物一见钟情；对尖塔、城垛、门洞、小窗相当熟悉。我们可以从幼儿喜爱的城堡童话中找到灵感，运用到幼儿园建筑的造型创作中。图9-13是江苏盐城城区机关幼儿园，在建筑造型上采用多个红色尖塔，女儿墙为城垛形，从远处一望就能使人认知，这是一座幼儿园建筑，表现出强烈的幼儿园建筑个性。

以城堡童话世界中的尖塔、城垛、窗洞点缀的幼儿园建筑造型，更能引起幼儿心灵的共鸣。

图9-13　江苏盐城城区机关幼儿园

8. 构成造型

现代幼儿园建筑造型已跳出上述传统的造型设计手法，并不以形式符号或者通过把握形体的小尺度感来表达幼儿园建筑的形象，而是运用现代构成设计手法，如体块构成、色彩构成等，以简约的几何形体、流畅的优美线型、醒目的色彩构成、独特的构件组合，力图从建筑总体形象上表达轻盈、明快、活

146

泼的幼儿园建筑形象，同样突出了幼儿园建筑特有的个性。这种幼儿园建筑的造型形象鲜明，手法简炼，透着一种现代的气息，给人耳目一新的感觉（图9-14）。

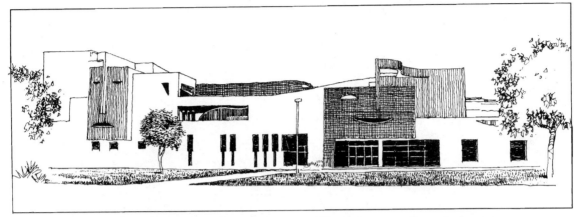

不同色彩和不同体块的相互组合，并插入若干"脸谱"的变形与建筑化，构成了这座
幼儿园建筑造型与众不同的鲜明个性。

图 9-14　厦门前埔幼儿园

二、细部造型的设计手法

如果说体量造型是充分表达幼儿园建筑造型的整体效果，那么，细部造型就是对幼儿园建筑的美进行锦上添花的点缀。如同一位身段绝佳、五官俊美的新娘，再用名贵精巧的配饰装点打扮一样，将焕发更为靓丽夺目的光彩。因此，注重幼儿园建筑细部的造型同样关系到幼儿园建筑设计的质量是否能达到精品的档次。

幼儿园建筑细部造型设计强调的部位是：

1. 突出主体建筑主入口的细部造型设计手法

任何一座公共建筑都是通过各种设计手法突出主入口的醒目地位，这是毫无疑问的。只是对于幼儿园建筑来说，不仅要突出主入口的主要地位，更要表达幼儿园建筑的强烈个性。图9-15是南京政治学院幼儿园，在其主体建筑主入口处以积木造型的门面既强调出主入口的醒目地位，又很好地表达了幼儿园建筑鲜明的个性、形式与内容的有机结合。

2. 利用主楼梯的细部造型设计手法

幼儿园建筑主楼梯的位置往往与门厅紧密相连，除了担负垂直交通的功能外，还可作为幼儿园建筑局部造型的手段，使主入口的地位更加突出。图9-16是南京市第三幼儿园建筑主楼梯，由环境地段所决定的三角形楼梯及单坡斜顶造型。其中轴线方向正对幼儿入园主要道路的中心线，成为从城市干道进入小巷的对景，由此突出了幼儿园的形象，给人们强烈的吸引和导向。

3. 利用辅助楼梯的细部造型设计手法

幼儿园建筑的辅助楼梯一般远离主入口而布置在主体建筑另一端，且以其完整的楼梯形态显露在院落当中。此时就要对其进行造型艺术处理，以便以完美的形象成为院落中的景观，并为主体建筑的造型增色。图9-17是南京政治学院幼儿园主体建筑的辅助楼梯。其在细部造型处理上，以实栏板强调楼梯的雕塑体量，特别是起结构作用的两根柱在顶端连成半圆弧，以竖向造型与横向外廊式主体建筑形成强烈对比，改善了南立面的单调感。

图9-18是天津体院北居住区幼儿园的室外疏散楼梯。其通过半圆形休息平台造型，打破了直线型外廊的单调感，以此在立面端部形成外廊的结束处理。同时，通过疏散楼梯顶盖的构架，以其形式和光影关系，在明亮天空背景下产生生动感。

图 9-15　南京政治学院幼儿园入口

图 9-16　南京市第三幼儿园北楼主楼梯造型

图 9-17　南京政治学院幼儿园辅助楼梯造型

图 9-18　天津体院北居住区幼儿园辅助楼梯造型

4. 改善平直女儿墙的细部造型设计手法

平屋顶，尤其上人平屋顶是一定要做女儿墙的。但是其造型十分单调，也毫无趣味。特别是又长又直的幼儿园外廊主体建筑，其天际轮廓线更显枯燥乏味。可以从幼儿喜爱的童话世界里找灵感，不妨以城垛细部造型取代平直的女儿墙传统手法。由于城垛的轮廓线曲折多变，虚实交替，韵律感强，大大使建筑造型丰富起来（图 9-19）。在设计中需要注意，每开间的城垛数量要一致，应保持尺寸的模数关系，而不是随意定尺寸，造成与开间的模数尺寸缺乏逻辑关系。

图 9-19　东台市幼儿园女儿墙造型

5. 利用细部造型"加法"丰富立面效果

对于平屋顶的幼儿园主体建筑，在女儿墙上做细部造型毕竟是一种小动作的设计处理。欲使其产生更丰富的造型变化，可以运用细部造型"加法"，通过在平屋顶上适当增添一些建筑小品，立刻会使原本单调的建筑造型大大改观。

（1）结合使用功能要求在平屋顶上设伞形柱、蘑菇柱，一方面可供幼儿休息，另一方面以其小尺度造型点缀了建筑屋顶轮廓线（图 9-20）。或在平屋顶边缘，有规律地设置小亭，以其突起的细部造型完全改变了平直的主体建筑屋顶轮廓线（图 9-21）。

（2）外廊式主体建筑一般较长，较单调。栏杆又不能为了美化而画蛇添足作过多的装饰，更显繁琐杂乱，且给幼儿造成易攀登栏杆的隐患。为了改变这种界面造型效果，可以将水平状的长外廊分段，插入增加的细部造型，以垂直的构图要素打破各层重复单调的外廊形态，并以各种设计手法，对这个插入的垂直构图要素进行艺术加工，使之成为外廊部分的重点装饰构件（图 9-22）。

图 9-20　南京中华路幼儿园细部造型

图 9-21　泰州师范学校附属幼儿园屋顶小亭

6. 利用细部造型"减法"丰富立面轮廓

与上述对平屋顶单调的女儿墙通过细部造型"加法"来丰富建筑造型的设计手法相反,我们还可以从另一思路即细部造型"减法"改变平屋顶女儿墙的单调形象。即通过"挖"去屋顶女儿墙一部分体块,而保留结构框架。此时,虽然女儿墙轮廓看似仍然平直,但从透视效果看,整个立面的顶端却呈现虚实效果。特别是北立面,被"挖"去的部分是以明亮天空为背景,而建筑构架因背阴而显得较暗。这种光影的强烈对比使人特别注意到构架的形态而忽略了对女儿墙的注意,从而并不感到女儿墙轮廓线的平直单调(图 9-23)。

7. 对立面窗洞口的细部造型设计

正如人的眼睛双眼皮要比单眼皮漂亮一样,建筑立面上的窗洞口也需要适当画龙点睛作些细部造型处理,方可为建筑整体美增色。否则窗口仅为解决采光通风要求而不作任何艺术的细部造型设计,就会使立面苍白失色。这种窗洞口的细部造型设计,不是画蛇添足堆砌繁琐装饰,而且服从总体造型构思,适当进行艺术处理。如图 9-24是江苏盐城城区机关幼儿园在二层多功能活动室窗洞口以积木块搭起的窗

图 9-22　南京政治学院幼儿园外廊重点装饰构件

图 9-23　南京市第三幼儿园屋顶构架

洞口造型，恰当地体现了幼儿园建筑的特征，也为平淡的界面增添了造型内容。南京市第三幼儿园南立面三层以圆窗洞口为母题进行造型构图，并在圆窗上半部做了突起体块，其所产生的阴影犹如双眼皮一般，立刻使立面造型丰富起来（图 9-25）。

图 9-24 江苏盐城城区机关幼儿园积木窗套

图 9-25 南京市第三幼儿园窗口的细部处理

152

8. 利用遮阳构架产生美妙的光影关系

幼儿园各活动室尽管有向南的好朝向，但夏季仍需要有遮阳措施。因此，结合遮阳功能的要求，在形式上利用遮阳构架的细部造型处理，既可起到遮阳功能，又通过对遮阳构架的艺术加工所产生的光影图案，可大大丰富立面的艺术效果；而且随着阳光的迁移，这种遮阳构架所产生的光影图案也在不断变化，更增添了趣味性（图 9-26）。

图 9-26　泰州师范学校附属幼儿园装饰遮阳构架

幼儿园建筑细部造型的设计手法并不限于上述几种，建筑创作的路子应该是很宽的，创作手法也应该是多元的，关键是设计者不但要有精品工程意识，又要有进行细部造型设计的基本功力。只有做好了建筑的细部设计，才能为建筑的整体美添彩增色。

第三节　幼儿园建筑装饰艺术设计方法

这里所谈的装饰艺术是指对幼儿园建筑外墙面和内墙面的装饰与美化，它应是建筑整体设计不可分割的部分。设计内容主要包括色彩装饰设计与壁饰装饰设计两方面。

一、色彩装饰设计

幼儿园建筑的色彩装饰艺术可以增强建筑造型的活泼感，使之与幼儿好动、富有生气的特性相吻合。特别是艳丽、明快的色彩最能表达幼儿对色彩的喜好和情感。因此，精心做好幼儿园建筑的色彩装饰设计十分重要。

（一）幼儿园建筑色彩装饰设计的原则

1. 以艳丽色彩起点缀作用

幼儿园建筑整体应以浅色为基调，一方面是因为在环境色彩的烘托下会更加醒目突出；另一方面也表现出幼儿园建筑形象的活泼、轻快、纯真的个性。如果幼儿园建筑整体色彩过重，从色彩的素描关系来看，一方面容易与环境色相混，另一方面建筑形象会产生沉闷的感觉。否则应在局部以浅色、白色提亮，借对比色打破沉闷基调，活跃建筑形象。

在幼儿园建筑色彩基调为浅色的基础上，可局部运用少量艳丽色彩点缀建筑的重点部位，如主入口、含有母题符号的设计要素、坡屋顶、窗下墙等。这要视具体设计方案进行仔细推敲。

2. 色相应符合幼儿心理

幼儿对色彩的认识是在实践中逐渐理解的，他们对于三原色如红、黄、蓝易于认知，对绿、橙、复色有所认识，因为这些色彩在他们日常生活中常遇到；而对于各种灰调子之类的复杂色彩及其这些色彩之间的微妙差别，既难以认知，也不感兴趣。因此，在幼儿园建筑的色彩装饰设计中，应以鲜艳的色彩为佳，特别是在浅色基调的建筑整体上显得特别耀眼，让人一下子就理解这是一座幼儿园建筑。但应注意色相不宜用得过多过杂，以免产生杂乱无章的效果。

3. 密切结合装饰材料

幼儿园建筑上的色彩毕竟不是用颜料画上去的，而是通过装饰材料的显色效果。因此幼儿园建筑色彩装饰设计应以装饰材料的显色性能为前提，包括装饰材料显色受阳光的影响程度、保持色彩不变的耐久性、对于不同施工方法的显色差别，甚至对灰尘吸附力的强弱等材料性能都要有所了解。这样，才能使色彩装饰设计最终的目标能保持长久的色彩效果。否则随着时间的推移，原本理想的幼儿园建筑色彩效果将会黯然失色。

（二）幼儿园建筑色彩装饰设计方法

1. 外墙面的色彩装饰设计

（1）由于幼儿园建筑本身的造型就变化多端，此时就不宜再用色相过多、面积过大的色彩大肆渲染，而是应该首先以明快的浅色确定幼儿园主体建筑的色彩基调，以期获得整体效果。在此基础上，再重点推敲主体建筑局部的用色构图。

（2）利用色彩突出主入口。幼儿园主体建筑的主入口往往首先借助于"形"强调其突出地位。此时，可对入口的造型进行色彩加工，使之更加艳丽夺目。如当幼儿园主入口是以积木造型突出其地位时，可以对几个积木体块再辅以色彩装饰，在白色建筑色彩基调的衬托下，可使主入口更加醒目。

（3）对屋顶平台上的小品，如伞形柱以单纯色红、黄、绿色面砖铺成瓦楞状，立刻会使伞形柱的造型生动起来；又如平屋顶冒出的尖塔、亭类构筑物其造型十分引人注目，再贴上彩色装饰面材，在蓝天背景的衬托和阳光照射下，对比浅色墙身的整体效果，有如锦上添花一般。

（4）对诸如窗下墙、遮阳板、阳台栏板、雨篷等墙面上小面积的突出物施加色彩装饰可以起到锦上添花的作用，使墙面在整体色调上因有若干艳丽色块的跳动而显活力，更能表达幼儿园建筑的个性。

（5）有坡顶的幼儿园建筑，是一定要对坡顶进行色彩装饰的。考虑到着色部位的功能性和质感表达，一般常采用小尺度的彩色瓦楞面砖饰面。

（6）幼儿园建筑的墙面与地面交接处常以花坛作为过渡带，不但可以以绿化、花卉衬托建筑，而且可防止幼儿近窗避免事故发生。此时，对花坛边缘贴以深色饰材，可成为建筑的底座，使幼儿园建筑更加稳重些。

凡此种种色彩装饰设计手法并无定律，这要根据实际情况加以灵活处理。

2. 室内色彩装饰设计

（1）运用色彩装饰增加空间的识别性

幼儿园主体建筑常常以标准活动单元组合而成，各班活动单元空间构成以及房间形状几乎一个模式。对于初入园的幼儿来说认知自己的班级要有个过程，而且要让幼儿能将自己的班级与其他班级区分开来更是比较困难。此时，可以借助色彩装饰的作用，很容易使上述问题得到解决。如以不同色彩作为各班家具的色彩基调，虽然每班家具形式可能一样，但每个班的家具颜色却不一样，立刻就可以把各班的识别性突出来了。如果各班活动室的门扇再以各自深一些的同类色罩面，则这种色彩对空间的识别性会更强调出来。幼儿正是在这样的色彩环境中生活 3 年逐步认识颜色的。

（2）运用色彩装饰起导向作用

在室内地面上按人的行进路线设置彩带可以提高交通流线的明晰性，并增加幼儿在行进中的趣味性。南京市第三幼儿园主体建筑在门厅地面以红、黄、蓝、绿四条水磨石色带分别引导幼儿到达一层的两个班（红班与黄班）和二层的两个班（蓝班和绿班）。而幼儿每次进入大楼时，总会饶有兴趣地走在各自班级的色带上，如同在玩一种快乐的游戏（彩图：装饰色彩（一）4）。

（3）运用色彩装饰起点缀作用

在较大空间的室内墙面上，为了打破平面构图的单调苍白感，可以运用色彩装饰构成将墙面丰富活跃起来。南京市第三幼儿园主体建筑的中庭是一个有两层高的空间，为了减少临街的噪声和视线干扰，北墙面以实墙为主，在过分高大的墙面上方饰有三个造型壁龛，分别以红、黄、蓝三原色为主调，采取色彩退晕手法形成图案，填充了墙面的空白，也给室内带来活力（彩图：装饰色彩（二）7）。

二、壁饰装饰设计

幼儿园教育与小学校教育的最大区别之一在于幼儿园教育特别强调环境教育。幼儿生活在适合于身心健康发展的环境中，可以从中获取知识，培养兴趣，增强体质，引导个性，陶冶心灵。而壁饰装饰艺术是建筑环境中的组成部分。它是幼儿园建筑空间美的创造，它可以增添幼儿园欢乐、亲切的气氛。因此，精心设计营造幼儿园建筑的壁饰，既体现幼儿园环境教育的特点和要求，又可突出壁饰的独特装饰作用。

（一）幼儿园建筑壁饰装饰设计原则

1. 具有教育性

寓教育于艺术之中，可以给幼儿以直观的情绪体验，使幼儿保持稳定积极的良好情绪。一幅好的壁饰，就是一幅看不尽的图画，一个讲不完的故事。它可以成为幼儿最喜欢的地方之一，幼儿在活动中得到的知识在这里得以巩固和延伸。因此，壁饰装饰设计的题材、内容要选择适合幼儿的理解能力，对幼儿的品格形成起良好作用的、富有活力的，以及有利于幼儿富于幻想的童话故事、动画故事、寓言故事等最为合适。他们会从壁饰装饰题材与内容所表达的真、善、美情景中获得真、善、美的情感体验，从而培养起幼儿丰富的情操。

2. 富有情趣性

壁饰装饰设计形式要符合各年龄班幼儿的审美水平和欣赏情趣，应当为幼儿所喜爱，并能使之产生浓郁的兴趣，能够刺激幼儿的联想和想象。因此，壁饰装饰设计手法应是简练的，形象应是夸张的，色彩应是丰富的。幼儿可以从壁饰所表现的内容，对天空、宇宙、大海、田园、甚至动物、植物、未来世界，都会展开想象的翅膀，从而激发幼儿的美感，并陶冶其美好的情操。

3. 把握构图规律

壁饰装饰是幼儿园建筑艺术的组成部分。其设计原则要服从整体艺术的效果，而不能喧宾夺主；其位置一般在适合人近距离欣赏的高度。要特别注意对尺度的把握，不可在整片墙上做壁饰文章，否则画面尺度将失真（图9-27），或者墙面会呈现杂乱无章的符号堆砌，破坏了建筑艺术的整体感。

（二）幼儿园建筑壁饰装饰设计手法

1. 外墙面的壁饰装饰设计

（1）位置选择：要把壁饰装饰作为立面设计的有机组成部分，在建筑设计阶段就要确定好最佳位置。由于幼儿园建筑壁饰画幅较之商业建筑广告的画幅要小得多，为了便于欣赏，一般将壁饰位置控制在一层外墙上。并且最好能临街，或内部游戏场地，以便达到幼儿园建筑形象展露的目的。

（2）壁饰装饰成为立面的构成部分：壁饰的画面与版面应是形式与内容的有机结合，它们在建筑立面上应一起成为构图要素。因此，壁饰装饰要与墙面上的实墙或窗洞形式有机结合，成为不可分割的一部分（图9-28）。

（3）外墙上的壁饰多为用建筑装饰材料拼贴而成，而不是用颜色画上去的。前者的壁饰艺术与建筑

图 9-27　南京市第四幼儿园尺度失真的壁饰

图 9-28　南京政治学院幼儿园外墙马赛克壁画

设计结合紧密，而后者的壁饰艺术更接近于绘画艺术。因此外墙上的壁饰装饰宜用小块建筑装饰材料（如玻璃马赛克）进行拼贴（图 9-29）。这就限定了一幅壁饰的面积不能太小，否则很难用方块状的玻璃马赛克拼出带有曲线的较复杂的图形。天津体院北居住区幼儿园在多功能活动室整片山墙上刻画了幼儿熟悉的孙悟空形象。由于墙面大，因此壁饰内容刻画比较丰富（图 9-30）。

（4）壁饰的题材宜为幼儿熟悉的故事或形象。其主题突出，内容简单，形象图案化。图 9-31 是南京外国语学校幼儿园。其在临城市主干道的每开间外墙上，分别镶嵌了安徒生的童话故事：白雪公主和七个小矮人、皇帝的新装、金鱼和渔夫的故事、龟兔赛跑、卖火柴的小女孩、海的女儿、三只小猪、丑小鸭、红鞋等 11 幅白色浮雕，不但成为该幼儿园建筑与众不同的特色展现在城市中，而且成为幼儿和家长流连忘返、回味无穷的故事墙。

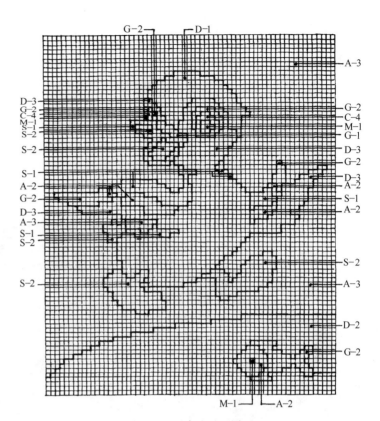

图 9-29　马赛克壁画详图

图 9-30　天津体院北居住区幼儿园壁饰

2. 室内壁饰装饰设计

　　壁饰在现代幼儿园教学活动中是一项重要的教学手段，教师要将教学的目的、要求、计划、内容转化为形象具体、色彩鲜艳、生动有趣、赏心悦目的壁饰布置。即将教学内容紧紧地结合在艺术加工后的壁饰之中，从而吸引幼儿积极地投入活动。而幼儿通过参与壁饰的制作过程本身，就会对幼儿怎样选择美、创造美、表现美起到积极的促进作用，锻炼他们动手动脑、手脑并用的能力，提高他们的活动水平。还可以让幼儿感受到自己劳动智慧的成就感，自觉培养起爱护环境、保护集体劳动成果的感情。因此，为满足上述幼儿园教学的要求，在做幼儿园建筑设计时，要给幼儿园教师和幼儿留有发挥他们美化环境潜力的余地，留些空白墙面。这些空白墙面都是通过室内设计精心预留的（图 9-32）。这样不会因为到处张贴壁饰反而弄巧成拙，使室内效果眼花缭乱。

图 9-31　南京外国语学校幼儿园外墙浮雕装饰

　　对于地面的装饰艺术设计如同壁饰一样，也是要通过精心设计，达到美化室内环境的目的。只是这种装饰方法同样需要通过建筑施工做法完成，这一点与墙饰有很大的区别。

　　南京市第三幼儿园的彩色水磨石走道楼地面，在每个班活动室门口用铜条分别勾画出 4 个动物的图案头像（图 9-33），不但连同前述中四条色带作为各班的认知符号，而且增添了幼儿认知动物的趣味。特别是在二三层之间的彩色水磨石楼梯休息平台上饰有猫头鹰动物图案的头像，睁一只眼闭一只眼（图 9-34），寓意在一二层活动室睁着眼活动，而上三层（全日制幼儿园寝室集中设置）闭眼睡觉，耐人寻味。

　　南京政治学院幼儿园在门厅水磨石地面上，用彩色积木造型图案装饰地面（图 9-35）。其艺术效果与主立面积木造型入口相映生辉，共同突出了幼儿园建筑的个性。

图 9-32　南京市第三幼儿园室内预留墙面作墙饰

图 9-33　南京市第三幼儿园各活动单元入口地面标志图案

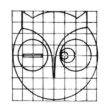

图 9-34　猫头鹰图案

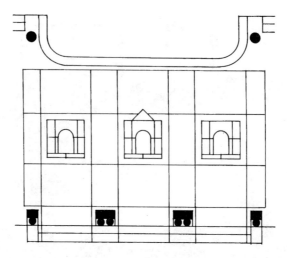

图 9-35　南京政治学院幼儿园
门厅地面装饰

第十章 室外环境设计

在现代幼儿园教育中，特别重视开展幼儿室外活动的要求。因为，将幼儿室外活动与室内活动结合起来，可以增加幼儿能力发展的机会，促进幼儿对自然世界的探索。而且，幼儿在室外游戏可以使身心得到健康发展。一个安全的、精心设计的室外环境条件能促进幼儿社会交往，增长解决问题的能力及丰富运动语言、发展感知运动的能力，提高对自然的尊重和发展创造性的表达方式。因此，幼儿园室外环境设计不仅仅是一种环境美化，更重要的是它应成为幼儿开展室外游戏活动必不可少的重要生长和发展的条件。

幼儿园的室外环境包括室外游戏场地、绿化、建筑小品、围墙、大门等。这些室外环境的构成要素直接影响到幼儿园功能完善和环境质量的提高。因此，必须给予足够的重视，并精心设计，以使幼儿能生活在一个明朗、愉快、富有教育意义的环境里。

第一节 室外游戏场地

游戏，特别是幼儿在室外通过身体运动的游戏，是幼儿生活中的基本活动，是进行德、智、体、美全面发展教育的重要手段，并为幼儿身心健康地发展提供了最好的条件。因此，游戏在幼儿生活中占有极重要的地位，是幼儿最喜爱的活动形式。其中，又以室外游戏对于幼儿的成长和发展更为重要。因为，幼儿在幼儿园里每天约有 3h 左右是在室外游戏活动的，而且从幼儿生理和心理的发展来说，室外游戏特别有利于幼儿进行三浴的锻炼，充分利用阳光、水、空气的自然因素，以增进体格的健康发展。室外游戏还能成为幼儿发展智力的重要手段，让幼儿通过与自然接触来促进感觉、知觉、注意、记忆、想像、思维、言语等方面的发展，不断激发幼儿的幻想力和创造力。与此同时，在室外更大范围内的游戏，可以促进幼儿的兴趣、愿望以及情感的发展，培养丰富的情操，以及使幼儿在集体游戏中逐渐地培养起良好的道德品质和行为习惯。

由此可见，游戏不但是幼儿最喜爱的活动，也是对幼儿进行教育的主要形式。一个适宜幼儿身心健康发展的室外游戏场地，应成为幼儿园硬件条件不可缺少的重要组成部分。

幼儿园的室外游戏场地可分为两种：一种是全园只设一个大型的共用游戏场地（图10-1）；另一种是各班设独用的班级活动场地（图10-2）。具体设计时，应根据用地条件和幼儿园规模大小确定只设共用游戏场地，还是两种游戏场地同时设。

一、班级游戏场地

班级游戏场地通常位于活动单元的正前南向或侧面室外场地，通过建筑物、绿化、连廊围合而成。它仅供本班幼儿室外游戏用，既方便又易管理。场地大小应根据幼儿使用人数及活动范围而定。一般来说，每班游戏场地面积不应小于 60m²，如有条件时，可增大至 80m²。面积再大，则教师照顾和管理就感觉不便；同时，用地也不经济。

（一）班级游戏场地的布局

1. 利用建筑物围合成班级游戏场地

其通常适于分枝式活动单元组合的情况。它是利用前后活动单元由日照间距所围合的室外空间作为班级游戏场地（图10-3）。这种布局使班级游戏场地与本班的活动室关系紧密，幼儿进出和教师照顾内外都比较方便，而且空间尺度适宜，环境气氛安静。冬季背风，在晴天，幼儿仍可到室外进行游戏活动。但是，游戏场地有一部分面积会处在常年阴影中，特别是在冬季，阴影会更大一点，在一定程度上，影响了幼儿的活动范围。

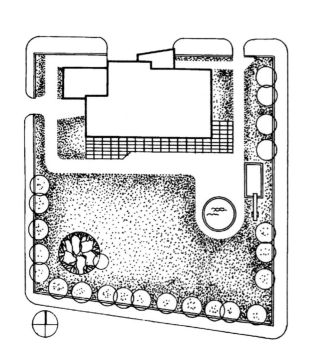

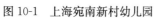

图 10-1　上海宛南新村幼儿园

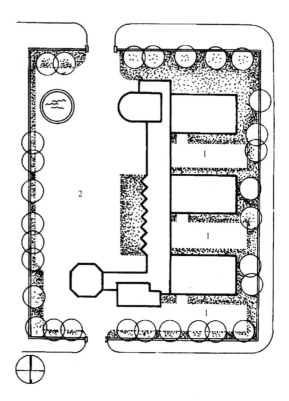

图 10-2　石家庄煤矿机械厂幼儿园
1—班级游戏场地；2—共用游戏场地

这种由活动单元所围合的班级游戏场地的面积，与活动单元的长度和前后建筑物的间距有关。通常，活动单元的长度约为 15～18m，活动单元前后间距约为 8～14m（一层为 8～10m，两层为12～14m）。当幼儿园建筑为一层时，所围合的室外场地面积约为 120～180m²。除去班级游戏场地面积（60～80m²）外，余下 60～100m²，可作为绿化用地和道路用地。每班如按平均 30 人计，则平均每幼儿约占 4～6m²。其中，游戏场地面积每幼儿约占 2～2.6m²，绿化和道路面积每幼儿约占 2～3.4m²。

当活动单元为两层时，所围合的室外场地面积约为 180～250m²，如果仅作为一个班级的游戏场地使用就显得不经济，设两个班级游戏场地又嫌面积过紧，且互有干扰。因此，幼儿园建筑为两层时，应尽可能使活动单元的长度缩短，使围合的院落面积在 200m² 左右，以适于一个班规模的幼儿使用。此时，每幼儿平均占地约 6～7m²，而二层班级的室外游戏场地可设置在活动单元的端部（图 10-4）。

2. 利用绿化围合成班级游戏场地

当幼儿园建筑组合不是分枝式布局，只能有一个较大的集中室外场地时，可利用绿化划分出若干区域，作为各班级的室外游戏场地（图 10-5）。这种布局可以构成开敞式的室外活动空间，阳光充沛，通风良好。但是并不能保证每一班级游戏场地都能与各自的活动室有密切联系，且在使用中，各班幼儿进行活动时相互有干扰。有时，室外游戏场地上的活动噪声对临近班级的室内教学也会有影响。

3. 利用建筑连廊分隔成室外游戏场地

其通常适于有较大内院的活动单元组合形式。由于建筑各功能之间交通联系的需要，以连廊自然地将室外场地划分成若干区域（图 10-6）。这种布局使各班级室外游戏场地空间层次丰富，在一定程度上可减少相互干扰，而连廊也可为幼儿在游戏途中提供遮阴避雨的休息所。但是，这样的布局不利于在场地上布置较大型游具，共用游戏场地面积不足时，游戏项目会受限。

162

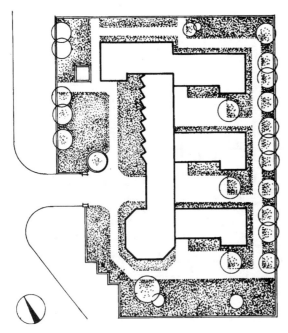

图 10-3 铜陵市磷铵工程居住区托幼

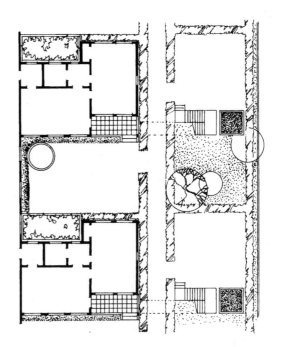

图 10-4 某幼儿园室外场地设计方案（局部）

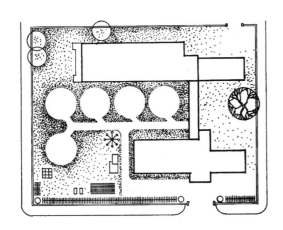

图 10-5 山东潍坊市纯碱厂南区幼儿园

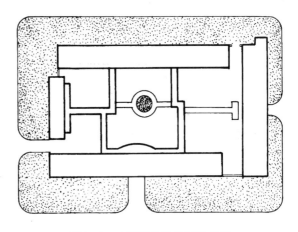

图 10-6 山西省针织总厂幼儿园

4. 利用屋顶作为班级室外游戏场地

当幼儿园因用地十分紧张，无法在地面上规划所有班级的室外游戏场地时，在建筑组合设计时要设法创造一些屋顶平台，以便将屋顶平台作为楼层班级的室外游戏场地（图 10-7）。这种室外游戏场地的形式一方面扩大了室外活动空间，另一方面也方便了楼层各班级幼儿能够就近在屋顶游戏场地活动，并可自成一区，互不干扰，实际上是将班级室外游戏场地立体化了。值得注意的是，屋顶游戏场地的外缘一定要考虑安全措施，可设置不小于 1.20m 的护栏，或加栏杆后再设置较宽绿化带（图 10-8），以防止幼儿接近屋顶平台边缘。如果屋顶平台面积较小，最好在平台外缘设置防护网（图 10-9）。

为改变屋顶游戏场地的空旷感，改善环境条件，提高使用的效果，还应适当考虑遮阴和挡风设施，如铺设塑胶地毡或防腐木，设置伞亭等（图 10-10），以避免大面积屋面在夏季造成辐射热过甚，或屋面反光刺眼。

为了进一步美化、绿化屋顶平台，使其更接近地面游戏场地的自然环境，可适当配置一些观赏植物。如紫藤、葡萄架等，并以此作为分隔楼层各班级屋顶平台游戏场地的手段（图 10-11）。

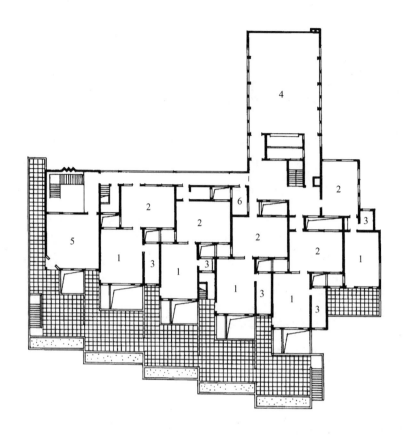

图 10-7　无锡商业局幼儿园（二层）

1—活动室；2—寝室；3—卫生间；4—多功能活动室；5—音乐室；6—办公室

图 10-8　无锡商业局幼儿园屋顶平台

图 10-9　日本东京都亲邻馆保育园屋顶平台防护网

图 10-10　屋顶伞亭

图 10-11　南京外国语学校幼儿园屋顶活动场地

（二）班级游戏场地设计要求

（1）游戏场地面积不仅应满足一个班级幼儿的使用，而且要保证有良好的日照和通风条件，且应有一半以上的场地面积处在标准日照阴影线之外，以满足一定的环境质量要求，并能开展正常的各项小型游戏活动。

（2）按活动内容要求，对班级游戏场地进行合理的功能分区。班级游戏场地宜以透水性较好的硬地面材质为主，可以保持地面干燥清洁，即使夏季雨过天晴，场地也能很快变干，有利于经常性地开展小活动量的游戏。

（3）在场地四周与建筑物衔接处可适当栽植花卉、草坪，不但为班级游戏场地增添生机和色彩，也可防止幼儿接近墙根发生的碰撞。但应对绿化妥善进行保护措施，也不必为此砌筑较高花坛之类。这些地面突出物一方面会使不大的班级游戏场地显得拥塞，另一方面对幼儿也易产生事故隐患。

（4）如场地条件许可，在场地角落可以设置小亭、花架之类小品，以丰富空间形态，增添趣味。

（5）一层班级游戏场地往往与外廊地面有 0.40m 左右的三步台阶高差，设计时要考虑幼儿上下台阶的安全。一是对幼儿人流进行有组织安排，即仅在活动室入口前设外廊台阶，其余外廊部分以花池阻隔人流上下；二是消除室内外高差，在室内外衔接处标高取平，并做好向外找坡排水（图 10-12）。

图 10-12　南京外国语学校幼儿园一层班级游戏场地

二、共用游戏场地

共用游戏场地是为全园幼儿开展大活动量内容及多种游戏的需要而设置。这些大活动量的游戏包括开展集体游戏、赛跑、大型器械活动、游泳、戏水、玩沙、种植园地、饲养小动物等。要容纳下如此众多的活动内容及其游戏设施，必须要保证有足够的场地面积。其面积计算方式为：

室外共用游戏场地面积（m²）＝180＋20（N－1）

式中：180、20、1 为常数，N 为班级数（乳儿班不计）。

在进行共用游戏场地具体设计时，应结合具体场地条件和游戏项目合理地规划布局。

（一）集体游戏场地

幼儿天生活泼好动，他们喜欢手挽手地跳舞、唱歌，进行有节奏的、和谐的集体游戏。他们也喜欢全力快速奔跑，随心所欲地以自己喜欢的方式到处你追我赶。幼儿园的教学方式就是根据幼儿的这些天性，创造和发展了许多集体游戏形式，如赛跑、球类游戏、捉迷藏、摸瞎子游戏等。这些游戏都是为了培养幼儿的跑动能力、灵敏性和判断力；培养"距离感"和"速度感"；培养幼儿进行集体游戏的习惯和能力。因此，集体游戏场地的设计在面积、形状、位置、要求等诸方面都应适应上述活动的要求，为幼儿的身心得到自由发展创造良好的环境。

1. 面积

集体游戏场地的面积至少应满足含有一个直线跑道的面积和一个能围合成圆形进行集体游戏的面积。其具体计算如下：

直线跑道长为30m，其前后两端最少要分别有2.50m的缓冲余地，总长则为35m。每股跑道宽1m，共需4条跑道，其两侧应各附加1m保护带，共6m宽（图10-13）。30m跑道所需面积为：

$$[30+(2.5\times2)]\times(4+2)=210m^2$$

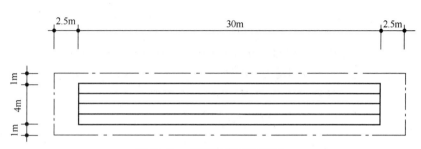

图10-13　直线跑道所需面积

圆形面积的计算按35人的幼儿两臂平伸（平均为1.10m，手指间距为0.10m）所围合的圆形直径为13m，外侧应有2m余地（图10-14）。这个能围合成圆形进行集体游戏的面积为：

$$[13+(2+2)]^2=289m^2$$

集体游戏场地所需要面积应为210+289=499m²。

如果幼儿园用地面积偏紧，可按最低面积设置，即把两者重叠起来所形成的用地范围（图10-15）。其面积为：

$$(17\times17)+(18\times6)=397m^2$$

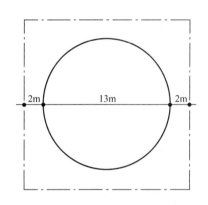

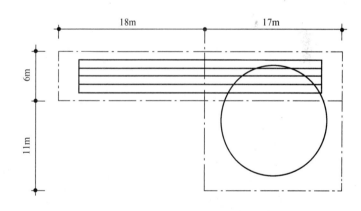

图10-14　圆形场地所需面积

图10-15　集体游戏场地最少需要面积

当幼儿园规模在6个班以上时，至少应设2个圆形的面积（图10-16）。其面积为：

$$(17\times17)\times2=578m^2$$

2. 形状

集体游戏场地的形状应既能满足直线跑道和圆形所需的面积，又要完整，以适应多种游戏的需要。较好的形状应为矩形或椭圆形（图10-17）。即场地的长轴为35m，短轴为17m。其面积分别为595m²和467.31m²。

3. 位置

集体游戏场地的位置，应布局在日照、通风良好，且不被道路所穿行的独立地段上。也不能太靠近有秋千等大型活动器械的附近，以免发生冲撞的危险。从管理要求考虑，集体游戏场地最好位于办公区视线所及的地方，以便园长能随时观察到教学情况。

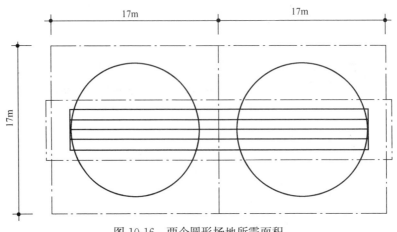

图 10-16　两个圆形场地所需面积

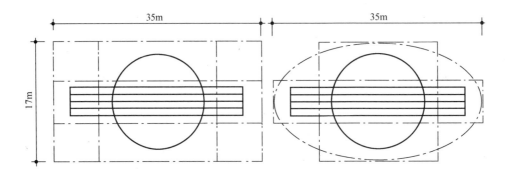

图 10-17　集体游戏场地的理想形状

4. 设计要求

集体游戏场地的地势应开阔平坦，在场地中不应有树木，排水应通畅。地面以水泥地面或铺设广场地砖为主。跑道部分宜用塑胶粘贴，既美观，又具有弹性（图 10-18），幼儿万一在跑动中摔跤也可防止擦伤皮肤。

图 10-18　南京龙江小区六一幼儿园集体游戏场地跑道

（二）器械活动场地

固定式运动器械可以满足幼儿的兴趣和欲望，体会运动的愉快，促进各种感觉（空间感、速度感、节奏感、平衡感等）和运动能力的发展。对于培养幼儿勇敢大胆的性格也有积极的作用。因此，在幼儿园里应设有五六件以上的大型活动器械。这些器械应注意适合幼儿的尺度，以小巧为宜。其造型应尽量采用幼儿喜爱的艺术形象，或能引起幼儿想像与思考的形象。色彩宜鲜艳夺目，使幼儿在游戏中能逐步识别各种颜色（图10-19）。

(a)

(b)

图 10-19　造型优美的器械游具（一）

（c）

（d）

图 10-19　造型优美的器械游具（二）

图 10-20　摇荡式器械

1. 位置

器械活动场地应位于共用游戏场地的边缘地带，自成一区，并避开人流经过的地段，以确保安全。

2. 器械分类

（1）摇荡式器械　如秋千、浪木、浪船。幼儿靠外力或自身的协调运动使身体在空中轻微摆动（图10-20）。

（2）滑行式器械　如滑梯、滑竿。幼儿从爬梯登高，靠身体重力从坡道滑下。其可单独设置，也可与其他游具组合（图10-21），但不宜与主体建筑室外楼梯结合。因该类滑梯多为建筑做法，滑梯材质硬，触感不好，特别是若从一层高度滑下，因滑距太长，幼儿下滑速度快，极易发生危险（图10-22）。

（3）旋转式器械　如转椅。转盘中心为轴，转盘边缘设椅，幼儿坐在椅上在外力推动下水平旋转（图10-23）。

（4）攀登式器械　有木质或钢管组接的垂直硬攀登架和绳接稍有倾斜的软攀登架，幼儿借助双手和脚，节节攀高（图10-24）。

（5）起落式器械　如跷跷板。以一块长板在中心位置支撑在支架上，两端乘坐幼儿，轮流蹬地而上下起落（图10-25）。

图 10-21　滑行器械

图 10-22　水泥滑梯

图 10-23　旋转式器械

图 10-24　攀登式器械

图 10-25　起落式器械

（6）平衡式器械　如平衡木。以一根窄长木支撑在地面两个支撑点上，距地 0.30～0.40m，幼儿在窄长木上从一端保持身体平衡走向另一端（图10-26）。

（7）钻爬式器械　用钢管焊接成有趣造型或用粗管结成蛇形等，让幼儿在其中钻爬（图 10-27）。

（8）综合式器械　上述各单项活动器械若是组合成一种综合性器械游具，可以使各种器械活动组合成连续的活动过程，让幼儿在其中钻、爬、攀、滚，创造出自己的游戏方式。这种游戏能增长幼儿的胆略和机智，培养勇敢的精神，最能激发幼儿的兴趣。但须考虑安全问题，对所有构件的边缘都应做成圆滑，并注意防止幼儿从 1m 以上高度坠落到堆砌物上的一切可能性（图 10-28）。

凡此种种大型活动器械不一而足，在现代幼儿园里器械的种类日益增多，式样愈加翻新，如海洋球、攀岩、蹦床、滚筒等，不但给幼儿带来更多的欢乐，而且增添了幼儿园环境的新景象。

图 10-26　平衡式器械

图 10-27　钻爬式器械

图 10-28　综合式器械

3. 幼儿园器械配备

随着社会的发展、技术的进步，幼儿园游具的品种越来越丰富，越来越成为定型产品，幼儿园只要根据教学要求、场地大小以及市场价格等多种因素，可以通过购置配备所需要的大型游具。

鉴于我国各地区的经济发展不平衡，各地的办园条件差异很大，教育部（原国家教委）于 1992 年 12 月编制了《幼儿园玩教具配备目录》。其中，体育类所列器械目录见表 10-1。

幼儿园玩教具配备表（体育类）　　　　　　　　　　表 10-1

序号	名称	规格	单位	配备数量												学前班
				一　类				二　类				三　类				
				园	大	中	小	园	大	中	小	园	大	中	小	
1	攀登架	限高 2m	架	1				1				1				1
2	爬网	高 1.6m，斜网式	架	1				1				1				
3	滑梯	高 1.8m 或 2m，与地面夹角 34°～35°，缓冲部分高 0.25m，长 0.45m	架	2				1				1				1
4	荡船或荡桥	2m×1.7m×1.6m	架	1												
5	秋千	高 1.9m	架	2				1				1				1
6	平衡木	长 2m，宽 0.15～0.2m	对	2				1				1				
7	压板	中间支柱高 0.4～0.5m，长 2～2.5m，距两端 0.3m 处设高把手，缓冲器高 0.2m	个	1				1								
8	体操垫	长 2m，宽 1m，厚 0.1m	块	4				4				2				
9	小三轮车		辆	8												
10	小推车		辆	4				2								
11	平衡器		个	8				4				4				2

序号	名　称	规　格	单位	配 备 数 量												学前班
				一　类				二　类				三　类				
				园	大	中	小	园	大	中	小	园	大	中	小	
12	高跷	高0.08m，直径约0.1m	对		10	5			10	5			5	5		6
13	投掷靶		个	4				2				2				
14	拉力玩具		个	8				8				2				
15	钻圈或拱形门	直径0.5～0.6m	付	4				2				2				
16	球拍		付	4												
17	球	直径0.1～0.2m	个		40	40	40		20	20	20		20	20	20	10
18	沙包	直径0.06～0.07m	个		10	10			10	10			10	10		10
19	绳	长、短	根	长4短20				长4短20				长4短20				长1短10
20	体操器械（任选一种）	彩旗、彩圈、彩棒、哑铃	个	36×2				36×2				36×2				40
21	跳床		个	1												
22	滚筒	高1.2m，宽1.8m	个	1				1								
23	钻筒	钻爬式：高0.7m，宽0.8m	个	1												

注：1. 目录分为一二三类。二类为基本配备，经济条件好的幼儿园可按一类配备，经济条件比较差的，按三类配备。

　　2. 目录中的配备数量，是按6班幼儿园规模计算的最基本配备量。学前班按一个班配备。

　　3. 本目录是指导性文件，各地区可根据自己的经济条件，因地制宜，量力而行，逐步达到配备要求。

　　4. 本表根据中华人民共和国国家教育委员会1992年12月《幼儿园玩教具配备目录》编制。

4. 设计要求

器械活动场地应以"软"地面为宜，不允许为"硬"地面。根据办园条件和气候特点，可将器械活动场地设在草坪上或土地上、沙地上。地面应有良好的渗水性，不应有易积水的凹陷，排水应通畅。在器械活动场地上可种植高大乔木，以其树冠获得遮阳的目的（图10-29）。器械之间应有防护距离（表10-2）。

图10-29　南京大学幼儿园

器械名称	围护设施范围	面积 m²	器械名称	围护设施范围	面积 m²
秋千		30.55	转椅		18.09
浪船		21.13	硬攀登架		20.50
滑梯		25.00	软攀登架		17.10
跷跷板		16.50	钻爬架		18.72
平衡木		28.00	低铁杆		18.20

（三）沙坑、沙场

玩沙游戏是幼儿最喜欢、最简单的游戏（图10-30）。在沙场里，幼儿全身沐浴在阳光下自由地做自己想做的东西：或揉沙塑形，或堆沙造山，或挖沙藏物。幼儿在沙坑、沙场里不仅可以满足好动的欲望，而且可以培养有兴趣的、自由和舒畅的表演能力，同时通过几个人在一起玩，很自然地发生交往，从而培养幼儿具有和别人同心协力的习惯和态度。

图 10-30　玩沙游戏

1. 位置

沙坑、沙场位置要选择在向阳背风的地方，既有利于幼儿健康又能经常给沙坑、沙场进行日光消毒。

2. 设计要求

沙坑面积较小，其边缘带应高出地面和沙面，以防止泥水流入或沙的流失。沙深为0.30～0.50m。为了改善沙坑的排水性能，在沙坑底部以大粒砾或焦炭衬底，并设排水沟（图10-31）。

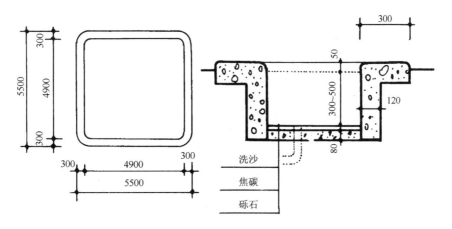

图 10-31　沙坑构造

沙应经过筛选清洗才能放入沙坑中，且应加强日常管理，以保持沙的松软和清洁。图10-32是日本名古屋某幼稚园，是在架空层下设沙场，形成有顶的开敞式沙场空间，可防止雨水、落叶落入沙坑中，较好地长时间保持沙的清洁。

沙场面积可更大些，能容纳一个班幼儿的玩沙活动，一般设于地面，其边缘可设计得更自然有趣些，如用高低错落的矮树桩作自由状围合，其目的也是为了防止泥水流入或沙的流失。而在沙场中间可设若干平台，供幼儿在其上做台面沙造型活动（图10-33）。图10-34是国外某幼稚园在沙场上设置大型活动水渠，使玩沙活动与玩水活动结合起来，更增添了幼儿玩沙游戏的快乐。

图 10-32　有顶盖的沙坑

图 10-33　中间有平台的沙坑

没有条件做沙坑、沙场的幼儿园可以用沙箱代替，让幼儿在台面上用手玩沙。其优点是移动方便，可保持沙的清洁，但不如在沙坑、沙场那样让幼儿玩得过瘾（图 10-35）。

（四）戏水池、游泳池

幼儿天性喜欢水，对水有很大的适应能力。水不但使幼儿增添活力，而且可以使皮肤经常保持清洁；同时，水的特性赋予游戏、运动具有较高的健身价值。

戏水池面积不宜超过 50m²，水深不超过 0.30m。可修建成各种自由形状（图 10-36）。

游泳池水深应控制在 0.50～0.80m，池底应平整，并设下池的踏步。在池边可设扒杆，便于幼儿练习浮水动作。其次，游泳池的形状以曲线形较为活泼，池边缘要倒角呈圆弧状，不应有棱角或其他突出物。

图 10-34　与玩水结合的沙场

图 10-35　沙箱

　　为了丰富游泳池的形态，并增添游戏内容，可设水滑梯。水滑梯造型最好为幼儿所喜爱的小动物形象（图 10-38），上应设喷水管以保持滑梯湿润。

　　没有条件设游泳池的幼儿园，或北方寒冷地区的幼儿园仅在夏季短暂使用游泳池时，可用帆布围合成可拆卸的游泳池（图 10-37）。

　　由于游泳池在一年中使用期有限，在夏季以外的时间可把水放干进行其他游戏使用。如将游泳池一部分面积围合起来放满海洋球，让幼儿在其中玩耍。或者铺上塑料地毯等柔软材料，让幼儿在其上做游戏（图 10-39）。

图 10-36　叠落式戏水池

图 10-37　可拆卸游泳池

图 10-38　水滑梯

图 10-39　游泳池的综合利用

在大中型幼儿园若同时设戏水池和游泳池，可将两者组合在一起，大小结合，高低错落，并适当设置小雕塑、凉亭之类池中小品，更能增添幼儿对动水的兴趣，可以鼓励幼儿从一个水池进入另一个水池的活动，培养勇敢的性格（图 10-40）。

（五）游戏墙

游戏墙是一种利用各种形状的墙体供幼儿钻、爬、攀登、躲藏的游戏设施，以激发幼儿好动的天性和好奇的心理，并培养幼儿勇敢的性格。迷路也是游戏墙的一种形式。它利用矮墙（或绿篱）的围合、阻隔、缺口、通路等手法，形成扑朔迷离的路线，时而引向死胡同，时而绝路逢生，从而给幼儿带来乐趣（图 10-41）。

图 10-40 组合戏水、游泳池

（六）种植园地

幼儿都有对大自然热爱的愿望，并渴望观察，特别是亲身体验去了解大自然。他们对撒下去的种子能发芽、开花，再结出同样的种子等这些成长的变化过程，既感到好奇又产生兴趣。同时，栽培植物还可以招来一些如蝴蝶蜜蜂之类的昆虫，使幼儿慢慢地开始注意到这些植物与昆虫之间的关系。因此，种植园地不仅是培养幼儿热爱劳动的场所，也是认识大自然的课堂。凡有条件的幼儿园都应在幼儿园内设置种植园地。

种植园地的位置应选择在幼儿园的边角处，相对于上述各项游戏设施与场地，它毕竟处于配角地位，不能喧宾夺主占了好地段。但种植园地因要满足植物生长的条件，需地处向阳背风处为佳。为了便于幼儿经常能到种植园地观赏植物的生长情况和参加简单的、轻微的劳动，种植园地应接近共用游戏场地。

种植园地内的栽培植物应选择低矮的花卉为主，便于幼儿观赏和栽培。此外，栽培的植物应考虑既不费工，又富有效果，并能四季花期不断。但应避免种植易使幼儿皮肤发炎过敏和有毒性的植物，作为观赏带有针刺的植物如仙人掌、仙人球等可种植在花盆内，放置在花台上或花架上，避免幼儿直接接触。

在冬季，为了使植物能够正常生长，不中断幼儿对大自然的了解，有条件的幼儿园还可建造花房。

（七）小动物房舍

幼儿对温顺的小动物有一种亲近感，他们常常以不同的方式接触它们。通过饲养小动物可激发幼儿对幼小生命体的兴趣和爱抚。因此，设置小动物房舍如同开辟种植园地一样都能唤起幼儿对大自然的热爱。所不同的是，小动物房舍需要成人更多的料理，如喂食，打扫卫生等。

图 10-41 迷路

小动物房舍最好设置在幼儿入园去各班路线的室外草坪上（图10-42），便于幼儿能天天观察小动物的活动情况，或顺便将从家中带来的几片菜叶喂给小白兔。相对于栽培植物，幼儿对动物有更明显的生物意识。他们特别关心自己喂养的小动物，为小动物的瘦弱而担心，为小动物的活蹦乱跳而兴奋，也为小动物的不幸死去而悲伤。因此，小动物房舍的选址要为幼儿经常能观察创造便利条件。但是，从卫生防疫考虑，小动物房舍又不能太接近各班级活动单元，在地段上也需考虑向阳背风的地方。

图 10-42　小动物房舍

第二节　环境绿化

幼儿园环境绿化是幼儿园总平面设计的重要内容之一。通过合理的绿化配置，运用植物的姿态、体形、高度、花期、花色、叶色等变化，创造一个舒适、优美的乐园，对幼儿身心的健康发展可以起着积极的促进作用。根据《托儿所、幼儿园建筑设计规范》JGJ 39—2016 的规定，幼儿园场地内绿地率不应小于 30%，有条件的幼儿园还应尽量扩大绿化面积。

一、环境绿化的作用

1. 改善小气候

大面积绿化可以改善幼儿园的小气候环境，如减少辐射热，防止炎日曝晒，调节气温，增加空气湿度，降低风速等，还能减少周围环境中噪声、尘埃对幼儿园的污染，保持环境卫生。

2. 组织空间

从前述中可知，幼儿园室外游戏场地含有多种内容，它们之间从功能分区，减少相互干扰，保证游戏中的安全考虑，最好以适当的分隔方式，使之各自互不影响。而最理想的分隔方式之一就是以适当的绿化手段（如绿篱、花池等）进行分隔，使幼儿在绿丛中能安全地尽情游戏。

3. 美化环境

幼儿园中的建筑物多为生硬的线条、粗糙的构件、冷漠的材料砌筑而成，缺少生命气息。而大片绿化中的树姿、叶形、花色、光影，可以改变人们对环境的这种印象，并产生柔和的情调，使人在幼儿园环境中感到尺度宜人，气氛亲切。而幼儿在受到自然环境美的熏陶的同时，还可以从自然环境中通过观察树木花草而获得知识。

二、环境绿化原则

幼儿园环境绿化既要符合功能要求，又要达到预期的美化效果。在进行绿化组织设计时，要因地制宜，采取不同的配置方法。其原则是：

1. 以花草为主，乔灌木为辅

幼儿园用地边界宜采用乔灌木搭配种植，以形成天然屏障，使幼儿园与外界有良好的隔离带，并使幼儿园主体建筑在绿化的环抱中格外亲切动人（图10-43）。

图10-43 天津体院北居住幼儿园外围绿化

在幼儿园室外场地的不同部位，应结合场地功能、日照条件、土质情况等进行恰当的植物配置。如在主体建筑勒脚处可建花池，种植各色花卉，一方面便于幼儿观赏，另一方面对建筑物可起烘托美化作用。在道路边缘可点缀灌木或以灌木作为绿篱；而在室外游戏场地的边界或主体建筑物的东西两端，可栽植较高大的乔木，起到围护与遮挡西晒的目的。此外，最好有一个完整的地块，完全做成草坪。一方面可供幼儿在其上玩耍追赶，踢球；另一方面作为景观也十分舒坦。

2. 注意不同季节的绿化效果

在植物配置上力求四季做到春有花，夏有阴，秋有果，冬有青。根据树木的特征和场地的功能，可采用孤植、行植、片植相结合的灵活手法，创造轻松、活泼、优美的室外环境。

3. 树种选择

严禁种植有毒、有刺激性、带刺的植物。

4. 乔木种植注意事项

要注意乔木应与建筑物和地下管线设施保持适当距离，以免影响乔木自身的生长或高大乔木因距主体建筑太近而影响室内采光（图10-44）。

三、绿化配置方法

（一）以绿化作为分隔空间的手段

幼儿园内各种室外用地如班级游戏场地、共用游戏场地、小广场、杂物院、晒衣场等，均宜用低矮的灌木行植，使各功能分区明确互不干扰。这种行植的灌木需每年进行人工修剪，使其成为规则的绿篱，而在幼儿园用地边界宜用乔木行栽，使其成为幼儿园内外的屏障手段。

（二）结合场地功能进行绿化配置

共用游戏场地可选择一部分较大面积种植草坪，让幼儿在其上尽情游戏，既安全又不起尘。在器械游戏场地上亦可植草坪，对于幼儿万一从器械上摔下也可起缓冲作用。但草坪需要经常管理，防止草疯长而影响幼儿游戏。同时可在各器械空当中穿插点缀高大落叶乔木，既不影响幼儿进行器械游戏，又可夏天遮阳，免遭烈日炎晒，冬天仍可获阳光照射。在室外重点部位或边角地带可种植香味浓郁的树木或可结果的果树。这些绿化效果往往更吸引幼儿的兴趣和好奇心。

（三）利用垂直绿化

在室外用地狭小的幼儿园，最好充分利用垂直绿化，增大绿化效果。这不但对建筑物有装饰美化作用，尤其对调节气温、防止西晒有明显效果。为了防止屋顶平台因大面积硬地面而显得枯燥，也应进行适当绿化布置。一方面可大大减少屋顶在酷暑季节的热辐射，从而降低室内温度；另一方面也为屋顶游戏场地提供了良好的活动环境（图 10-45）。

（四）利用绿化小品

绿化小品可以为幼儿园的室外环境增添丰富的美化内容，主要形式包括花坛、花架、花槽等。

1. 花坛

花坛一般用砖砌筑，外加粉刷，再进行各种装饰美化（图 10-46）。其位置可独立成景点，也可依托勒脚成陪衬；高度应考虑幼儿最佳观赏尺度，一般台高为 0.24～0.40m。

2. 花架

花架是利用空廊或构架上覆盖爬藤植物，形成休息纳凉的驻足空间。其位置可设在共用游戏场地的边缘，或者幼儿园用地的边角地带，甚至可以设在屋顶游戏场地上（图 10-47），以不妨碍其他游戏活动为原则。

图 10-44　北京左家庄幼儿园

图 10-45　日本芦屋市立靖道保育所

图 10-46　花坛

图 10-47　花架

3. 花槽

花槽是一种用混凝土预制（或现浇）成的花盆。它坚实，能做成美观的外形和表面，而且不像木材或金属种植箱需要加里衬或涂防水涂料。花槽可布置在外廊的栏杆外侧、外墙壁、窗台、阳台、女儿墙等处，内培土种花草，或内盛花盆，可以起到点缀美化的效果（图 10-48）。应注意花槽必须有泄水孔（可用 PVC 管伸出槽外），且在泄水孔内侧先用鹅卵石放在泄水孔周边，再培土（图 10-49）。其目的是防止泥土堵塞泄水孔，而不能排除槽内多余的水，致使植物烂根。

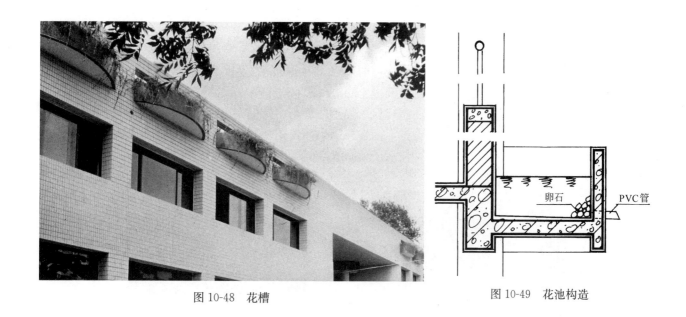

图 10-48　花槽　　　　　　　　　　图 10-49　花池构造

第三节　室 外 小 品

　　室外小品是幼儿园环境构成的重要组成部分。一所幼儿园是否具有优良的环境品质，对幼儿是否具有吸引力，其中的因素之一就是室外小品的完备程度。尽管幼儿园室外小品相对于主体建筑和游戏场地来说无足轻重，但缺了室外小品，幼儿园环境也会大为逊色。

　　一、室外小品的作用

　　1. 具有使用功能作用

　　幼儿园不少室外小品是由于功能的需要而设置，只是它们的形式不属于建筑物，仅是小品而已，如室外坐凳、小亭、宣传栏、大门等。这些室外小品首先具有功能性，其次才具有美学意义。

　　2. 具有点缀环境作用

　　正因为幼儿园室外小品都具有艺术性，在造型上集中反映了幼儿园建筑环境的独特个性，因此，对美化环境起到相当大的点缀作用。

　　3. 具有启迪幼儿思维，增添情趣的作用

　　幼儿园的一些室外小品，特别是雕塑在形象上都十分健康向上，可爱动人，幼儿在欣赏这些小品时，无形中对他们的心灵起到陶冶作用。

　　二、室外小品设计原则

　　1. 尺度应小巧

　　幼儿的身材矮，视点低，坐立姿态也与成人不同。因此，无论从观赏还是从使用的角度考虑，室外小品都应儿童化，功能应简明，体量要小巧。

　　2. 形象应生动

　　室外小品的内容与造型都要适合幼儿的兴趣与理解力，要富有活力，富有想像，以达到活跃幼儿思维、陶冶幼儿心灵的作用。

　　3. 色彩应鲜艳

　　幼儿对颜色的感知是随年龄而增长，并不断巩固的，他们的美感和审美能力常常表现出幼稚肤浅。他们喜爱鲜明艳丽的颜色，不甚注意色彩的协调，甚至灰调子根本不能引起幼儿的兴趣。因此，室外小品在色彩上宜采用简单色，以使幼儿对颜色发生浓厚兴趣，并在欣赏中加深对颜色的辨认和记忆。其次在幼儿园室外环境以绿色为主调的背景衬托下，鲜艳的室外小品会更加醒目动人。

三、室外小品的内容与设置

1. 入口大门

入口大门在幼儿园管理上可起到与外界隔离的作用，可避免外来人员在没有获得允许的情况下进入幼儿园内部，以确保幼儿园的安静、安全以及卫生防疫要求。

为使入口大门尺度小巧，表现出幼儿园建筑的强烈个性，不宜做有顶盖的入口大门，通常做成门垛式入口。其大门门扇宜采用通透的金属栅栏大门，配以生动的花饰和艳丽的色彩（图10-50）。现在普遍采用电动金属伸缩门，操作简便，开闭方便自由，节省空间（图10-51）。

图 10-50　南京鼓楼幼儿园大门

图 10-51　电动金属伸缩大门

门扇高以 1.50～1.80m 为宜。图 10-52 是日本名古屋某幼稚园的大门，门扇高度仅有 1.20m，只是象征性标志，但小尺度感十分得体。

图 10-52　日本名古屋某幼稚园大门

为了使入口大门更具生动性，可以在门垛上做些造型处理，以烘托幼儿园的个性（图 10-53）。

图 10-53　东台市幼儿园大门门垛造型

2. 亭

在游戏场地上，游泳池中，或屋顶平台上，结合功能使用都可以建一些造型活泼、形式简洁的亭。亭宜采用独立圆柱结构，以显轻巧，顶可为幼儿喜爱的蘑菇状或伞状等，并配上诸如瓦楞面砖等装饰材料，可呈现出多种色彩效果。在立柱下部可设坐凳，供幼儿休息之用。

亭可单独设置，也可若干亭大小、高低组合在一起（图 10-54）。

3. 宣传栏

宣传栏是幼儿园宣传幼教工作、幼儿卫生、幼儿美工作品等的展览窗口，宜设置在幼儿园大门入口附近，便于人流经过时起到宣传展示作用。由于宣传栏为露天设置，其材料宜用不锈钢线材制作，造型应小巧活泼（图 10-55）。

图 10-54 南京市第三幼儿园泳池伞亭

图 10-55 南京市第三幼儿园宣传栏

4. 雕塑

雕塑在点缀幼儿园室外环境中起着特殊作用。其主题应为幼儿所喜爱的具体形象，如温顺的小动物、幼儿自身的形象等，不宜采用幼儿难以理解的成人抽象雕塑。要特别注意雕塑的体量应适合幼儿尺度，以小巧、亲切感人为佳（图 10-56）。

雕塑的设置要与周围环境成为有机整体，可以绿化为背景突出浅色雕塑的形态，也可置于浅色背景墙前，以突出材质色泽较深的雕塑形象。总之，雕塑的背景以简洁为宜，而不应将雕塑置于杂乱无章的环境中。

5. 坐凳椅

幼儿园室外的坐凳椅在造型上应新颖，形象应生动，而不是公园里为成人休息而设的石凳木椅。它们可设于树荫下，戏水池旁，沙场边，草地上等，布局宜随意自由。其制作材料应考虑不怕雨淋、日晒，表面应平整，阳角应圆滑（图10-57）。

6. 观赏水池

观赏水池是为了造景而设，以增添幼儿园环境之美。

浅水观赏池可设在幼儿经常途径的毗邻建筑的边角处，或连廊旁。池底以彩色石板拼成图案；池中置涌泉，安潜水灯，立小品；池岸宜采用人工砌筑自由曲线状。以此点缀环境，活跃氛围（图10-58）。

自然形态的观赏水池宜结合绿化、起伏地形设在幼儿园用地边缘。水池可稍大稍深；池岸宜缓坡并以石块、灌木丛、草皮夹杂配之；或池岸稍陡可以木栏围之。池中放几尾小鱼，置睡莲，加上小桥流水，倒影成趣，则一派自然景观定会吸引幼儿驻足雀跃（图10-59）。

7. 围墙

围墙用于围护幼儿园的用地边界，以保障安全。根据幼儿园周围环境的具体情况可采用不同的围墙形式。当幼儿园临街或公共绿地时，宜用空透的金属栅栏围墙，其上可点缀小动物、花卉之类小花饰。这种美观而通透的围墙不仅为幼儿园增添童心的趣味，而且也将幼儿园优美环境与景色献给城市（图10-60）。当幼儿园与其他单位或居民住宅楼毗邻时，宜采用上透下实的围墙，以隔离为主要目的，防止外界干扰。

为了进一步美化围墙并防止行人靠近，可在围墙根处设带形花坛，还可种植攀藤植物，缠绕围墙上，形成绿色屏障。

图10-56　无锡妇联幼儿园入口雕塑

图10-57　南京育英幼儿园室外座椅

191

图 10-58　南京鼓楼幼儿园景观水池

图 10-59　南京外国语学校幼儿园自然形态水池

图 10-60　清华大学洁华幼儿园围墙

围墙的高度从幼儿园建筑的尺度考虑不宜太高，以 1.50～1.80m 为宜；但从安全防范考虑又应加高围墙，如 2.10m 左右；考虑到两者的结合，可将围墙护栏的顶部向外倾斜或弯成弧形，并将栏杆端部打尖呈箭状，可防止外人翻越围墙（图 10-61）。

图 10-61　南京市第三幼儿园防卫围墙

第四节　杂　物　院

杂物院是幼儿园供应用房所必需的室外场地。可用来临时堆放杂物，进行蔬菜、副食粗加工等。在南方地区，因夏季比较炎热，杂物院又成为厨房的室外延伸部分，可进行许多厨房的准备工作。

杂物院的面积应根据幼儿园的规模、使用情况，以及不同地区的气候条件和生活习惯综合加以确定。过去，北方幼儿园因冬季采暖及厨房用煤需要较大的杂物院面积，以储存煤和堆放炉渣。现在提倡用清洁能源，如能获得集中供暖或厨房以煤气为燃料，则杂物院面积可大大减少。

杂物院需用低矮围墙或绿篱与幼儿园其他室外功能区隔离开来，形成独自的院落，可保持外观上的整洁。

杂物院的场地宜用混凝土铺装地面，以便于清扫和冲洗，可较好地保持杂物院的清洁卫生。

第五节　室　外　地　面

幼儿园室外环境除了上述几种场地内容外，剩下的就是对室外地面的处理了，包括对广场地面的铺装和对道路面层的处理。

一、广场的地面铺装

幼儿园的广场地面不可裸露，需要根据使用功能要求，选择合适的材料进行铺装。

（一）广场地面铺装的原则

1. 便于幼儿行走与活动

这是地面铺装的首要目的，即地面应平整、舒坦，不应有局部突起或凹陷。

2. 安全

必须做到使地面无论在干燥或潮湿的情况下，地面都应防滑。为此，铺装材料的表面不能太光滑，块材拼缝的缝隙不可过宽过深。

3. 美观

地面的美观内涵包括对铺装材料的色彩、尺度、质感的要求。即地面铺装材料应适当考虑带有颜色并进行组合；地面分块、分格不宜太大；材料表面颗粒粗细掌握适度等。

（二）广场地面铺装设计

广场地面一般位于幼儿园入口处，面积较大需要整体铺装。考虑到幼儿园环境特点，以及造价因素，宜用预制彩色混凝土装饰砌块或广场地砖拼成图案（图10-62）。为了保证面层的平整，广场基层必须平整，而砂垫层厚度要均匀，否则日后将会有不均匀沉降，造成地面凸凹不平。

图10-62　南京鼓楼幼儿园广场铺地

二、道路

道路是联系幼儿园各功能部分出入口的纽带。幼儿园道路类型有两种。一类是纯粹作为交通之用，其行走的起点和终点有明确目的，基本成两点之间的直线状态。这种道路的宽度不应小于3.50m，路面应平整。另一类是为幼儿提供散步、漫步、有时毫无目标的步行小径。这种道路可以设计成曲折的、幽静的，路幅宽度为1.5～2.0m。路面可用石板材下脚料铺设（图10-63）；也可在绿地中铺设点步石（图10-64）。

图 10-63　南京外国语学校幼儿园内院中的碎石板小道

图 10-64　上海东方幼儿园绿地中的点步石小径

交通道路的路面材料多为混凝土，耐磨，整体性好，不易起灰尘，便于清洁。在道路旁应栽植树木，以降低夏季路面的辐射热温度。

交通道路的边缘要有道牙。其功能是保护路面边缘，并防止道路基层向外推开；同时可作为路面与毗邻地面之间的分界标志，从而限定路面范围，并标明交通路线。

第十一章　建筑物理环境

幼儿园具有良好的物理环境是幼儿园开展正常教学活动，促进幼儿身心健康发展的必要条件。从幼儿园选址、环境设计、建筑设计、室内设计到建成后的使用与管理，都要把防止噪声干扰、获得充足日照、保证良好采光与照明、加强通风与换气、解决保温与隔热等措施作为重要的问题予以解决。只有这样，才能使幼儿园真正成为促进幼儿身心健康发展的适宜场所。

第一节　采 光 与 照 明

一、采光

幼儿园建筑所有用房都应有直接的天然采光。按不同功能房间对采光的要求，其采光系数最低值及窗地面积比应符合表 11-1 的规定。

采光系数最低值和窗地面积比　　　　　　　　　　表 11-1

房间名称	采光系数最低值（%）	窗地面积比	房间名称	采光系数最低值（%）	窗地面积比
活动室、寝室、乳儿室、多功能活动室	2.0	1：5.0	办公室、辅助用房	2.0	1：5.0
保健观察室	2.0	1：5.0	楼梯间、走廊	1.0	

注：引自《托儿所、幼儿园建筑设计规范》JGJ 39—2016。

从卫生要求考虑，幼儿用房应布置在当地最好的日照方位。其中，活动室、多功能活动室、医务保健室及隔离室等，应以冬至日地方时间 8～16 点底层满窗日照不少于 3h。但应注意这些房间在西向开窗时，应采用行之有效的遮阳、防晒措施。

二、照明

由于幼儿园需要人工照明进行学习、活动的情况比较少，因此，照明要求可低些，特别是全日制幼儿园使用照明机会更少。但在照明设计中，仍需要考虑幼儿身心发展的特点和教学工作的需要。

1. 照明标准

照明标准既要考虑视觉生理的起码要求，也要从国情出发，确定恰当的照度标准。根据中华人民共和国住房和城乡建设部 2016 年部颁标准《托儿所、幼儿园建筑设计规范》JGJ 39—2016 的规定，主要房间的照度标准不应低于表 11-2 的规定。此照度标准现今已与经济发达国家相当（表 11-3）。

房间照明标准值　　　　　　　　　　　　　表 11-2

房间或场所	照度值（lx）	工作面	房间或场所	照度值（lx）	工作面
活动室	300	地面	美工室	500	距地 0.50m
多功能活动室	300	地面	办公室、会议室	300	距地 0.75m
寝室	100	距地 0.50m	厨房	200	台面
图书室	300	距地 0.50m	门厅、走道	150	地面

注：引自《托儿所、幼儿园建筑设计规范》JGJ 39—2016。

标准照度	照度范围	场　　　　所
200	300～150	保育室、游戏室、保健室、园长室、职员室、会议室
100	150～70	各管理室、门厅、走廊、楼梯、洗手处、厕所

注：引自日本全国幼稚园设施协议会《改订幼稚园的建筑与设置标准的解说》。

2. 光源

活动室、寝室、图书室、美工室等幼儿用房宜采用细管径直管形三基色荧光灯，配用电子镇流器，也可采用防频闪性能好的其他节能光源，不宜采用裸管荧光灯灯具。保健观察室、办公室等可采用细管径直管形三基色荧光灯，配用电子镇流器或节能型电感镇流器，或采用其他节能光源。寄宿制幼儿园的寝室宜设置夜间巡视照明设施。

活动室、寝室、幼儿卫生间等幼儿用房宜设置紫外线杀菌灯，也可采用安全型移动式紫外线杀菌消毒设备。

3. 电气设计应注意的问题

（1）幼儿园的房间内应设置插座，且位置和数量根据需要确定。活动室插座不应少于四组，寝室、图书室、美工室插座不应少于两组。插座应采用安全型，安装高度不应低于 1.80m。插座回路与照明回路应分开设置，插座回路应设置剩余电流动作保护。

（2）幼儿活动场所不宜安装配电箱、控制箱等电气装置；当不能避免时，应采取安全措施，装置底部距地面高度不得低于 1.80m。

（3）幼儿园园区大门、建筑物出入口、楼梯间、走廊等应设置视频安防监控系统。

（4）幼儿园周围边界宜设置入侵报警系统、电子巡查系统。

（5）厨房、重要机房宜设置入侵报警系统。

（6）幼儿园建筑应设置电话系统、计算机网络系统，并宜设置广播系统、有线电视系统。

（7）幼儿园建筑的应急照明设计、火灾自动报警系统设计、防雷与接地设计、供配电系统设计、安防设计等，应符合国家现行有关标准的规定。

第二节　供暖、通风与防热

一、供暖

1. 供暖方式

幼儿园的供暖方式有集中供暖和局部供暖。其中，集中供暖又分为蒸气供暖和热水供暖。

蒸气式供暖可使室内温度上升快，效率高，但因散热器表面温度较高，容易烫伤幼儿稚嫩的皮肤，而且空气也较干燥，不利于幼儿的生理生长。而当停止供气时，散热器很快冷却，使室温有较大的波动，幼儿容易感冒。因此，幼儿园不宜采用此种供暖方式。

热水式供暖因经锅炉加热后的水温不高于 95℃，散热器的温度不高于 70℃，因此，室温不致过高。当停止供热水时，散热器中的热水逐渐冷却，使室温波动较小。所以，北方幼儿园多采用热水式供暖方式。

在国外，还采用一种叫平面辐射式的供暖方式，即将室内的散热器改为迂回的导管，平铺在室内地板下。此种供暖方式的优点是热辐射面积大而均匀，容易调节室温，使室内各处温度均匀，又可防止幼儿被烫伤。同时，这种供暖方式也节省室内面积。但此种供暖方式造价较高，同时给建筑设计带来一定的复杂性。

局部供暖方式有壁炉、火墙、火坑、分体式空调等。

在北方经济条件比较差的幼儿园，当无条件集中供暖时，允许用壁炉、火墙、火坑式供暖。但煤火口及除灰口必须避开幼儿生活用房。

南方幼儿园由于供暖期不长，过去常采用火炉或炭盆供暖。这种供暖方式虽然简便经济，但室内各处温度差较大，空气干燥。特别是空气中烟灰和有害气体含量增加，极易发生煤气中毒和烫伤。因此，这种供暖方式在办园条件大大改善的今天已被淘汰。现在多用柜式或壁挂式空调器供暖，虽然比较干净，但能耗太大，而且室内空气比较污浊，长时间使用对幼儿身心发展有影响。因此，在使用时，温度不可调太高，室内需要经常换气，以保证室内空气的新鲜。

2.室内温度标准

幼儿对气温变化的适应能力较差，在寒冷季节必须保证室内有适宜的温度，使幼儿感到舒适、愉快。不能因室内过冷，冻手冻脚而影响幼儿身心的健康，以及妨碍保育工作的开展。因此，对于不同功能的房间应使室内气温达到一定标准（表11-4）。

主要房间室内供暖计算温度   表 11-4

房 间 名 称	室内计算温度℃	房 间 名 称	室内计算温度℃
多功能活动室、活动室、寝室、办公室、保健观察室、隔离室	20	厨房	16
卫生间	22	洗衣房	18
淋浴室、更衣室	25	门厅、楼梯间、走廊	16

注：参引自《托儿所、幼儿园建筑设计规范》JGJ 39—2016。

3.供暖的卫生与安全要求

（1）室内气温应保持均匀。室内水平面各点的气温差及垂直各点（足部和头部）的气温差最好不超过2℃。寝室内一昼夜气温差不应超过2~6℃。

（2）散热器应平滑，便于清扫。其位置宜设在外墙窗下的壁龛处，并以暖气罩加以防护，防止幼儿不慎碰撞（图11-1）。

图 11-1 暖气罩

（3）采用低温地面辐射供暖方式时，地面表面温度不应超过28℃。

（4）用于供暖系统总体调节和检修的设施，应设置于活动室和寝室之外。

（5）当采用电供暖时，应有可靠的安全防护措施。

198

二、通风

通风的目的是通过空气的流动排出室内的污浊空气，送进室外的新鲜空气。在卫生要求上，除需供给一定量的新鲜空气外，还要保证有适宜幼儿身体健康的微小气候（气温、气湿和气流）。例如在炎热天气，室内需要流速较大的、温度较低的空气；在寒冷的天气，则需要流速较小的、温度较高的空气。室内微小气候的调节是与通风的形式和设置有密切关系。

幼儿园的主要通风形式应是自然通风。自然通风是依靠风力和室内外气温差的大小产生不同的气流。为了加强自然通风，应加大通风窗口的面积，并使进风口与出风口相对布置，以形成直接、通畅的气流流动路线（图11-2）。

在炎热季节，组织自然通风应使幼儿直接感受到通风效果。利用导流板或导流百叶，将空气流动引向幼儿身体的部位（图11-3）。此外，还可设置调速风扇以增加室内气流的流动，促进身体的散热。

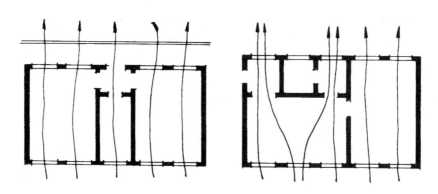

图 11-2 活动单元的穿堂风

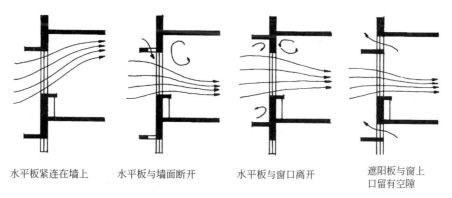

水平板紧连在墙上　　水平板与墙面断开　　水平板与窗口离开　　遮阳板与窗上口留有空隙

图 11-3 各类遮阳板设施的通风效果

对于外廊的设计，应有利于室内通风，即至少应在活动室向外廊设门窗的部位，设透空栏杆，而不宜做成实体栏板，以免阻挡自然风进入活动室。

在寒冷季节，为了保持室温又不使空气污浊，必须建立合理的通风制度，定时换气。其换气次数应按表11-5的规定。

主要房间室内每小时换气次数　　　　　　　　　　　　表 11-5

房 间 名 称	每小时换气次数
多功能活动室、活动室、寝室、办公室、医务保健室、隔离室	3
卫生间	10

注：引自《托儿所、幼儿园建筑设计规范》JGJ 39—2016。

三、防热

我国夏季炎热地区分布较广，其气候特征是：气温高而持续时间长，太阳辐射强度较大，相对湿度和年降雨量也都比较大，而且季候风很旺盛。因此，在这些地区设计幼儿园必须很好地解决建筑物的夏季防热问题。

1. 室内过热原因

造成室内过热的原因主要是太阳的辐射热和室外较高的气温共同作用的结果。其传热途径有：通过屋面和外墙（特别是东、西墙）把大量的热量传进室内；通过开敞的窗口直接透进太阳辐射热和热空气；人体或其他生活余热（如厨房烹调等）所产生的热量。这些从室外传进来和室内产生的热量，使室内气候条件发生过热变化（图11-4）。

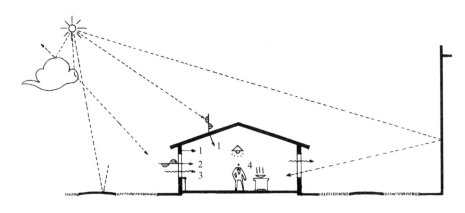

图 11-4　室内过热原因
1—屋顶、墙传热；2—窗口辐射；3—热空气交换；4—室内热源（包括人体散热）

根据太阳辐射热和室外热空气的传热途径，我们在做幼儿园建筑设计时，可以从各地区的具体条件出发，采用有效的综合防热措施（图11-5），以改善热环境，减弱室外热作用，防止不利的气候因素，以便创造良好的室内气候条件。

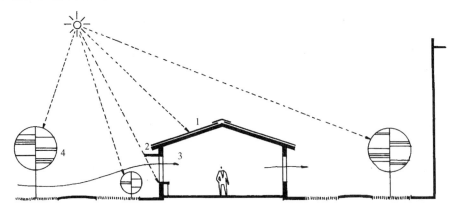

图 11-5　建筑综合防热措施
1—隔热；2—遮阳；3—通风；4—绿化

2. 防热措施

（1）首先要正确选择建筑物的朝向和布局方式，尽量避免东西晒。同时，要加强环境绿化，以降低环境辐射热和气温，并对热风可以起部分吸热作用。

（2）对屋面和外墙，特别是西墙进行重点的隔热处理。这些方法包括：

① 在幼儿园各建筑西山墙处种植高大乔木，可以阻挡阳光直接照射到西墙上，从而避免墙体过热而

向室内传热。

② 西山墙上植爬墙虎之类攀藤植物，覆盖在西墙上可大大减少西山墙受热。

③ 结合造型设计，可在西山墙上适当做构架、遮阳板处理。

④ 西墙体采用空心砖砌筑或附贴隔热建筑材料。

⑤ 屋顶可利用材料层的热阻和材料的蓄热作用来隔热。如在屋顶结构层与防水层之间铺 80cm 厚泡沫混凝土，或 40cm 厚挤塑板，隔热效果较显著。

⑥ 在平屋顶上做架空 0.18m 隔热层，利用空气层中的流动空气带走热量。

⑦ 利用坡屋顶、顶棚中吊顶空间的自然通风散热。

⑧ 在平屋面上种植草皮可有效吸热。

（3）外围护结构表面宜采用浅色装修，以减少对太阳辐射热的吸收，从而减少结构的传热量。

（4）外窗应根据不同地区特点采取有效的遮阳措施（图 11-6），以阻挡直射阳光从窗口射入，防止室内墙面、地面、家具的表面被晒而导致室温升高。

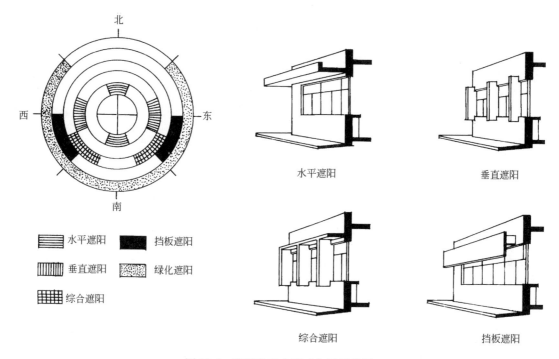

图 11-6　遮阳的基本形式与适用范围

（5）加强自然通风，迅速带走室内的部分余热，并造成一定风速，帮助人体散热。因此，在设计中力求将建筑物朝向夏季主导风向，要合理进行建筑物的布局，正确设计各用房的平面和剖面，以及采用多种通风构造措施。

第十二章　幼儿园的改扩建设计

在我国城市化进程中，各城市兴建了大量居住区，使市民的生活得到极大改善。在这些新建居住区内配套建设的幼儿园设施，无论在用地面积，各类用房设置以及设计要求等方面都能较好地符合幼儿园教学要求和幼儿园建筑设计规范。但是，对于老城区的幼儿园，由于人口密度大，用地紧张，入托率高，幼儿园园舍差，环境拥挤等诸多原因，已使幼儿园教学和管理处于困难之中，并严重地影响到幼儿身心健康的发展。对于这一类老幼儿园要通过改扩建的途径，使办园条件脱离困境。首先要做好总平面规划调整，使原有办园条件分期得到逐步改善，最终达到布局合理、使用舒适、环境优美、符合现代幼儿园教学要求的办园条件。而在改革开放以来所兴办的街道幼儿园、私人幼儿园，尽管是一种对前述标准幼儿园模式的补充，其优点是可方便幼儿就近入托，减轻"入托难"的社会压力等，但在硬件设施和软件配备方面都难以达到现代幼儿园办园标准。对这一类幼儿园要通过旧房改造方式，对原有房屋（住宅、办公等）的功能进行置换，对空间进行调整，使之尽可能接近幼儿园教学要求。毕竟办幼儿园不是找一两间房，招几位老人来照顾幼儿就可以运行了的，否则这类幼儿园很有可能成为幼儿收容所。因为，在这种不规范的幼儿园里不但空间狭小，环境嘈杂，建筑的许多细部设计完全是不符合幼儿园办园要求的（如窗台太高，楼梯太陡，流线紊乱，窗地比太小等），更不要说这类幼儿园大多数室外场地严重不足，使幼儿无法在室外活动。但是，这是社会转型时期出现的事物，建筑师仍要以热心、负责的态度做好幼儿园"旧房新用"的改造设计。

第一节　幼儿园改扩建原则

绝大多数老幼儿园，由于历史的原因在办园硬件设施上，越来越难以适应现代幼儿园教学的要求了，改变幼儿园旧有环境的现状，已成为幼儿园和家长们的迫切愿望。但是，改扩建幼儿园必须遵循科学的原则，而不能急于求成或盲目从事。这些原则是：

一、规划先行的原则

老幼儿园一般都是缺乏规划而陆续建成，由于总平面设计缺乏科学性，甚至毫无规划可言，造成若干园舍的布局杂乱无章，给幼儿园教学和管理工作带来诸多麻烦；对幼儿一日的生活、活动也造成许多不便。因此，首要的设计工作是先进行合理的规划调整，以便纠正园舍不合理的布局，为对园舍进行改造或新建、加建奠定基础。

二、改扩建与幼儿园教学同步的原则

老幼儿园进行改扩建是不可能将幼儿园教学活动全部停下来的。要按程序、分期实施、逐步周转、陆续建成的办法，使改扩建与幼儿园教学成为互不影响的两架"机器"同时运转。这就要求建设单位在改扩建策划、资金筹措方面；施工单位在施工计划、施工方案、施工进度方面；以及设计单位在总平面调整中要周全考虑方案实施程序方面，互相协调，全面合作。只有这样，才能将幼儿园改扩建这牵一发而动全身的工程，有条不紊地顺利开展下去，直至全部将总平面的调整工作逐步到位，顺利完成。

三、单体建筑的改造应符合建筑技术要求的原则

凡需要改扩建的园舍，大都是年久失修的旧房、危房。在改扩建时，首先要鉴定园舍的质量，凡不能通过加固改造的危房一律予以拆除重建，这一原则在调整总平面规划时就应予以确定。凡是由于各种原因应予保留的旧房，可以运用建筑设计手法对其进行功能调整、空间完善的改扩建工作；但必须保证结构的安全、构造的合理。任何"伤筋动骨"地破坏旧房的结构承重体系都是危险的。凡扩建的部分都要处理好新老建筑衔接的构造节点，以防发生衔接错误，如漏水等。

四、改扩建的单体建筑以满足使用要求为原则

改扩建园舍不仅是为了扩大幼儿园总建筑面积，增加房间数量，更重要的是尽可能按班级活动单元模式进行功能组织和幼儿园用房的合理安排；或者增加若干公共活动用房，以使幼儿园硬件设施更加完善；或者扩大室外活动场地，改善环境等。总之，改扩建后的幼儿园建筑不仅面貌一新，更应尽可能达到符合现代幼儿园办园的标准。

五、改扩建的幼儿园建筑形象应整体上反映幼儿建筑的个性

老幼儿园的建筑形象多半简陋、陈旧，特别是多栋园舍构成的分散式老幼儿园更是建筑布局紊乱，形象平淡，色彩灰暗，毫无整体可言。因此改造中，在进行使用功能调整完善的基础上，要结合造型与立面的整合设计，使其不但"整旧出新"，更要"整容出彩"。

第二节　合理调整总平面规划

市区的老幼儿园一般在建园时都缺乏规划意识，特别是在计划经济时代，一切都是"等、靠、要"：要等上级下建设任务，要靠上级拨款建设。即使有建设项目下达，也是"零星小雨"，此时只能眼光短浅地"见缝插针"盖园舍。就这样，许多老幼儿园陆陆续续在本已狭小的用地上建起了毫无规划章法的若干园舍。在市场经济发展的今天，这些老幼儿园为了求生存，求发展，也为了在新时期更好地适应现代幼儿园教学的要求，走出受限于幼儿园现状的困境，开始了自筹经费，加快园舍、环境的更新改造步伐。

怎么更新改造？首先要研究的是：在总平面现状中，究竟有哪些建筑布局不合理的地方？为了改变这种总图零乱的状况需要进行建筑布局调整时，哪些园舍可以保留？哪些园舍应该拆除重建？哪些园舍需要加以改造继续使用？以及根据各幼儿园的现有条件和幼儿园今后发展的规划究竟需要添建哪些功能的园舍等。所有这些问题都是在总平面规划调整或新建、改建园舍时必须考虑的问题。当然，解决这一系列的问题需要幼儿园做出发展规划和决策，分期实施，从而保证幼儿园改扩建任务达到最终的目标。

然而，老幼儿园的改扩建工作毕竟不同于新建一座完整的幼儿园那样轻而易举，其设计难度往往需要建筑师大费脑筋。但是，我们总可以因地制宜地找到一些老幼儿园改扩建的途径。这就是：

一、通过"加法"、"减法"完善幼儿园总平面的功能

老幼儿园由于历史和环境条件的限制，在建园之初，往往只按班级规模建若干必要的班级活动空间，以及个别服务用房和供应用房。然而，建园十多年乃至二三十年以后，无论从办园条件、规模、体制、收托范围等都发生了很大变化，原有的办园思路以及幼儿园硬件设施和环境质量远远适应不了现代幼儿园教学的发展，也满足不了在市场经济条件下，幼儿家长对幼儿园办园软硬件条件的期望与要求。解决上述问题的关键是完善总平面的功能。多数幼儿园在无法扩大用地的情况下，只有在现有用地范围内设法自我完善。

南京空军直属机关幼儿园是一所优质幼儿园，原为 9 个班规模，用地 0.75 公顷，只对部队内部收托。按当时办园条件来说，无论在用地、规划设计以及建筑设计各方面还相当不错（图 12-1）。但是，由于办园规模扩大，办园名声在外（该幼儿园以"小百灵"幼儿艺术团闻名全国部队系统幼儿园），以及在市场经济运作下，该幼儿园要对社会开放。由此带来现状规划的若干问题：一是因办园规模扩大在原有面积较大而完整的室外活动场地上又新建了一座教学楼，使全园没有一块完整的室外集体活动场地。二是为了突出该幼儿园办园特色，以及适应现代幼儿园教学要求，完善办园功能，需要兴建一座含有若干琴房、公共活动用房的综合楼。三是该幼儿园对外开放以后，为了部队的安全，外来入托幼儿不能由家长进入部队大院内部接送，需要调整幼儿园的主出入口直接对城市道路开口。鉴于上述该幼儿园各种条件与要求的变化。在无法征地的情况下，只能就地解决矛盾。

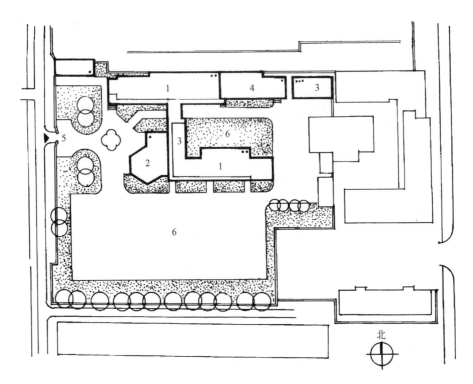

图 12-1　南京空军直属机关幼儿园原总平面

1—教学楼；2—多功能活动室；3—办公；4—厨房；5—入口；6—活动场地

1. 用"减法"扩大室外活动场地

首先是拆除原有多功能活动室（因新楼已含有多功能活动室），以扩大西侧室外活动场地的空间；并对旧教学楼的西端墙做了改造设计，成为幼儿园西侧对内出入口的景观立面（图 12-2）；并将原西入口向北移位，从而消除原有的交通流线，保证西侧草坪和活动场地的完整，以便供幼儿安全、愉快地玩耍。在旧教学楼西端墙的改造设计中，借助室外楼梯的造型，设置了一条适合幼儿钻洞的迷路，与室外活动场地的活动内容很好地结合起来（图12-3）。

2. 用"加法"完善幼儿园功能

现代幼儿园教学特别重视培养幼儿的多方面兴趣与爱好，何况该幼儿园又以幼儿音乐舞蹈艺术为办园特色，十分需要为幼儿提供训练和活动的场所。但是，现有园舍既没有多余房间，又不能通过加层办法获得面积（因建筑日照间距太小，北教学楼建筑质量差），只能通过添建新楼来解决这个矛盾，唯一可考虑的是在用地东侧拆除现有一排破旧平房。综合楼采用外廊式，一是少占地，二是可遮西晒，并与用地东北角保留的现有三层建筑对接形成整体（图12-4）。

3. 通过旧楼功能置换完善总平面规划

该幼儿园主出入口一旦改向，将会带来新的总平面规划问题，一些用房（如传达、晨检、会计、医务室、隔离室等）都相应要进行调整。借助幼儿园北侧原有建筑物退让距离作为通道，将主出入口迁至东北端城市干道旁，使该幼儿园在城市中显示出来。虽然入园通道处在建筑物阴影之中，不像多数幼儿园入口那样开阔，但通过入园通道的景观处理也因其趣味性而弥补了先天的空间局促。至于与入口有关的服务用房安排，可将现有三层旧房的功能置换，在一层设置门卫、晨检、会计、医务与隔离室，二三层为办公用房，从而妥善地解决了因入口改向而带来的诸多功能问题（图12-5）。

二、通过新建筑将各园舍在总平面上形成有机整体

老幼儿园的建设过程大多数是陆陆续续添建园舍而形成的，且是在没有整体规划的背景下进行的。因此，各园舍之间缺乏必要的功能联系，建筑布局也缺少有机整体性。对于这样的幼儿园在改扩建中，要充分考虑如何借建新楼的机遇将全园各建筑物形成功能有关、布局有机的整体。

改造前

改造后

图 12-2　南京空军直属机关幼儿园旧教学楼西端改造

南京市第三幼儿园是一所优质寄宿制幼儿园，全园 9 个班规模，用地 0.6 公顷。但是，由于缺乏规划，园舍布局十分零乱，且房屋破旧（图 12-6）。至 20 世纪 80 年代才开始陆续通过拆旧平房建新楼，建起了南教学楼（4 个班）、多功能活动室、办公楼。连同旧北教学楼和所围合成的中心集体游戏场地已初步形成较完整的幼儿园环境（图 12-7）。但是，由于各用房布局零散，功能缺乏有机联系，造成诸多使用不便。下一阶段的改造任务就是要在此现状基础上，设法使全园各建筑物彼此连通，形成功能完善的整体。

1989 年，北教学楼（两层外廊式砖混建筑）因地基不均匀沉降，墙体出现裂缝。为了幼儿安全，决定拆除，并在原地重建。重建的指导思想之一就是要将东面的办公楼（两层外廊式砖混建筑）和西面的一层多功能活动室连成整体（图 12-8）。因此，在北教学楼设计中一方面顺应道路红线，一方面不要过多侵占集体游戏场地，以集中式 3 层（局部 4 层）为主体，东端通过二层教师活动室与办公楼西外廊相连

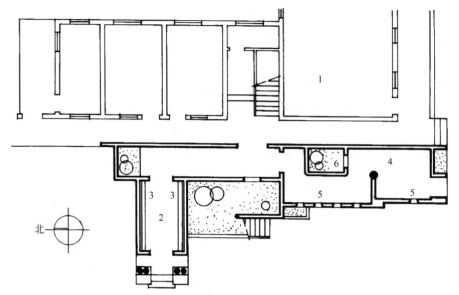

图 12-3 南京空军直属机关
幼儿园旧教学楼西端平面改
造设计

1—旧教学楼；2—入口通道；3—镜面；
4—迷路；5—景洞；6—天井

北

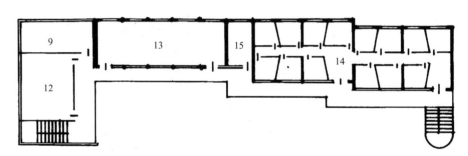

三层平面

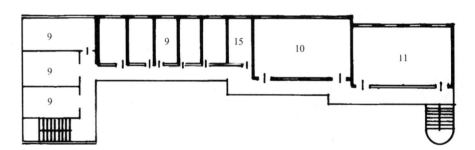

二层平面

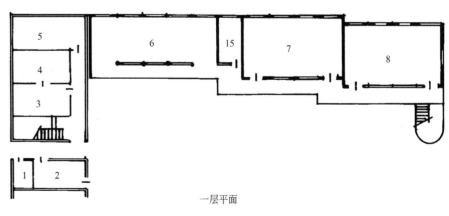

一层平面

图 12-4 南京空军直属机关
幼儿园综合楼设计方案

1—传达；2—晨检；3—医务；
4—隔离；5—会计；6—存车；
7—美工室；8—建构室；9—办
公；10—科学发现室；11—图书
室；12—会议室；13—电脑室；
14—琴房；15—卫生间

206

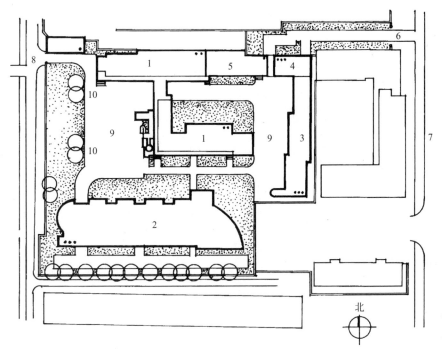

图 12-5 南京空军直属机关幼儿
园改扩建后的总平面

1—教学楼；2—新教学楼；3—综合教学
楼（方案）；4—调整后的办公楼；5—厨
房；6—主入口；7—城市干道；8—内部
入口；9—活动场地；10—保留雪松

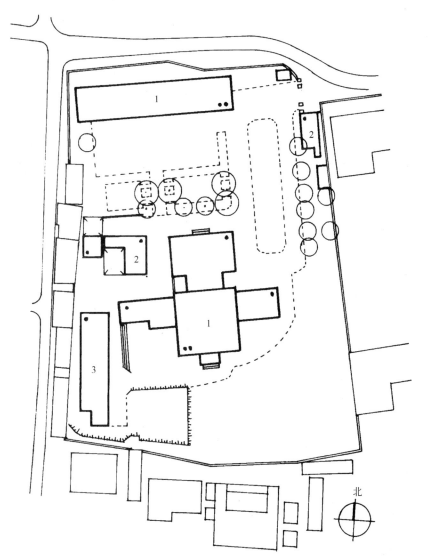

图 12-6 南京市第三幼儿园
（20 世纪 80 年代以前）

1—教学楼；2—办公；3—厨房

207

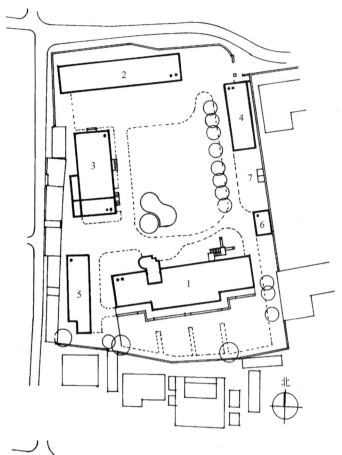

图 12-7　南京市第三幼儿园
（20 世纪 80 年代初）
1—教学南楼；2—旧教学楼；
3—多功能活动室；4—办公；5—厨房；
6—花房；7—小动物房

北

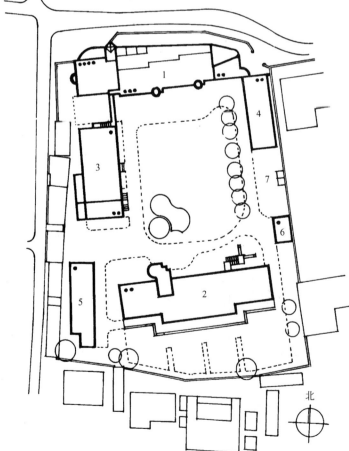

北

图 12-8　南京市第三幼儿园（1990 年）
1—教学北楼；2—教学南楼；
3—多功能活动室；4—办公室；
5—厨房；6—花房；7—小动物房

（底层架空作为幼儿园入口通道），西端以连廊与多功能活动室北入口连接，二层班级幼儿可通过二层连廊到达多功能活动室屋顶，从而无形中扩大了幼儿园室外的游戏场地面积。

1997年，随着幼儿园教育的发展，该幼儿园需要增加若干公共活动室（特别是能突出该幼儿园办园特色的美工室）的综合教学楼。在设计该综合教学楼时，主要的设计构思之一是，先寻找一处能将南教学楼与北教学楼连成一体的地方。经比较，只有在办公楼南侧沿用地东边界小动物房舍和花房所在地最为合适。在设计综合教学楼时，让北端直接靠上办公楼山墙，使两者西外廊直接连通。而在南端，通过改造南教学楼室外楼梯作为两者的联结纽带。至此，不但南教学楼不再孤单独处一隅，而且全园绝大多数幼儿园用房和服务管理用房在规划上都已连成一体（图12-9）。特别是教师可方便到达任何一个班级内，9个班的幼儿也都能直接到达公共活动用房。唯一遗憾的是供应用房的辅助出入口因民房挡道未能解决，且送餐还不能便捷、不受气候影响地送到每个班，现在只能用保温送餐推车解决。这也是城区老幼儿园为什么难以十全十美地解决总平面遗留下来问题的症结。

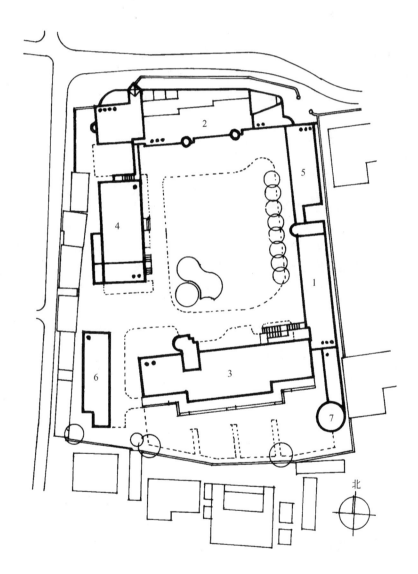

图 12-9　南京市第三幼儿园（1997年）

1—综合楼；2—教学北楼；3—教学南楼；4—多功能活动室；

5—办公楼；6—厨房；7—体育活动室

第三节　妥善解决扩建中的新老建筑对接

在城市化进程中，根据城市发展的需要，一些旧城区经改造拆除了一批批旧房，相应一些公共设施也被拆除，其中包括幼儿园要迁建或合并。这就出现一些老幼儿园吸纳迁入幼儿园，而扩大规模办园的问题，相应提出了扩地增房的需要。对于扩地有限的幼儿园，往往只能采取在旧有幼儿园园舍的基础上"生长"新部分的办法扩建。此时，设计的关键是怎样使新老建筑的对接"天衣无缝"。

一、功能关系上要有机对接

幼儿园扩建一般以扩充班级活动单元为主，相应对原有旧园舍不合理的功能布局，或需增加的功能内容，从整体出发进行房间调整，可使扩建后的幼儿园不但规模容量增加了，而且各用房的功能关系更加协调，如同完整设计的幼儿园一样。

二、层高关系上要妥善对接

老幼儿园园舍的层高一般为 3m 左右，而扩建的新教学楼从现代幼儿园设计考虑，或因新教学楼进深较大，希望层高大一点，这样有可能与老楼层高不一致，但新老楼在水平交通上都要沟通。因此，层高差宜在新老楼衔接处通过诸如台阶或坡道方式加以解决，以保证新老楼各自区域内，各层都是平整的。

三、构造节点上要合理对接

处理新老建筑结合部的构造与结构问题，对于建筑师来说应该是轻而易举的。但是若稍有疏忽，也会出现麻烦。

首先是新老建筑紧贴时，必须是双墙结合，其间包括墙体和楼屋面都要留出变形缝。问题是：这样一来新楼的墙如何做基础？因为老楼的墙在基础部分已向两侧拓宽，新楼墙基无法"生根"。此时，只有在远离老楼墙基础之外立柱，通过挑地基梁的办法承受新楼的墙荷载来解决。

其次，特别是屋面新老楼结合的变形缝处理，新楼屋面一定要做泛水处理，毕竟处理新老楼结合部的变形缝在技术上是麻烦的事。因此，在设计中尽可能寻找新老楼搭接最短的部位作为变形缝的结合点。

四、造型上要一体化对接

新老楼毕竟不是一个年代盖的，无论在造型、外装修材料、色彩以及装饰细部处理上都会遇到如何协调成整体的问题，这要视具体情况具体分析。如果该幼儿园属于地方文保单位或所处地区为特定历史街区，则新建筑在建筑风格上、外装修用材上，以及色彩上要与之协调，而在内部可以多反映一点幼儿园建筑的特点。但要处理好内外两张"皮"在建筑什么部位衔接，以及建筑艺术处理手法如何巧妙过渡，使之不生硬，不明显。

如果是一般幼儿园建筑又处在无特殊要求的环境中，则老建筑在外观上要服从新建筑的外观设计要求，如对老建筑按新建筑的外装修办法一体化重新改造老建筑的外装修，使之两者浑然一体。

南京中华路幼儿园是在旧城改造中决定扩建的，原有 4 个班，合并以后扩建 5 个班，形成 9 个班的办园规模，连同新征地总计约 0.3hm²，平均每幼儿 11.1m²，用地比较紧张。扩建只能采取紧邻老楼的方式（图 12-10）。其新老楼对接部位确定在老楼的两个楼梯间部位。一是因为新楼可利用老楼楼梯间作为疏散通道，交通流线容易组织，疏散距离不会违规。二是老楼为南外廊，新楼采取北外廊，使走廊连通，可组织内庭院，交通流线最短。新老楼可向心对话，功能关系紧密。三是可以通过连廊以最短接触方式进行新老楼对接，结构构造处理简便。

在造型上，由于经费所限，不可能对老楼的外观进行一体化改造，只是将新楼的主要立面——西立面临街，配合新楼南立面可以完全遮挡旧楼在城市空间中不要显露出来。然而在内庭院就暴露出新老楼两张"皮"的不一致性，这也是旧城老幼儿园在更新改造中遇到的尴尬事。

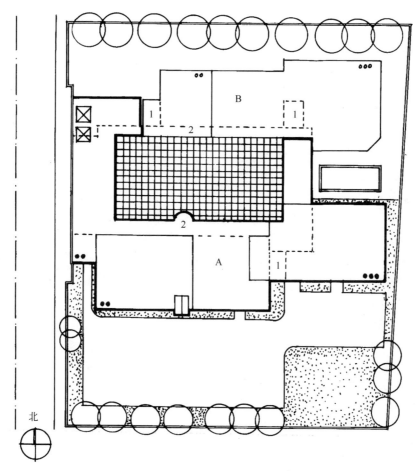

图 12-10　南京中华路幼儿园
A—新教学楼；B—老教学楼
1—楼梯；2—环廊

第四节　精心做好旧房改建设计

老幼儿园许多旧园舍按房屋寿命仍然可以继续使用，只是由于种种原因，其功能或条件已不适应当今的幼儿园教学，拆之可惜，用之不顺，如同一件不合身的衣服，需要修改一样。对这样的旧园舍只有通过精心改造，同样可以继续发挥它的功能作用。另有一些单位幼儿园有可能将办公楼改造成幼儿园教学楼使用，或者有些街道、私立幼儿园会将民宅改为幼儿园教学用房等。诸如此类的旧房新用在我国现阶段，许多幼儿园的建设在条件所限的情况下，也不失为一种投资少、收效快、因陋就简解决实际问题的途径。对于建筑师来说，旧房改造设计并不是枯燥无味的，它是一种设计再创作。这不仅包括造型的构思与处理，更重要的是在旧房改造中建筑师如何有能力、有效地解决诸多实际的设计矛盾，同样需要创造性的工作。这些工作包括：

一、尽可能完善功能

当旧房改为幼儿园使用时，扩大幼儿用房面积是改造的目的之一，但更重要的是调整功能关系。即使旧房本身就是原有的幼儿用房，总会在功能使用上有问题才需要改造；何况将办公楼、民宅等改造为幼儿用房更需要进行功能置换了，这就需要较大的设计更改。不管改造设计难度有多大，既然需要，建筑师就应该发挥才智，努力做好旧房改造的功能调整或功能置换设计，否则旧房新用就失去了意义。

二、慎重处理建筑技术的矛盾

旧房只要改造就免不了触动墙体，更何况功能一旦改变，室内空间形态就会跟着要变。此时一定要搞清承重结构体系与非承重结构体系的关系。即使局部要动承重墙，也要事先采取可靠的加固措施，以保证绝对安全。

布局班级活动单元功能时，必然要涉及卫生间位置的合理性，要尽可能上、下层卫生间对位，避免因错位而导致可能产生的漏水问题。

另外，旧房在改造中如果需要局部扩充面积，则新旧结构体之间的拉接、对缝等的构造处理，一定要严密，否则日后可能会产生裂缝或漏雨等。

总之，旧房改造工程是一项十分细致的设计工作，不像做全新的建设项目那样可以潇洒。

三、精心做好室内设计

旧房改造之后尽管功能已调整到位，结构、构造等建筑技术问题已妥善解决。但作为幼儿新的用房功能使用时，室内所有的细部设计都要符合幼儿园教学和幼儿生理、心理的需求。如从消除室内因改造露出来的壁柱之类突出物，到如何利用家具、设施将不可去除的结构柱隐藏起来；从改造中如何巧妙利用结构空间作为室内壁柜之类的可用空间，到如何在剖面研究中挖掘诸如夹层之类的空间潜力等。在旧房改造中结合室内设计的工作，往往会获益匪浅。

总之，幼儿园建筑设计不可忽视利用旧房改造，以解决我国当前幼儿园建设所面临的现实问题。这也应该是建筑师大显身手的领域。

南京鼓楼幼儿园是一所有近百年创办历史的著名幼儿园，园舍几经沧桑，陆续改扩建只剩下基地北面最后一幢两层外廊式砖混教学楼（后经抗震加固），房屋简陋，功能不甚合理（图 12-11）。本想拆除重建，但该楼北面紧贴一幢后来盖的住宅楼，若要重建必须保证住宅日照间距要求。这就意味着不能在原址新建，要向南移位，不但损失宝贵的用地，而且还侵占旧楼前不大的游戏场地，不得已只好迁就现状，就地改造旧房。

图 12-11　南京鼓楼幼儿园北教学楼改造前外观

该教学楼原来的主要设计问题是：4 个班的活动室在一层，而各自寝室都在二层，虽然各班幼儿到室外游戏场地较方便，但各班不能形成独立的活动单元；且各班卫生间分成一二层各一套，数量重复，但每间卫生间面积却太小，使用不符功能要求（图 12-12）。因此旧房改造中首先按活动单元模式重新进行功能布局。即 4 个班各据每层一端，独立自成一区，互不干扰。由此，卫生间室内环境条件也得到极大改善。

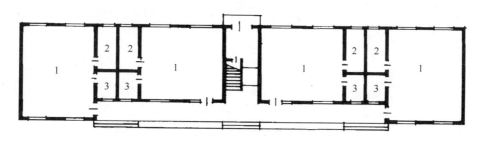

图 12-12　南京鼓楼幼儿园北楼原一层平面
1—活动室（二层为寝室）；2—卫生间；3—贮藏间

此外，原外廊宽度较窄，只能作为交通用。为此，通过结构处理，增加 1.50m 走廊宽度，并用外窗加以封闭，从而形成了各班的幼儿餐室，不仅活动室更加开阔，而且保持了整洁（图 12-13）。

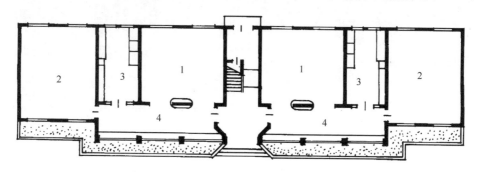

图 12-13　南京鼓楼幼儿园北楼改造后的一层平面
1—活动室；2—寝室；3—卫生间；4—餐室

另一个室内细部的问题是在拆除了原活动室南向的窗下墙后，出现了一堵孤立的承重墙，不但不美观，而且幼儿易碰撞发生事故。通过室内设计手法，将此墙以圆滑的装饰柜包起，既适用又美观（图12-14）。

由于实际上少许扩大了南外廊面积，从而为南立面的改造提供了有利条件，并以新的立面形式遮挡了陈旧的坡屋顶，效果大大改观（图 12-15）。

东南大学新的幼儿园实际上是整体搬迁，利用校园外原一幢教学楼（中廊式）改造而成。不利的是功能置换跨度太大，一些建筑处理难以符合幼儿园建筑设计要求（如采光面不足，窗台较高，楼梯较陡等）；有利的是室外游戏场地较大，办公楼层高较高。在改造中，力图按组织班级活动单元的功能概念进行房间调整，利用层高较高的特点，在每班活动室内添加一个夹层空间作为寝室，其下部空间正好可作为卫生间和活动室内一部分游戏空间，很好地解决了旧房改造的主要问题（图 12-16）。其次重新调整楼梯的踏步尺寸，使之坡度放缓，以满足幼儿园建筑设计规范要求。

图 12-14　南京鼓楼幼儿园北教学楼改造后的室内效果

图 12-15　南京鼓楼幼儿园北教学楼改造后的外观

图 12-16　东南大学幼儿园改造后的活动单元

南京市第二幼儿园其中一幢教学楼实际上是将原民国时期的一幢别墅改为 4 个班规模的教学楼（图 12-17），并增添了门廊。只是限于原有的砖墙承重方式不可变动的限制，只能争取各班活动室一间房间朝南，而寝室只能朝北。并将周边阳台封闭，以扩大室内使用面积，但空间仍有闭塞感，且采光不足。卫生间因无法调至班级入口处，致使班级活动单元功能关系并不理想。这是住宅一类建筑改造成幼儿园使用时的先天不足。

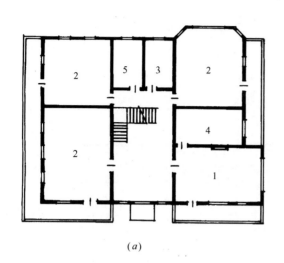 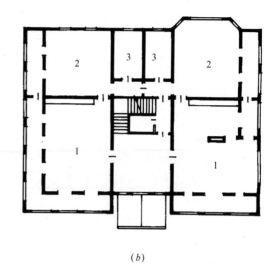

（a）　　　　　　　　　　　　　　　　　　　　　（b）

图 12-17　南京市第二幼儿园
（a）改造前平面
1—起居；2—卧室；3—卫生间；4—书房；5—储藏
（b）改造后平面
1—活动室；2—寝室；3—卫生间

第十三章 托儿所建筑设计

第一节 概 述

托儿所与幼儿园不同点之一是，前者为福利机构，后者为学前教育机构。早在二十世纪五六十年代，我国托儿所机构在国民经济恢复与发展和解放妇女劳动生产力中发挥了积极的作用。特别是在厂矿、事业单位中兴办托儿所机构盛极一时。

但是，在社会与市场经济发展的今天，正规的托儿所机构已逐渐消失，取而代之的是在一些软硬件较完备的幼儿园中，常设有小托班、亲子班，收托年龄也多限于入园前的2岁至3岁以下幼儿。却没有能进行保育活动的完备班级单元，而是借用幼儿园各班级活动单元中寝室上午闲置半天插空进行相关的保育活动。一方面园方由此可获得相当的经济收益；另一方面家长为了子女抢占下一年入园名额而早作准备。至于托儿所的小班、乳儿班已经由于各种主客观原因更无人问津了。

现在再来论述托儿所的建筑设计只能停留在学术研究层面上。即便如此，对于总结以往托儿所建筑设计的经验也是不无裨益的。

托儿所是对3周岁以下乳婴儿进行科学保育的场所。它的首要任务是保障乳婴儿的健康，实施科学育儿，控制传染病，降低常见病的发病率，不断增强乳婴儿的体质。其次，对乳婴儿还应提供丰富的、能促使其身心迅速发展的良好环境，以及实行合理的教养，并贯穿在一日生活制度的各环节中。

由于乳婴儿年龄很小，在他们的生活中，睡眠占很大的比重，每天约需20h以上。尤其乳儿除了吃奶就是睡觉，而且大部分时间都能熟睡。随着年龄的增长，婴儿的睡眠逐渐缩短，活动时间将增加。但由于刚学会行走，仍需要在保育员的精心护理下进行活动。因此，托儿所可按年龄特点分班（表13-1）。

托儿所编班 表13-1

班别	年 龄	每班人数	班别	年 龄	每班人数
乳儿班	10个月以前	10～15	中班	19月～2岁	15～20
小班	11～18月	15～20	大班	2岁～3岁	21～25

注：1. 引自《托儿所、幼儿园建筑设计规范》JGJ 39—2016。

2. 年龄引自原卫生部《城市托儿所工作条例（草案）》1980年。

托儿所的规模以2的倍数确定其班数。一般以4个班为宜。超过4个班的托儿所应按乳婴儿年龄段设并行班，而不应增加班级人数，以避免每班人数过多而给保育工作带来困难，并影响乳婴儿独立生活能力的培养。同时，也可减少发生传染病的机会。规模小于4个班的托儿所，可将年龄相近的乳婴儿编为混合班，可分设乳儿班（每班15～20人）和托儿班（每班18～23人）。

托儿所可以单独建造，也可以与幼儿园联合设置（图13-1）。这种托儿所、幼儿园的联合体具有较大的优越性，可以使婴幼儿的教育具有连贯性，建筑可形成整体布局，又可节约用地和造价。但是，由于托儿所和幼儿园管理体制、保教工作的特点以及婴幼儿各自的特殊要求不同，布局中应考虑适当的分隔，并避免相互干扰。在规模上以6班幼儿园、4班托儿所联合设置为宜。

托儿所在基地选择、总平面设计、建筑布局以及建筑物理环境等方面的设计要求均与幼儿园建筑的要求基本相近。但托儿所的乳儿班单元和托儿班单元由于使用功能和护理要求具有特殊性，在设计上就与幼儿园的活动单元有着明显的区别。本章着重讲述乳儿班单元和托儿班单元设计的若干问题。

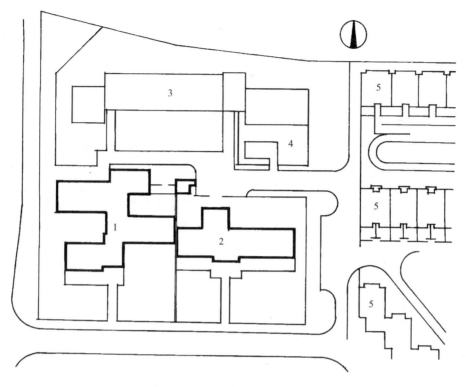

图 13-1　北京恩济里小区托幼机构
1—幼儿园；2—托儿所；3—高层公寓；4—商业服务；5—住宅

第二节　乳儿班单元设计

乳儿自出生后，许多器官在构造上和机能上尚不完善，需要调整后才能适应离开母体后新的生活。此时期，乳儿为适应新的生存环境而开始迅速生长发育，体力和智力也迅速增长。从出生到周岁，体重将增加两倍，身长将增长 1/2，而且新陈代谢旺盛，营养需要量大。此时期又处于断奶阶段，增加辅食、合理喂养就显得特别重要。在身心发展上，由出生后以睡眠为主，渐渐由躺着到直立，甚至学步。从第一次啼哭到牙牙学语，能用五官感知世界等，身体内部也发生着很大的变化。总之，此时期乳儿的一切生活行为都需要保育员的精心护理。同时，由于乳儿不能自己做户外活动，更需要带乳儿经常接受日光浴，以增强体质。因此，乳儿班单元设计的主要任务就是为乳儿的生长发育创造一个良好的生活环境和为工作人员创造一个便利的护理条件。

一、乳儿班单元的房间组成及设计要求

一个完整的乳儿班单元应包含下列房间组成部分：

1. 乳儿室

乳儿室是乳儿班单元的主要房间，供乳儿活动和睡眠用。

乳儿室的位置应位于乳儿班单元的尽端，以便防止母亲或其他人穿越。尽量减少乳儿与外界的接触机会。

乳儿室以布置乳儿床为主，两床不能紧挨，以免乳儿啼哭时晃动乳儿床而影响邻近乳儿睡眠。每两组乳儿床之间要留有通道，可方便保育员巡视照顾。乳儿室除放乳儿床外还应留出一定的面积安放围栏、喂哺桌、便盆椅、学步车等。

乳儿室宜朝南或东南向，室内要有充足的阳光，使室内经常接受紫外线照射。乳儿卧床时间长，要特别注意夏季的通风，不致在炎热季节因闷热而烦躁不安。

乳儿室要有通向室外平台或阳台的门，以便将乳儿床推到户外进行日光浴等活动。

2. 喂奶室

喂奶室是专供母亲给乳儿喂奶用的。其应防止母亲进入乳儿室喂奶，带进病菌引起乳儿感染，对保育员工作也会有影响。

喂奶室应位于乳儿班单元入口处，靠近乳儿室，除有门相通外，最好能有固定扇的观察窗，使母亲在喂奶前后能看到乳儿的情况。

喂奶室内应设挂衣钩，供母亲挂外衣用；并设洗手盆，供母亲喂奶前洗手。

3. 配奶室

配奶室是专供以人工方法调制乳儿必需的代乳品和辅食之用。因此，它的位置要能与乳儿室相通。室内应设加热器（如微波炉等）、冰箱、污水池等。

4. 卫生间

乳儿大小便不能自理，而由保育员护理。因此，需要在卫生间内设洗涤池两个，污水池一个及供保育员使用的厕位（可兼作倒便池）。

5. 收容室

供晨检用，可兼作观察室。其位置应在乳儿班单元入口处，并有窗能看到乳儿室的活动情况。

6. 贮藏室

存放乳儿替换床单、尿布或其他杂物。无贮藏室时，可用壁柜代替。

7. 阳光室

供乳儿进行日光浴，最好三面采光，应有能够装卸自如的窗扇，便于夏冬季灵活使用。

二、乳儿班单元功能分析

乳儿班单元是以乳儿室为中心，其他所有房间都与其发生紧密关系。其中，喂奶室和收容室要同时兼顾对外的联系。

乳儿班单元的功能关系如图 13-2 所示。

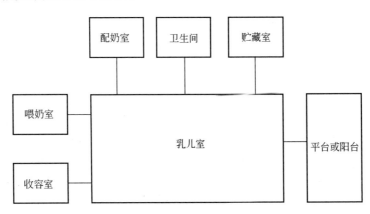

图 13-2　乳儿班单元功能关系图

三、乳儿班单元主要房间的面积

根据中华人民共和国住房和城乡建设部 2016 年部颁标准《托儿所、幼儿园建筑设计规范》JGJ 39—2016 的规定，乳儿班每班房间最小使用面积应符合表 13-2 的规定。

乳儿班每班房间最小使用面积（m²）　　　　　　　　　　　　　　表 13-2

房 间 名 称	使 用 面 积	房 间 名 称	使 用 面 积
乳 儿 室	50	卫 生 间	10
喂 奶 室	15	贮 藏 室	8
配 奶 室	8		

四、乳儿班单元主要家具与设备

乳儿班单元的家具和设备必须与乳儿的体格发育相适应（表13-3），同时要兼顾保育护理和使用的方便。其主要家具与设备包括：

1. 乳儿床（图13-3）

九省城市0~1岁正常男女乳儿体格发育测量值 表13-3

年龄组	男 乳 儿				女 乳 儿			
	身高 cm		坐高 cm		身高 cm		坐高 cm	
	X	S	X	S	X	S	X	S
1个月	56.8	2.4	37.8	1.9	55.6	2.2	37.0	1.9
2个月	60.5	2.3	40.2	1.8	59.1	2.3	39.2	1.8
3个月	63.3	2.2	41.7	1.8	62.0	2.1	40.7	1.8
4个月	65.7	2.3	42.8	1.8	64.2	2.2	41.9	1.7
5个月	67.8	2.4	44.0	1.9	66.2	2.3	42.8	1.8
6个月	69.8	2.6	44.8	2.0	68.1	2.4	43.9	1.9
8个月	72.6	2.6	46.2	2.0	71.1	2.6	45.3	1.9
10个月	75.5	2.6	47.5	2.0	73.8	2.8	46.4	1.9
12个月	78.3	2.9	48.8	2.1	76.8	2.8	47.8	2.0

注：1. X 为均值，S 为标准差。

2. 引自中国儿童发展中心·首都儿科研究所·九省城市儿童体格发育调查研究协作组编制，2005年。

乳儿睡眠不能自理，必须由保育员照料。因此，乳儿床的形式与尺寸不仅应考虑乳儿的尺度，也要便于保育员的护理工作。为兼顾这两种要求，床应高些，且四周应有围栏。围栏高度以站在床内小儿的乳头水平线为准，以防乳儿翻跌下床。前栏应能上下滑动，能根据需要固定其位置。这样既有利于保证乳儿安全，又便于保育员护理。乳儿床最适宜的尺寸参见表13-4。

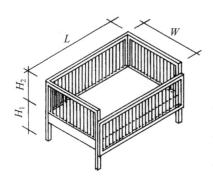

图13-3 乳儿床

乳儿床的基本尺寸（cm） 表13-4

	小儿	大儿
	5~6个月以内	5~6月以上
长 L	85	100
宽 W	55	60
高 H_1	50	50
栏高 H_2	40	50

2. 喂哺桌（图13-4）

乳儿进食需要成人喂给。为减轻保育员的工作负担，不需将乳儿抱在怀中喂食，可采用混合高桌的形式。即在成人用桌的三面都装上可抽出的小椅（桌椅相连，月牙形的桌缘代替扶手），其余一面作为放置成人用的椅子，供保育员喂食时坐。

3. 围栏（图13-5）

刚能站立的乳儿一时还站不稳，但他们很喜欢站立，而且可以逐渐锻炼两条小腿的"站功"，并为即将独立行走奠定直立基础。因此，围栏对乳儿主要起依靠或帮扶作用。为防止乳儿翻出围栏，栏高不能低于0.50m；且以木制围栏为佳，不可用金属制作；一则乳儿小手握金属杆太硬太凉，二则乳儿万一碰撞容易对头部产生伤害。

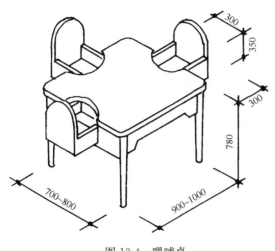

图 13-4 喂哺桌

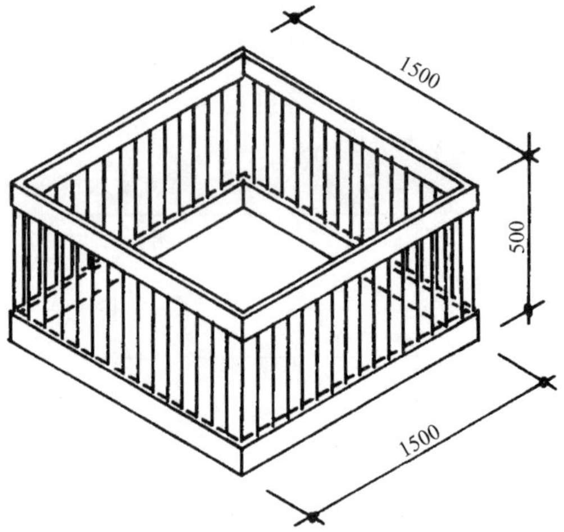

图 13-5 围栏

4.爬行床

乳儿的生长发育速率是相当快的，新生儿以天计算，1 个月以后的乳儿以周计算，4 个月以后的乳儿以 3 个月计算，然后以半年计算。因此，从乳儿机能的发展看，乳儿先会抬头，后会翻身，再会坐，会爬，最后才会扶栏直立，走动，直至 1 岁左右可以独立迈步行走。为适应此阶段乳儿身体发育的需要，乳儿班要配置一张较大的爬行床，供多名乳儿在爬行床上活动。其形式如同单人乳儿床一样，只是面积大些。为了安全，爬行床四周要有围栏。栏高不能低于 0.60m，且用不易攀登的直栏杆。栏杆净距不得大于 0.10m。

5.奶瓶架（图 13-6）

6.便盆椅（图 13-7）

乳儿大小便不能独立坐在痰盂上，保育员又不能长时间扶住乳儿坐在痰盂上大小便。为解决上述矛盾，可使用便盆椅。乳儿实际上是坐在四周有围合的圈椅上，不会东倒西歪。不同的是，在椅面上挖有孔洞，下接便盆。这样，乳儿可以既舒适又安全地解大小便。

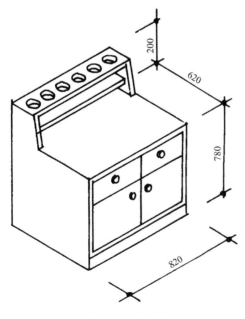

图 13-6 奶瓶架

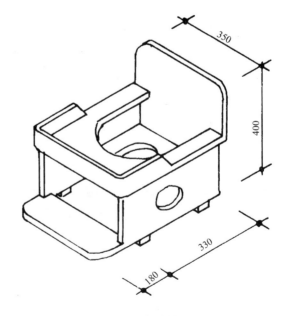

图 13-7 便盆椅

7. 学步车（图 13-8）

刚开始迈步的乳儿极易摔跤，为了锻炼乳儿走路，又不发生危险，可以把乳儿骑坐在学步车的坐垫上，两腿着地。学步车四条腿下有万向轮，乳儿可以向任意方向迈步，连人带学步车一起移动。乳儿借助学步车学步的过程，可以不需要保育员跟前跟后，从而大大减轻了保育员的工作劳累。

8. 幼儿洗池（图 13-9）

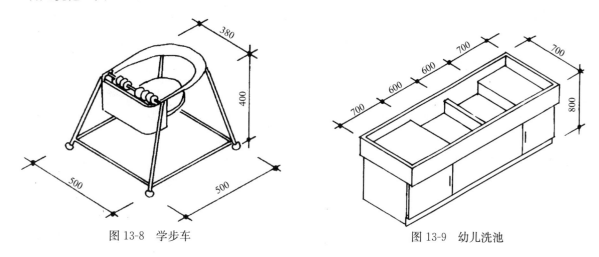

图 13-8 学步车　　　　　　　　　　图 13-9 幼儿洗池

五、乳儿班单元平面设计

乳儿班单元的组合必须自成一区，可设在一层，亦可设在楼上。因为乳儿不会自己上下楼，母亲们可以上楼给乳儿喂奶；但应与其他托儿班、服务用房、供应用房相隔离，应有独自的对外出入口。图 13-10 为乳儿班单元的一般形式。其特点是乳儿室为一大间，护理工作较方便，但乳儿之间常因啼声的连锁反应而产生干扰。因此，当乳儿室乳儿较多时，可将乳儿室分为两个相通的小组，其中一间可作为套间，而进入两个乳儿小组的入口以及收容室、卫生间、配奶室、日光室可以设置成两个小组共用。其优点是可以减少乳儿之间的干扰，但给护理工作带来某些不便，如难以同时观察到两个小组所有乳儿的情况。为此，需要在两个小组之间设置较大面积的玻璃隔断（图 13-11）。乳儿室的室内最小净高不应低于 3.0m。

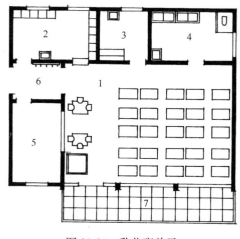

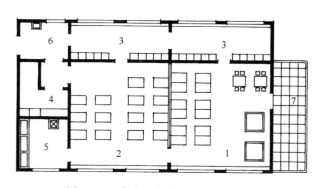

图 13-10 乳儿班单元　　　　　　　图 13-11 含有两个小组的乳儿班单元

1—乳儿室；2—喂奶室；3—配奶间；　　　　　1—乳儿室（1组）；2—乳儿室（2组）；3—喂奶室；

4—卫生间；5—观察室；6—衣帽间；7—阳台　　　4—配奶间；5—卫生间；6—收容室；7—阳台

第三节　托儿班单元设计

托儿班主要收托 1～3 岁的婴儿。虽然此年龄段的婴儿仍然需要保育员的精心照顾，但自他们断奶以后，在身体的发展进程中已开始具备了一些简单独立的行为能力，如可以直立走路，自己用匙吃饭，可以开展一些小活动量的游戏等。同时睡眠时间逐渐减少，玩的时间逐渐增多，但还不能像幼儿园里的大孩那样在室外游戏场地上奔跑，还不能独立使用卫生间。因此，托儿班的单元平面与乳儿班的单元平面有所区别。无论在房间内容、家具尺寸以及单元平面模式方面都有自己的特殊要求。

一、托儿班的房间组成及设计要求

1. 寝室

婴儿一天内的睡眠时间尽管随着年龄的增长在逐渐减少，但比起幼儿来说毕竟还是多的。因为婴儿身体各组织机能还非常弱，在活动一段时间后很容易疲劳，需要通过睡眠得到休息和体力的恢复。因此，托儿班单元仍然以寝室为主空间，要保证每一婴儿有一个独立的床位，且在布局时最多 4 床为一组，以便留出较多的过道，供保育员方便、快捷地走到每一婴儿床前进行护理工作。

2. 游戏室

婴儿不睡眠的时候，保教人员就要带领他们在室内做一些简单的活动和游戏，因此需要为托儿班提供一间游戏室，并且与寝室要分开，以避免在玩的婴儿对仍然在睡眠的婴儿的干扰。当游戏室和寝室都有婴儿时，为了保证一位保教人员能同时观察到游戏室和寝室婴儿的动静，需在两个房间之间作玻璃隔断。

3. 餐室

供婴儿午餐和吃上、下午点心时用。因为寝室有固定床位占满了空间，而游戏室有若干玩具设施，也不便再配置餐桌。因此，最好另辟一间房单独作为餐室，可保证没有外来干扰因素，使婴儿进食时集中精力，不分心。在餐室与游戏室之间可用玻璃隔断，以便保育员对游戏室、寝室的通视。在餐室与公共走廊之间的隔墙上应设递餐窗口。

4. 保育员室

当婴儿午睡时，或保育员需临时处理公务时，需提供一小间作为办公用。此保育员室应布置在寝室和游戏室之间，且通过玻璃隔断使保育员都能看到寝室和游戏室婴儿的情况。

5. 婴儿浴室

当婴儿需要洗浴时（如婴儿不慎将大小便弄在身上），托儿班单元需要布置一间婴儿浴室，且应以盆浴为主。在浴室与寝室之间的墙上也应开观察窗，便于保育员在给个别婴儿洗浴时能同时观察到其他婴儿的动态。在浴室要设置悬挂每一婴儿的毛巾架、挂衣钩，并布置一张台面桌，供婴儿浴后站在台面上由保育员替婴儿擦身穿衣。

6. 阳光室

婴儿需要经常进行日光浴，或在阳光下进行游戏。因此，托儿班单元在向南一面最好设一通长的封闭式阳台，内设若干小运动器械如小滑梯、箱形秋千、木马甚至是可拆卸戏水池等。

7. 清洁室

婴儿因年龄太小，如厕时只能坐痰盂。因此，该清洁室并不是为婴儿使用而设的，主要是为保育员倒便盆、清洗之用，并贮存若干便盆和其他清洁用品。

8. 厨房

婴儿断奶之后需要逐渐正常进食，这就需要托儿所有独自的专用厨房（不含在托儿班单元内），为各班婴儿制作午餐的主食和上、下午的点心。该厨房虽小，但对环境卫生以及流线设计的要求相当严格，要有良好的采光、通风条件，要防虫，防鼠。平面布置要符合烹调的工艺流线。对厨房里的蒸气及热、湿气的排除不能污染各托儿班的保育环境等。

二、托儿班单元功能分析

托儿班单元以寝室为中心，其他各房间需围绕寝室进行布置。各单元功能关系如图13-12所示。

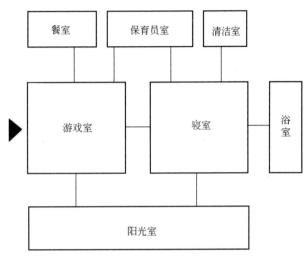

图 13-12　托儿班单元功能关系

三、托儿班单元主要家具与设备

托儿班单元的家具和设备必须与婴儿的体格发育相适应（表13-5），同时要兼顾保育员的护理和使用要方便。其主要家具和设备包括：

九省城市 1～3 岁正常男女婴儿体格发育衡量值　　　　表 13-5

	男　婴				女　婴			
	身高 cm		坐高 cm		身高 cm		坐高 cm	
	X	S	X	S	X	S	X	S
15 月	81.4	3.2	50.2	2.3	80.2	3.0	49.4	2.1
18 月	84.0	3.2	51.5	2.3	82.9	3.1	50.6	2.2
21 月	87.3	3.5	52.9	2.4	86.0	3.3	52.1	2.4
2 岁	91.2	3.8	54.7	2.5	89.9	3.8	54.0	2.5
2.5 岁	95.4	3.9	56.7	2.5	94.3	3.8	56.0	2.4

注：1. X 为均值，S 为标准差。

2. 引自中国儿童发展中心·首都儿科研究所·九省城市儿童体格发育调查研究协作组编制，2005。

1. 婴儿床

婴儿自学会直立走路后，一些基本的生活技能开始逐渐掌握。当婴儿需要睡眠或醒来时，虽然穿衣、脱衣还需要保育员照料，但上、下床可以自理了。因此，婴儿床的床铺高度就要比乳儿床低得多（乳儿睡眠需要保育员抱上抱下，故乳儿床的床铺高度要考虑适合于保育员工作舒适），但婴儿床四周仍需要有围栏。其构造同乳儿床。

婴儿床最适宜的尺寸参见表13-6。

婴儿床的基本尺寸（cm）　　　　表 13-6

	1 岁	2 岁		1 岁	2 岁
长 L	110	120	高 H_1	30	30
宽 W	60	70	栏高 H_2	50	50

2. 餐桌椅

婴儿用餐最好集中进食，以便婴儿在相互观摩进食中提高对吃饭的兴趣，甚至形成"抢食"。因此，根据托儿班的人数可安排一桌或两桌，且餐椅应每一婴儿一张。

3. 备餐台

婴儿进食的午餐或点心是由保育员从厨房领取，在餐室需要一张备餐台供保育员分食。最好能结合建筑设计做成固定式家具，且要有一定长度，以便能摆放各种盛具、餐具等。

4. 贮藏柜

每一婴儿都有各自的换洗衣物以及小玩具、被褥等，有条件的托儿班可设一间贮藏室；否则应在寝室内设置贮藏柜。为了不使空间太拥挤，贮藏柜可采用低柜形式。

5. 浴盆

最好设置大、小各一，盆深也要有所区别，可适合坐浴或站浴。由于婴儿洗浴都是在保育员照顾下进行的，因此浴盆高度要适合保育员使用的舒适性。

6. 便盆架

供放置婴儿便盆之用。

四、托儿班单元平面设计

托儿班单元应自成一区（图13-13）。其中，寝室和游戏室要相套且均为朝南，两者之间宜以玻璃隔断相分，既可相互直视，又可避免相互干扰。寝室和游戏室都要与阳光室相通，使婴儿可经常进行日光浴。有条件的托儿班可在寝室与游戏室之间靠公共空间一侧设小间办公室，并对公共空间设窗，作为管理之用。餐室和浴室、清洁室可分设于托儿班单元两端。

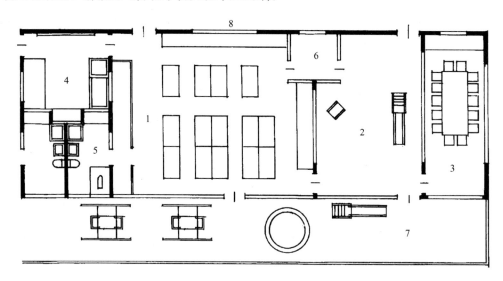

图13-13 托儿班单元平面

1—寝室；2—游戏室；3—餐室；4—浴室；5—清洁室；6—保育员室；7—阳台；8—走廊

第四节 托儿所建筑平面设计

一、托儿所建筑的房间组成

一座完善的托儿所建筑如同幼儿园建筑一样，也是由三个功能部分组成：

（1）乳婴儿生活用房：包括乳儿班单元、托儿班单元、公共游戏室。

（2）服务管理用房：包括行政办公室、医务室、隔离室、财务室、贮藏室、值班室等。

（3）供应用房：包括厨房、洗衣房等。

二、托儿所建筑的平面功能分析

托儿所建筑上述三个组成部分是一个既互相联系，又相互具有独立性的有机整体。而乳婴儿生活用房又由两种功能有差别的单元组成，各自与外界的联系也有所不同。因此，在平面功能关系上与幼儿园建筑的平面功能关系有共性，也有差别。图13-14即为托儿所建筑的平面功能分析。从图中可看出托儿所建筑平面功能的特点是：

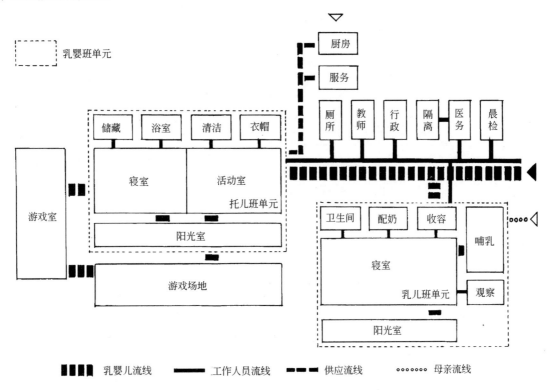

图 13-14　托儿所平面功能关系分析图

（1）乳儿班单元与托儿班单元各自独立成区，相互没有功能直接关系。

（2）乳儿班单元的入口主要是为母亲们和保育员进出之用，乳儿在入托后，一天之内不需要多次出入乳儿班单元，仅在乳儿室睡眠。而托儿班单元入口主要供婴儿进出之用，且需要室外活动场地。

（3）若干托儿班单元需配置一间如同幼儿园多功能活动室一样性质的公共游戏室，而乳儿班单元与公共游戏室没有功能关系。这就要求公共游戏室与各托儿班单元联系紧密。

（4）托儿所规模一般比幼儿园要小得多。因此，服务管理用房和供应用房的房间数量较少，且面积相应较小。

三、托儿所建筑的平面布局

托儿所建筑的规模一般都比较小，且因婴儿的室外活动量小，不需要太大的室外场地，因此，建筑布局多以集中式为宜。将主要房间乳儿班单元和托儿班单元布局在南向，其余的服务管理用房和供应用房布局在北面，呈一字形，或布局在东、西端，呈L形（图13-15）。

在我国，乳婴儿，特别是乳儿都是由家庭抚养和照顾的。因此，托儿所的社会需求矛盾并不突出，而且不少幼儿园还可另设托儿班，基本解决了3岁以下送托的问题。有鉴于此，托儿所宜与幼儿园联合兴建。但在设计中，应将托儿所与幼儿园完全分开，各自成独立区域（图13-16）。

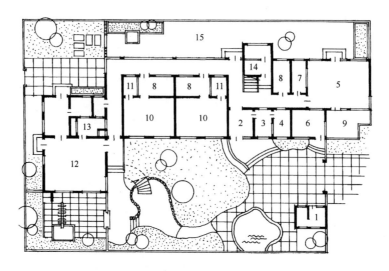

图 13-15　上海长白新村托儿所

1—传达；2—门厅；3—医务；4—隔离；5—乳儿室；6—哺乳室；7—配奶室；

8—卫生间；9—小院；10—托儿室；11—贮藏室；12—厨房；

13—备餐室；14—职工厕浴；15—游戏场地

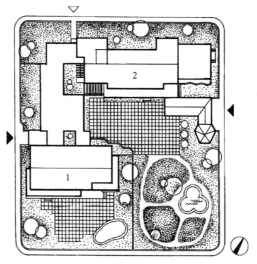

图 13-16　上海长白新村托幼机构

1—托儿所；2—幼儿园

实　例

1. 南京外国语学校幼儿园

设计单位：东南大学建筑设计研究院有限公司　　　　基地面积：10552.5m²

主要设计人：建筑：黎志涛　　　　　　　　　　　　总建筑面积：7798 m²　14.44m²/人

　　　　　　结构：刘又南　　　　　　　　　　　　资料来源：黎志涛提供

办园规模：9班全日制＋9班寄宿制

该幼儿园位于南京仙林区文枢东路与学衡路交叉口东北角的梯形地块。北临南京师范大学附属实验学校，南与西隔路与居住区相望。基地内，幼儿园各类活动场地与设施齐全，布局合理，环境优美。

该幼儿园班级活动单元平面设计，寄宿制寝室布局模式以及多样的、开放空间式的各兴趣活动室设置皆符合现代幼儿园教学方式与管理模式的需要，并创造了多处屋顶活动平台，为幼儿提供了就近游戏及绿荫成景、小品点缀的活动场所。

该幼儿园建筑外观运用小巧尺度、新颖造型、趣味构件、情景壁雕、斑斓色彩以及绿化烘托等设计方法，共同创造出富有鲜明幼儿建筑特色的个性。

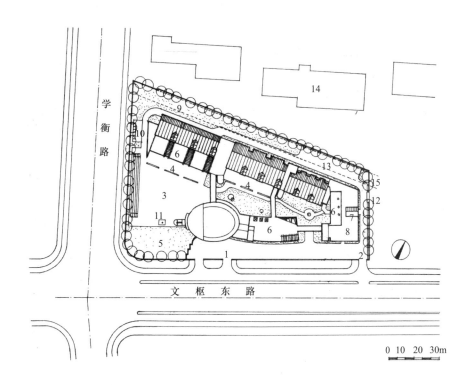

总平面图

1—主入口；2—次入口；3—共用活动场地；4—班级活动场地；5—器械活动场地；

6—屋顶活动场地；7—洗衣房；8—屋顶晾晒场；9—种植园地；10—小动物房舍；11—旗杆；

12—垃圾箱；13—停车场；14—南京师范大学附属实验学校；15—城市下水涵管（原河沟）

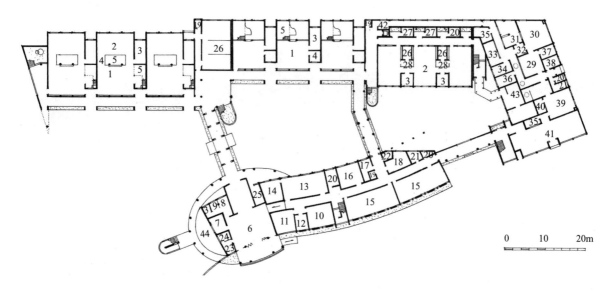

一层平面图

1—活动室；2—寝室；3—卫生间；4—衣帽间；5—兴趣角；6—门厅；7—晨检；8—保健室；9—隔离室；10—园长室；
11—行政办公室；12—财务室；13—图书兼会议室；14—资料库；15—教师办公室；16—教具制作室；17—广播室；18—保育员室；
19—电气室；20—女厕；21—男厕；22—无障碍厕所；23—警卫室；24—监控室；25—游具室；26—贮藏室；27—值宿室；
28—值班间；29—洗切间；30—烹饪间；31—备餐间；32—二次更衣间；33—蒸煮间；34—点心间；35—洗碗消毒间；36—主食库；
37—副食库；38—管理更衣；39—教工厨房；40—熟食间；41—教工餐厅；42—开水间；43—幼儿浴室；44—沙池

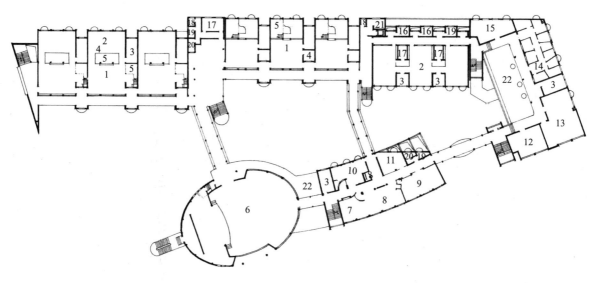

二层平面图

1—活动室；2—寝室；3—卫生间；4—衣帽间；5—兴趣角；6—多功能活动室；7—手工室；
8—绘画室；9—书法室；10—陶艺室；11—厨艺室；12—科学发现室；13—舞蹈室；14—琴房；
15—电脑室；16—值宿室；17—贮藏室；18—电气室；19—女厕；20—男厕；21—开水间；22—屋顶平台

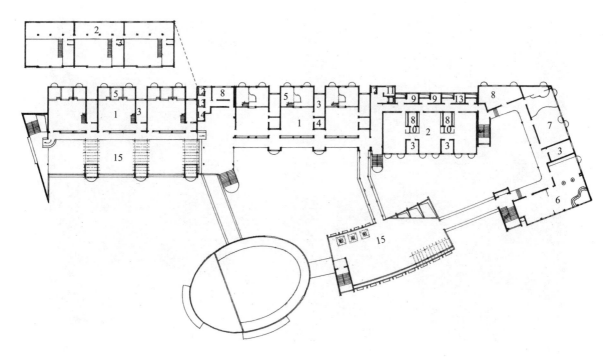

三层平面图

1—活动室；2—寝室；3—卫生间；4—衣帽间；5—兴趣角；6—体育室；7—图书室；8—贮藏室；
9—值宿室；10—值班间；11—开水间；12—电气间；13—女厕；14—男厕；15—屋顶平台

前楼南立面图

后楼南立面图

0 5 10m

西立面图   后楼剖面图

鸟瞰

多功能活动室

入口

屋顶活动平台

门厅连廊

寄宿制活动单元活动室

2. 上海嘉定新城双丁路幼儿园

设计单位：阿科米星建筑设计事务所　　　　　基地面积：7245m²

主要设计人：庄慎　任皓　华霞虹　　　　　　总建筑面积：6116 m²　15.68m²/人

办园规模：5班托儿班＋1班早教中心＋9班　　资料来源：《建筑学报》2014.01
　　　　　幼儿班

该幼儿园位于上海嘉定新城区，南临双丁路，东为河道，西接高层住宅区，北拟建另一座私立幼儿园。

该幼儿园一层5个托儿班和早教中心各活动单元平面皆为多边形，向南面均与各自天井庭院兼室外活动场地相连，并可分别沿室外楼梯上至其屋顶大活动平台。一层北部有多个幼儿专用活动室。门厅与厨房分居西南和东北两角部，互不干扰，流线清晰。

二层5个幼儿班全部向阳，且南临大面积屋顶活动场地，其南部为放坡草坪，与城市空间和幼儿园入口广场自然衔接。办公用房在该层中廊北向。

三层为4个幼儿班，南有通长二层屋顶班级活动平台，可经室外大楼梯与一层屋顶大活动平台相接。

该幼儿园造型为退台式，且大面积一层屋顶活动平台不但为幼儿提供了阳光、趣味、开阔、多彩的游戏场所，而且以植被为城市增添了自然景观。

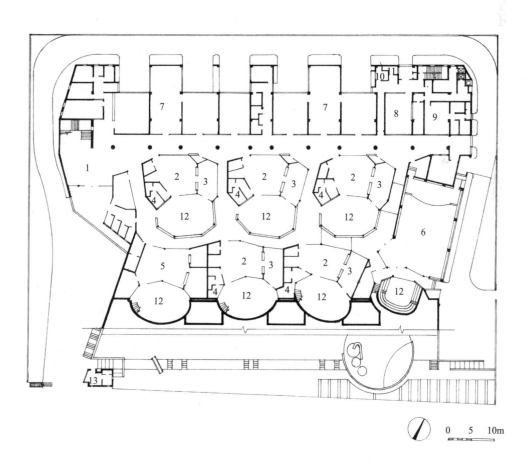

一层平面图

1—门厅；2—托儿班活动室；3—寝室；4—卫生间；5—早教指导中心；6—多功能活动室；

7—专用活动室；8—教师餐厅；9—厨房；10—女厕；11—男厕；12—庭院兼分班活动场地；13—门卫

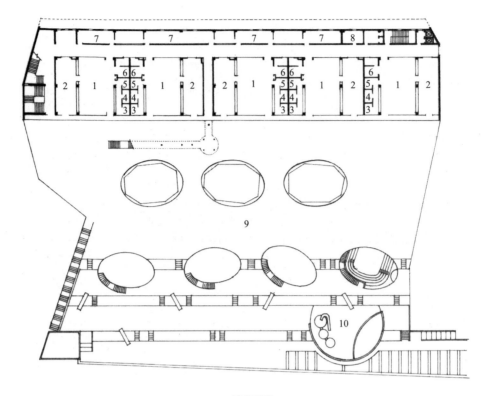

二层平面图

1—活动室；2—寝室；3—男幼儿卫生间；4—女幼儿卫生间；5—盥洗间；6—衣帽间；

7—办公室；8—女厕；9—屋顶活动场地；10—沙坑

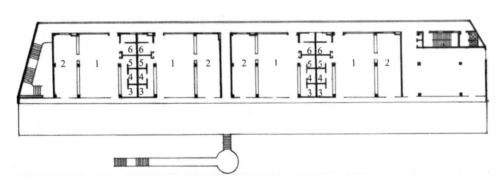

三层平面图

1—活动室；2—寝室；3—男幼儿卫生间；4—女幼儿卫生间；5—盥洗间；6—衣帽间

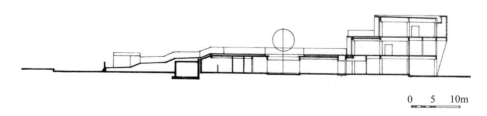

0 5 10m

剖面图

234

鸟瞰

入口广场

从一层屋顶活动平台看主体建筑外观

一层屋顶活动场地

3. 苏州吴江盛泽镇实验小学幼儿园

设计单位：九城都市建筑设计有限公司　　　　　　基地面积：1.62hm²

主要设计人：张应鹏　黄志强　　　　　　　　　　总建筑面积：17800m²　22m²/人

办园规模：27个班　　　　　　　　　　　　　　　资料来源：《建筑学报》2015.01

该幼儿园位于苏州吴江盛泽镇的中心大道与南环二路交叉口之东北地块。

建筑平面布局以高达3层的中庭为中心纽带，东侧接三组活动室与寝室合一的各3个班级活动单元枝状体，其间地面作为室外班级活动场地。西侧为主入口大厅、多功能活动室、图书室及二层舞蹈室。西北角为厨房。

建筑造型以简洁的规矩体量与柔和的流动曲面相结合，表达了现代的设计手法。

室内公共空间高敞，光感独到，色彩趣味。

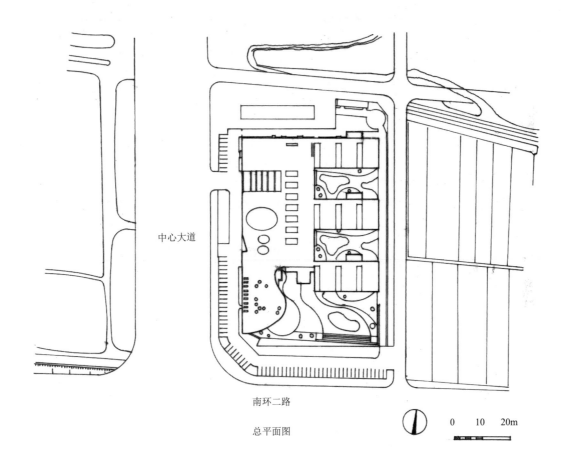

中心大道

南环二路

总平面图

0　10　20m

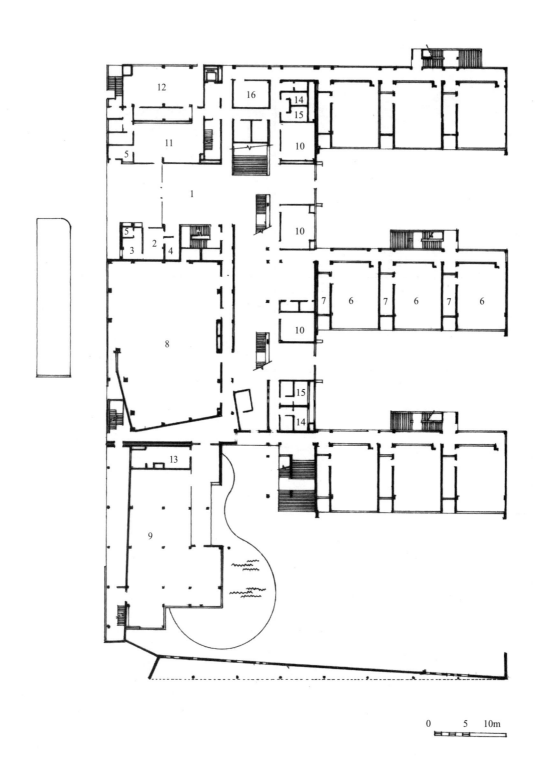

一层平面图

1—门厅；2—晨检室；3—隔离；4—保健；5—门卫；6—活动室、寝室；7—卫生间；8—多功能活动室；
9—图书室；10—兴趣活动室；11—教工餐厅；12—厨房；13—广播室；14—女厕；15—男厕；16—消防控制室

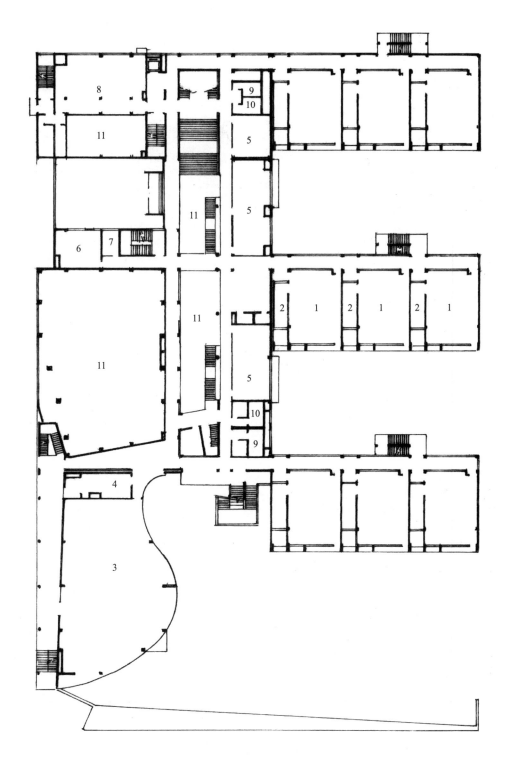

二层平面图

1—活动室、寝室；2—卫生间；3—舞蹈房；4—准备室；5—兴趣活动室；

6—贮藏室；7—工具间；8—厨房；9—女厕；10—男厕；11—上空

南立面图

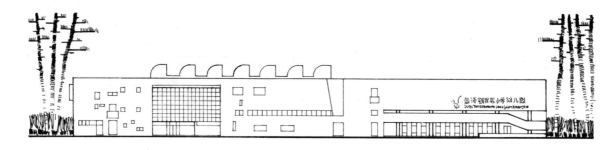

西立面图

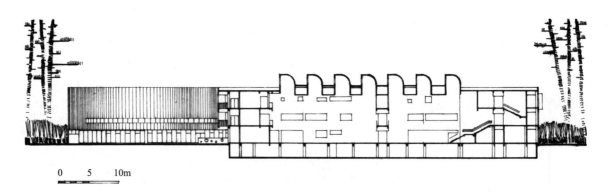

0 5 10m

剖面图

西立面景观

主入口

中庭

活动室单元南立面

南侧临街外景

活动场地一角

4. 四川雅安汉源县唐家镇集贤幼儿园

设计单位：广州市东意建筑设计咨询有限公司　　基地面积：2490m²

主要设计人：邹艳婷　肖毅志　肖毅强　　　　　总建筑面积：2895m²　8.04m²/人

办园规模：12班　　　　　　　　　　　　　　资料来源：《建筑学报》2017.09

该幼儿园为2014年该地地震后重建公益项目之一。地处当地集贤中心校内之东，除东、北两面临村庄梯田外，其余两面皆散落众多村舍。

该幼儿园平面呈中廊形式。其西侧为各班级活动室，随地形而作曲折布局变化；东侧一二层为各班级寝室，皆为独立且相互游离的小"盒子"体块，以使不规则且开合自由的中廊空间似"街道"般有生气与活力。而小"盒子"屋顶则成为三层各班级的屋顶活动平台。

室外游戏场地充分尊重原梯田的地形格局，呈高差达4m的多个台地，由南而北依次布局器械活动场地、植物园圃及与多功能活动室关系密切的室外小"剧场"和沙池等多项活动区。而南端台地与二层中廊"街道"自然衔接，使内外交通融为一体。

建筑造型因随梯田的地形跌落而将部分体量拆散并随意布局，更使幼儿园像村舍一样融入村庄的自然环境。而从幼儿园二三层"街道"和平台向外一眼望去，尽是一派村民劳作、田园风光、绿色尽染、气息清新的画卷。这是与城市幼儿园不一样的景色和体验。

一层平面图

1—门厅；2—晨检保健室；3—隔离室；4—活动室；5—寝室；6—衣帽间；7—卫生间；

8—多功能活动室；9—办公室；10—厕所

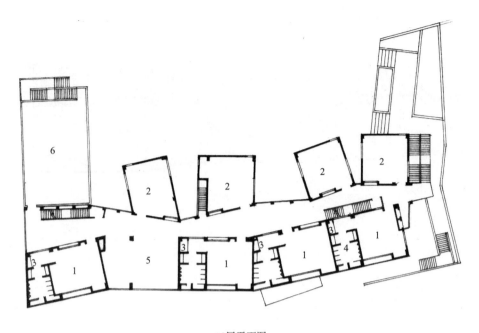

二层平面图

1—活动室；2—寝室；3—衣帽间；4—卫生间；5—图书阅览室；6—屋顶活动平台

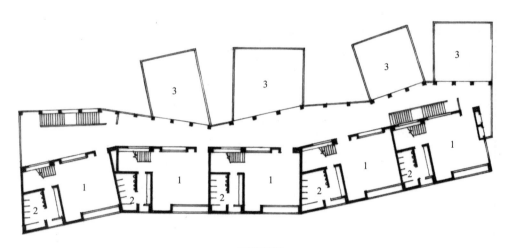

三层平面图

1—活动室；2—卫生间；3—屋顶活动平台

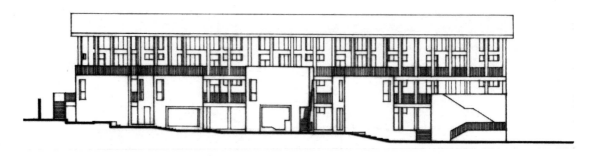

园内立面图

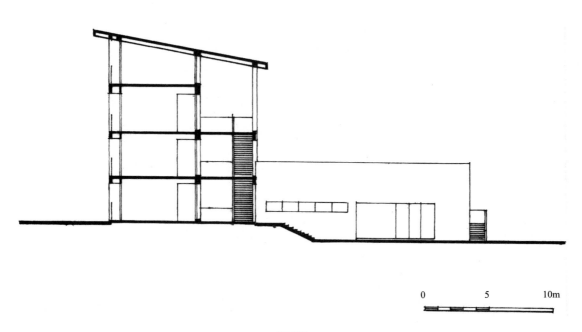

0　　　　　5　　　　10m

剖面图

东向鸟瞰

西南立面入口外观

室外活动场地

园内外景观

5. 上海徐汇区盛华幼儿园

设计单位：上海鸿图建筑师事务所
主要设计人：方案：刘爱军
　　　　　　施工图：赵士梅
　　　　　　结构：许高怀
办园规模：6班＋3个托儿班＋1个乳儿班

基地面积：5000.0m²
总建筑面积：4022.6m² ＋ 地下 68.8m²
15.77m²/人
资料来源：刘爱军提供

该幼儿园为上海徐汇区银都路安置小区配套托幼公建。南邻银都路，其间以约 8m 的城市绿化带相隔。主、次出入口分居东、西两端，人流与货流互不干扰。室外各活动场地和主体建筑均有良好朝向与通风条件。幼儿活动与小区居民生活互不干扰。

该幼儿园平面功能合理，布局紧凑。尤以班级活动单元平面设计特色突出，且活动室与寝室条件俱佳，空间流通，使用灵活。

建筑造型结合平面功能要求，使体形轮廓前后、高低富于变化，改善了板式建筑可能产生的平淡、单调感。

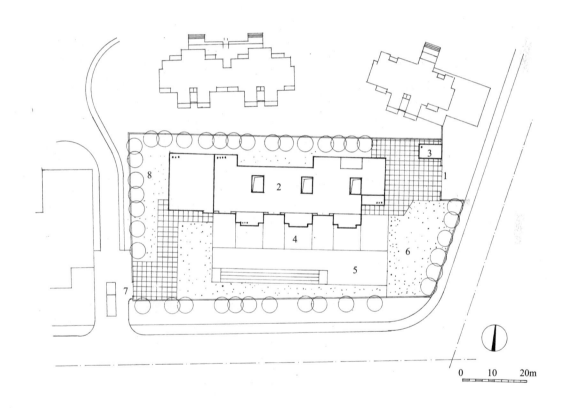

总平面图
1—主入口；2—教学楼；3—门卫；4—班级活动场地；5—共用活动场地；
6—器械活动场地；7—次入口；8—杂物院

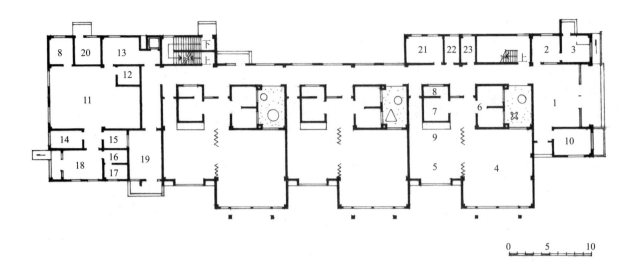

一层平面图

1—门厅；2—晨检；3—隔离间；4—托儿班活动室；5—寝室；6—卫生间；7—衣帽间；8—消毒间；9—床具贮藏间；

10—器材室；11—厨房；12—二次更衣间；13—备餐间；14—副食库；15—主食库；16—更衣间；

17—厕浴；18—门厅兼炊事员休息间；19—教工餐厅；20—配电间；21—保育员室；22—男厕；23—女厕

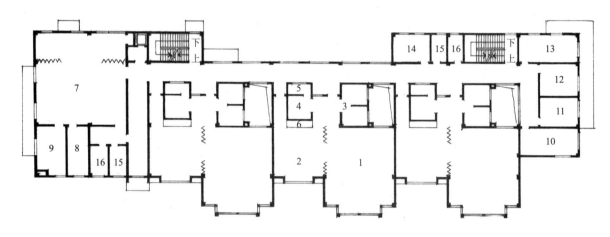

二层平面图

1—幼儿班活动室；2—寝室；3—卫生间；4—衣帽间；5—消毒间；6—床具贮藏间；7—乳儿室；8—哺乳室；9—咨询室；

10—园长室；11—接待室；12—财务室；13—玩具制作兼陈列室；14—保育员室；15—男厕；16—女厕

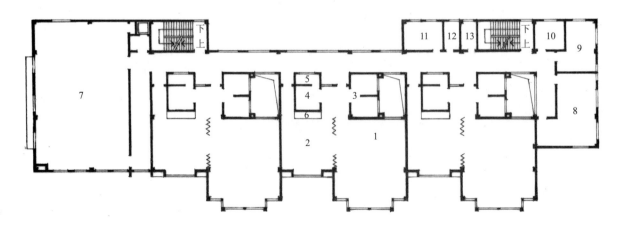

三层平面图

1—幼儿班活动室；2—寝室；3—卫生间；4—衣帽间；5—消毒间；6—床具贮藏间；7—多功能活动室；

8—图书资料室；9—办公室；10—网络控制室；11—保育员室；12—男厕；13—女厕

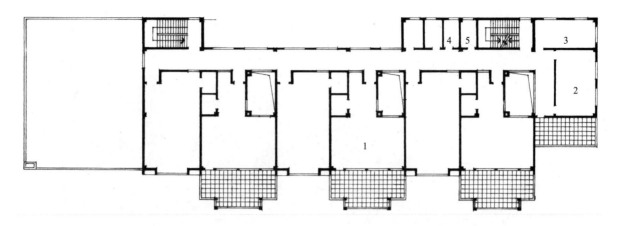

四层平面图

1—教师用房；2—会议室；3—总务库房；4—男厕；5—女厕

南立面图

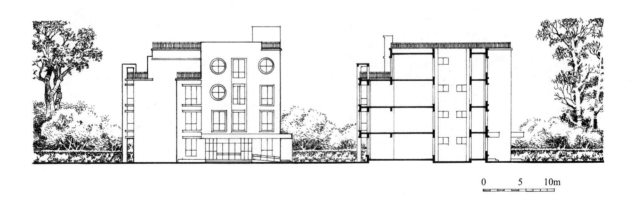

0   5   10m

东立面图   剖面图

大门

东入口外观

南立面外观

室外活动场地

6. 苏州工业园区新洲幼儿园

设计单位：上海日清建筑设计有限公司　　　　基地面积：7000m² 　14.58m²/人
主要设计人：宋照青　任治国　王志华　　　　总建筑面积：5901m² 　12.29m²/人
办园规模：16班　　　　　　　　　　　　　资料来源：高志荣提供

　　该幼儿园地处苏州工业园区金鸡湖东岸的社区中心，毗邻社区中心公园。建筑平面布局以中庭为核心向南北两翼布置各班级活动单元，而锯齿形布局的各活动单元与不规则的场地形状和弧形道路之间形成了若干富有空间趣味的儿童活动场所，并使建筑造型呈现出虚实交替的变化，原本乏味的走廊也因此成为儿童乐意逗留的空间。

　　基地北面临近园区的弧形道路和通过布局呈弧形的管理及教师用房，形成隔离外界干扰的屏障，并以连续的弧形墙体的围合创造了许多有趣的灰空间。使之时而围合实体，时而镂空形成院落，并使立面得到整合。

　　建筑造型呈水平展开，而屋顶的飘板更加深了这种伸展的效果，加上墙面以木材格栅、大片玻璃、金属框架以及运用色彩艳丽的涂料共同创造出具有现代化气息的幼儿园建筑形象。

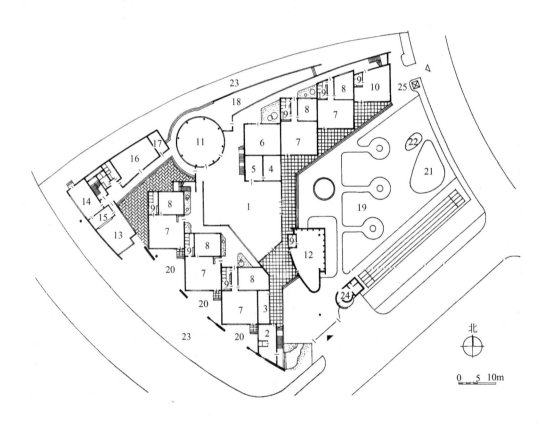

一层平面图

1—大厅兼风雨操场；2—晨检室；3—保健室；4—园长室；5—接待室；6—教具制作兼陈列室；7—教室；
8—寝室；9—卫生间；10—活动室；11—大活动室；12—多功能活动室；13—餐厅；14—厨房；15—备餐室；
16—浴室；17—财务室；18—院子；19—大型活动场地；20—班级活动场地；21—小游泳池；22—戏水池；
23—种植园地；24—传达室；25—岗亭

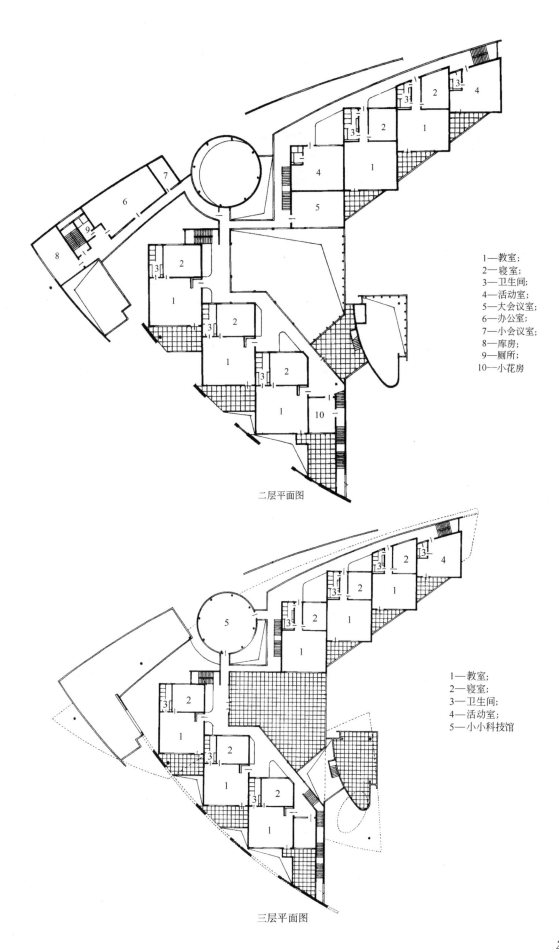

1—教室;
2—寝室;
3—卫生间;
4—活动室;
5—大会议室;
6—办公室;
7—小会议室;
8—库房;
9—厕所;
10—小花房

二层平面图

1—教室;
2—寝室;
3—卫生间;
4—活动室;
5—小小科技馆

三层平面图

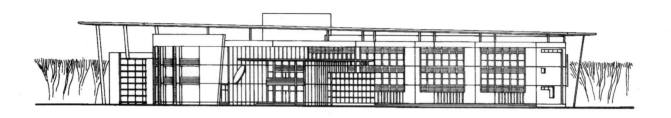

东南平面图

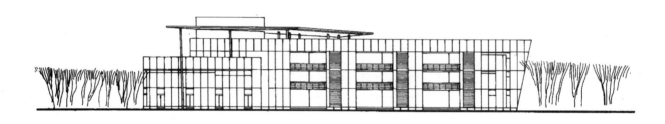

西南立面图

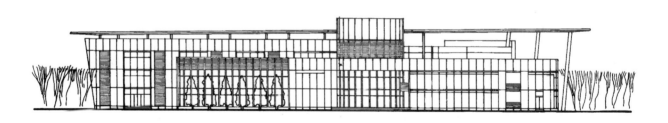

西北立面图

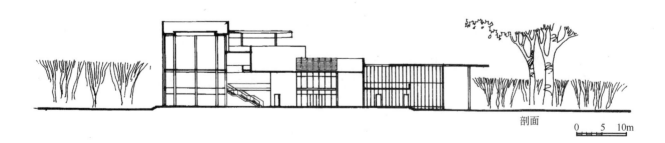

剖面

0 5 10m

剖面

北立面外观

入口

南立面局部

7. 上海东方城市花园小区爱绿幼儿园

设计单位：华东建筑设计研究院总院　　　　基地面积：5939m² 22m²/人

主要设计人：傅小平　　　　　　　　　　　总建筑面积：3243m² 12.01m²/人

办园规模：9班　　　　　　　　　　　　　资料来源：高志荣提供

该幼儿园总平面布局充分满足了建筑和场地同时能获得良好的日照、通风条件，并使室外场地完整，有利于对各种游戏区的合理布置。

建筑平面三大功能分区明确，相互关系紧密。各活动单元均有最好的朝向，内院的设置为各房间的通风创造了良好的条件。

建筑造型曲线流畅，体形活泼。

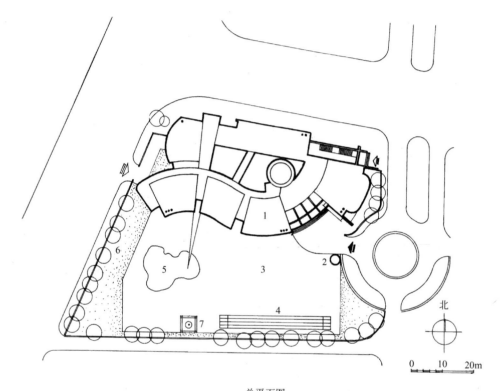

总平面图

1—教学楼；2—门卫；3—集体活动场地；4—30m跑道；5—戏水池；6—器械活动场地；7—旗杆

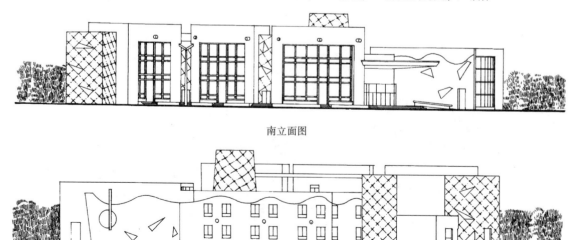

南立面图

北立面图

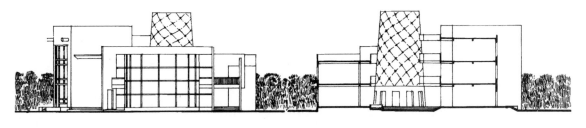

东立面图   剖面图

0 5 10m

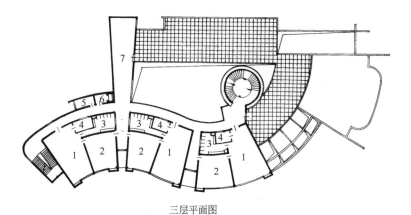

1—活动室；
2—寝室；
3—卫生间；
4—衣帽间；
5—办公室；
6—备餐室；
7—走廊兼餐厅

三层平面图

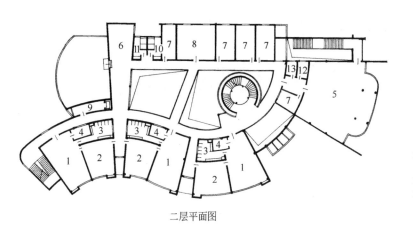

1—活动室；
2—寝室；
3—卫生间；
4—衣帽间；
5—多功能活动室；
6—走廊兼餐厅；
7—办公室；
8—会议室；
9—备餐室；
10—男厕；
11—女厕；
12—贮藏室；
13—配电

二层平面图

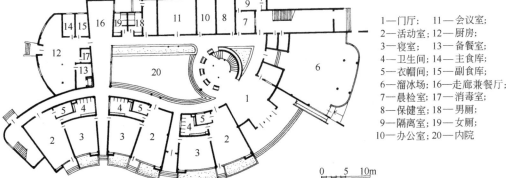

1—门厅；   11—会议室；
2—活动室；   12—厨房；
3—寝室；   13—备餐室；
4—卫生间；   14—主食库；
5—衣帽间；   15—副食库；
6—溜冰场；   16—走廊兼餐厅；
7—晨检室；   17—消毒室；
8—保健室；   18—男厕；
9—隔离室；   19—女厕；
10—办公室；   20—内院

0 5 10m

一层平面图

入口旁多功能活动室

入口

南立面外观

8. 北京回龙观文化居住区幼儿园

设计单位：北京市建筑设计研究院　　　　　　基地面积：5760m² 　16m²/人
主要设计人：张苗　姜立红　　　　　　　　　总建筑面积：3499.58m² 　9.7m²/人
办园规模：12 班　　　　　　　　　　　　　资料来源：于春晖提供

该幼儿园平面功能分区明确，各层 6 个班级活动单元占据最好的朝向，后勤供应独居西北角，不干扰幼儿活动用房，但供应流线又能做到短捷。对外服务用房位于门厅附近，便于对幼儿进出管理，对内办公位于二层西北角，独成一区。活动单元内的北内廊通过挖掘小天井，不但为卫生间解决了采光问题，而且使大进深的通风条件得到改善。

建筑造型的韵律感较强，虚实关系交错，虽然立面形式处理一般，但形象效果较为丰富。

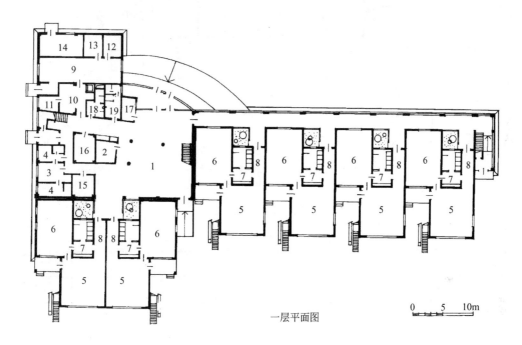

一层平面图

1—门厅；2—晨检室；3—医务室；4—隔离室；5—活动室；6—寝室；7—卫生间；8—衣帽间；9—厨房；10—配餐室；
11—洗碗间；12—主食库；13—副食库；14—锅炉房；15—消毒间；16—洗衣房；17—值班室；18—男厕浴；19—女厕浴

南立面图

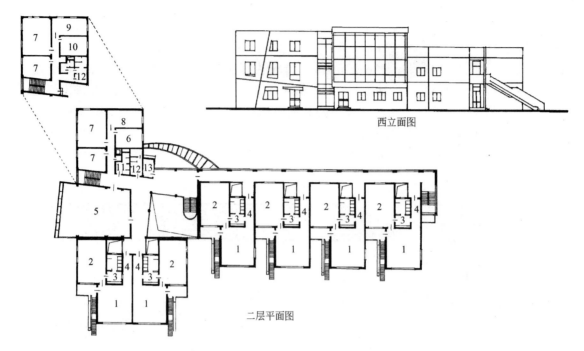

西立面图

二层平面图

1—活动室;2—寝室;3—卫生间;4—衣帽间;5—多功能活动室;6—园长室;
7—办公室;8—会议室;9—财务室;10—资料室;11—男厕;12—女厕;13—贮藏室

剖面图

南立面局部

门厅上空

9. 南京聚福园幼儿园

设计单位：南京城镇建筑设计咨询有限公司

主要设计人：方案：孙国峰　肖鲁江

　　　　　　施工图：肖鲁江　刘伟东

　　　　　　结构：张宗良

办园规模：6班

基地面积：3500m²　19.44m²/人

总建筑面积：2280m²　12.67m²/人

资料来源：张宗良提供

该幼儿园处于高层住宅夹缝中，为尽量扩大室外场地面积，建筑采用集中式布局，并利用平屋顶作为活动平台，缓解了用地紧张的矛盾。

活动单元设计，将寝室置于夹层之上，既丰富了室内空间，又提高了室内空间的利用率，增添了空间的趣味性。

在技术上，利用太阳能集中供热水，门窗采用阻断型铝合金中空玻璃窗，围护结构采用外墙保温系统。

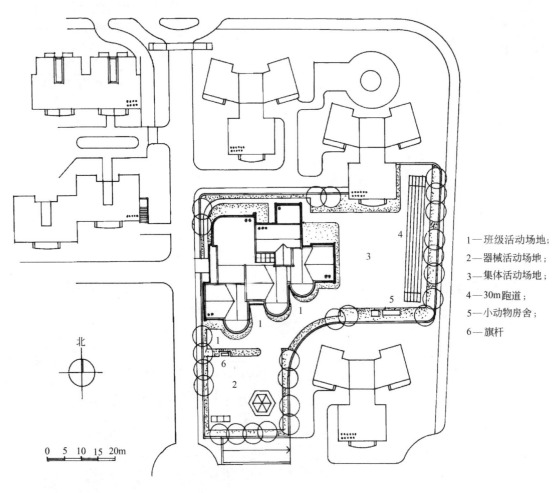

1—班级活动场地；
2—器械活动场地；
3—集体活动场地；
4—30m跑道；
5—小动物房舍；
6—旗杆

北

0　5　10　15　20m

总平面图

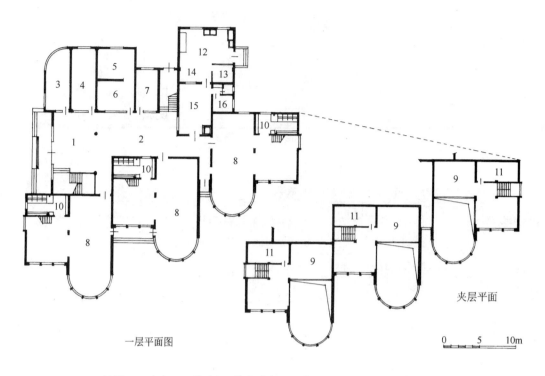

一层平面图 　　　　　　　　　　　夹层平面

0　　5　　10m

1—门厅；2—中庭；3—传达室、值班室；4—晨检医务室；5—园长室；6—接待室；
7—办公室；8—活动室；9—寝室；10—卫生间；11—贮藏室；12—厨房；
13—熟食间；14—配餐间；15—教工餐厅；16—休息室

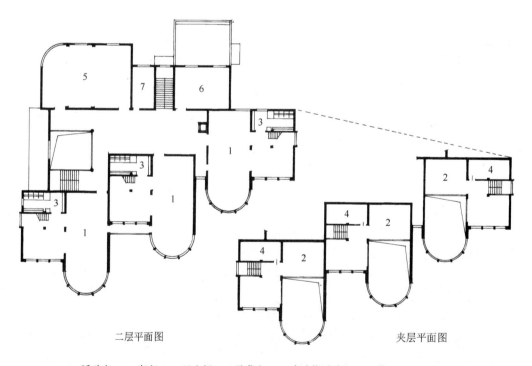

二层平面图 　　　　　　　　　　　夹层平面图

1—活动室；2—寝室；3—卫生间；4—贮藏室；5—多功能活动室；6—美工室；7—办公室

265

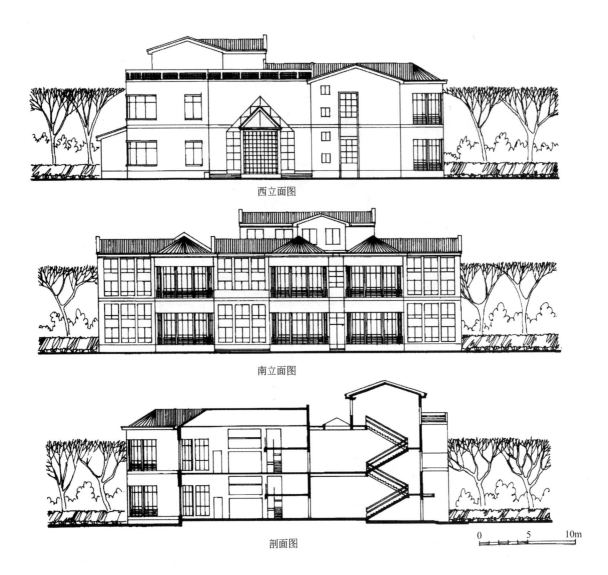

西立面图

南立面图

剖面图

0   5   10m

南立面外观

活动室

活动单元夹层

电脑室

游戏室

10. 厦门海新幼儿园

设计单位：厦门新区建筑设计院

主要设计人：建筑：罗四维　黄韶发　陈毅强

　　　　　　结构：郑军

办园规模：12班

基地面积：5580m²　15.5m²/人

总建筑面积：4100m²　11.39m²/人

资料来源：罗四维提供

该幼儿园12班活动单元采用大进深、内天井、退台式布局，由此组成幼儿园建筑主体部分。平面设计分班明确，功能合理，造型体块感强，并可获得屋顶分班活动场地。主体建筑与其他功能用房围合成中心庭院，各用房布局合理。

该幼儿园设计充分考虑幼儿生理、心理特点，在细部推敲中，通过在墙体上按幼儿尺度留洞，涂抹艳丽色彩，点缀趣味窗景；在空间创造上通过体块穿插、空间透视、形式语言等，使这座幼儿园建筑给幼儿们带来无穷的乐趣和欢笑。

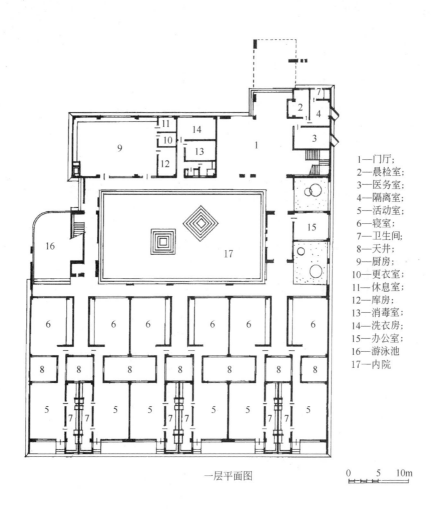

1—门厅；
2—晨检室；
3—医务室；
4—隔离室；
5—活动室；
6—寝室；
7—卫生间；
8—天井；
9—厨房；
10—更衣室；
11—休息室；
12—库房；
13—消毒室；
14—洗衣房；
15—办公室；
16—游泳池
17—内院

一层平面图

0　5　10m

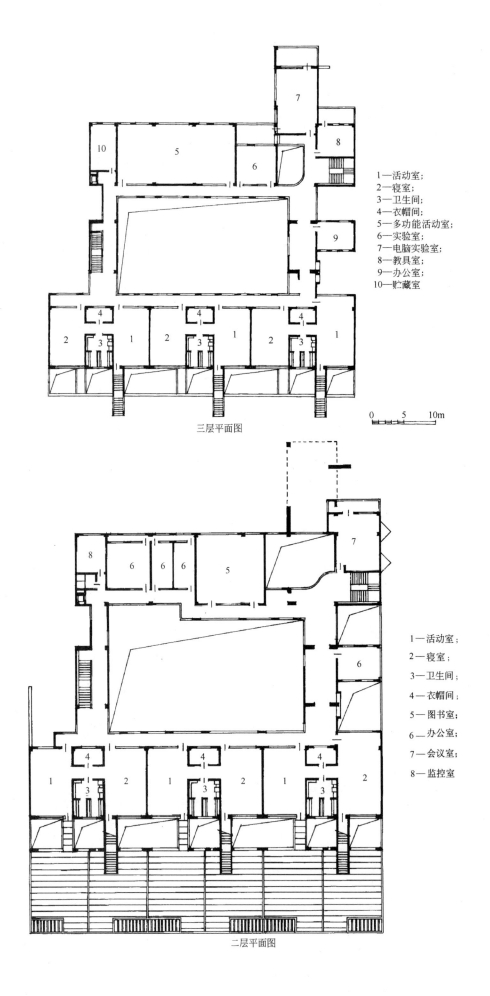

1—活动室；
2—寝室；
3—卫生间；
4—衣帽间；
5—多功能活动室；
6—实验室；
7—电脑实验室；
8—教具室；
9—办公室；
10—贮藏室

0　　5　　10m

三层平面图

1—活动室；

2—寝室；

3—卫生间；

4—衣帽间；

5—图书室；

6—办公室；

7—会议室；

8—监控室

二层平面图

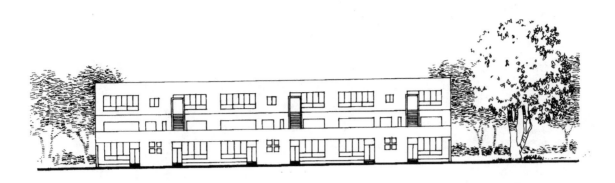

南立南图

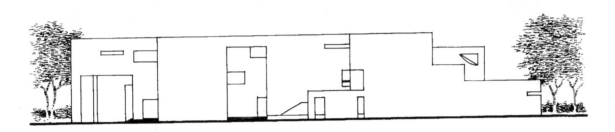

西立南图

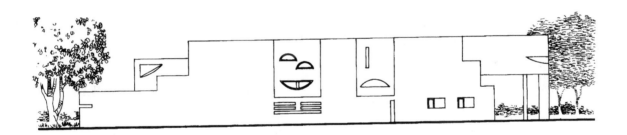

东立南图

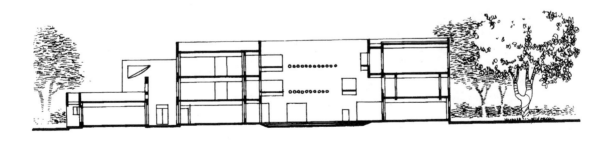

剖面图

南立面外观

入口西北角透视

入口东北角透视

门厅

11. 泰州师范学校附属幼儿园

设计单位：东南大学建筑设计研究院

主要设计人：建筑：黎志涛　朱蓉

　　　　　　结构：王伟成

办园规模：9 班

基地面积：3691m²　13.67m²/人

总建筑面积：3681.3m²　13.63m²/人

资料来源：黎志涛提供

该幼儿园地处学校与小区结合部的三角形地带，为了合理利用不规则用地，主体建筑呈 L 形，在用地北面和西面，最大限度地留出南面用地作为室外游戏场地。主次出入口各居东西两端，为建筑平面功能分区和组织不同流线创造了良好的条件。

平面设计中，将各班活动室围绕中庭集中布局，共享游戏乐趣；而将寝室集中布置在主体建筑东部，有利于集中管理，并节约管理人员。

建筑造型以多个屋顶小亭打破冗长水平屋顶轮廓的单调感，并运用遮阳镂空构架、平面凸凹变化以及搁置空调室外机、小品、室外楼梯的艺术处理等，使立面形式变化丰富。

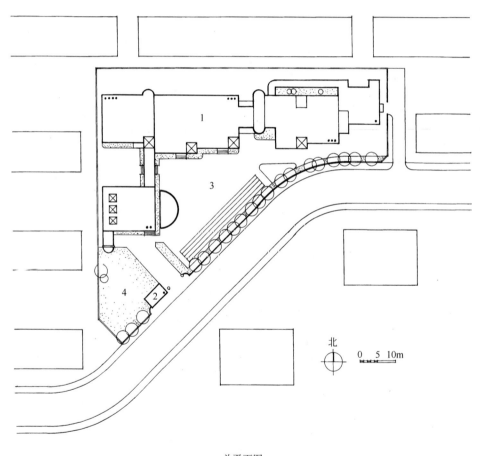

总平面图

1—教学楼；2—门卫；3—集体游戏场地；4—器械游戏场地

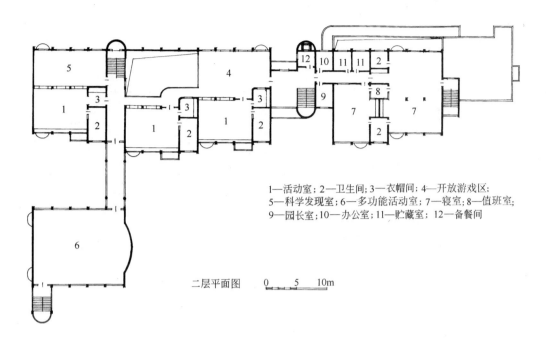

1—活动室；2—卫生间；3—衣帽间；4—开放游戏区；
5—科学发现室；6—多功能活动室；7—寝室；8—值班室；
9—园长室；10—办公室；11—贮藏室；12—备餐间

二层平面图　　0　5　10m

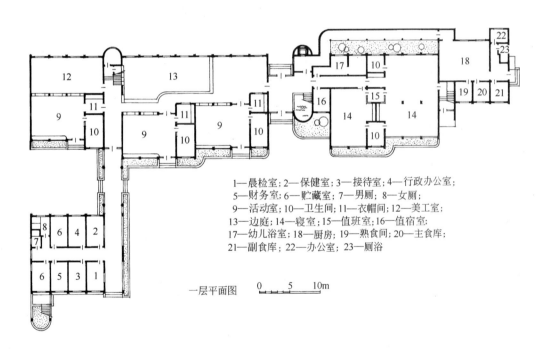

1—晨检室；2—保健室；3—接待室；4—行政办公室；
5—财务室；6—贮藏室；7—男厕；8—女厕；
9—活动室；10—卫生间；11—衣帽间；12—美工室；
13—边庭；14—寝室；15—值班室；16—值宿室；
17—幼儿浴室；18—厨房；19—熟食间；20—主食库；
21—副食库；22—办公室；23—厕浴

一层平面图　　0　5　10m

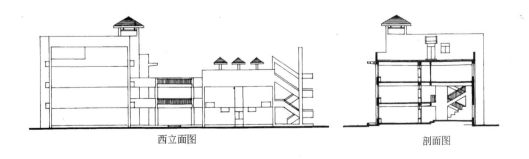

西立面图　　　　　　　　　剖面图

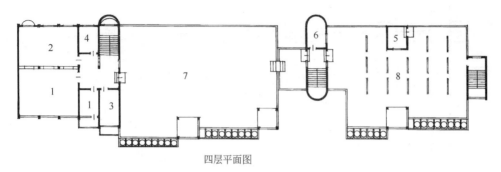

四层平面图

1—教师办公室；2—资料兼会议室；3—教具制作室；4—贮藏室；
5—洗衣房；6—食梯机房；7—屋顶活动场地；8—晒衣场

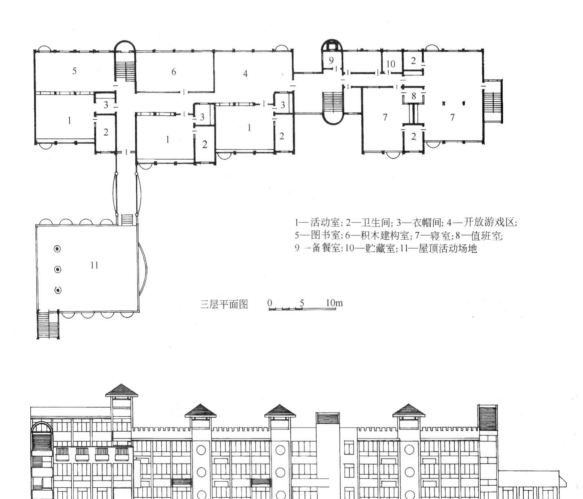

1—活动室；2—卫生间；3—衣帽间；4—开放游戏区；
5—图书室；6—积木建构室；7—寝室；8—值班室；
9—备餐室；10—贮藏室；11—屋顶活动场地

三层平面图　　0　　5　　10m

南立面图

教学楼局部

入口外观

边庭

12. 厦门松岳幼儿园

设计单位：厦门市新区建筑设计院

主要设计人：建筑：罗四维　黄韶发　邱毅梅

　　　　　　结构：刘涛　余志秀

办园规模：6班

基地面积：2915m² 16.20m²/人

总建筑面积：2390m² 13.28m²/人

资料来源：罗四维提供

该幼儿园地处小区内住宅群夹缝中。由于用地紧张，口字形的建筑布局将室外活动场地分成中央内庭和东西两侧空地。为了使三块室外场地既分又合，特将底层东、南、西三侧架空。由此，又可为幼儿提供不受天气影响的活动空间。

在功能布局上，一层除架空部分外，全部作为服务管理用房和供应用房，而6个班级活动单元全部设置在二三层，并获得最佳朝向和通风效果。

建筑造型极具幼儿园建筑个性，丰富的形体在艳丽的色彩强调中，更显得活力四射。特别是中心庭院周边界面的形式处理，增添了幼儿园建筑的趣味性，并通过光影效果使该幼儿园建筑形象更为生动。

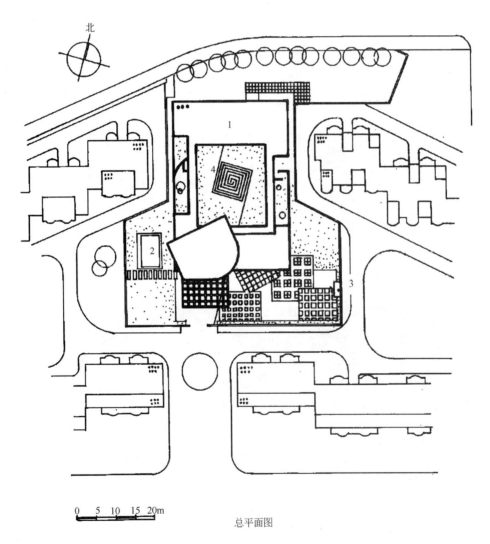

北

0　5　10　15　20m

总平面图

1—教学楼；2—游泳池；3—升旗台；4—迷宫

278

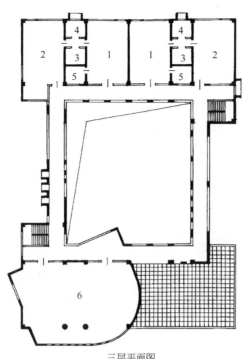

三层平面图
1—活动室；2—寝室；3—男卫生间；4—女卫生间；5—衣帽间；6—多功能活动室

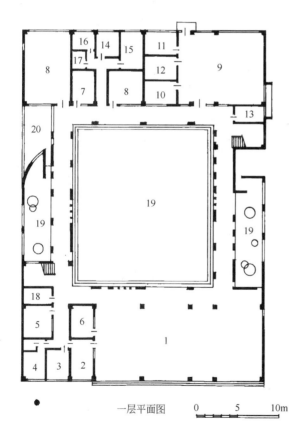

一层平面图

0　　5　　10m

1—底层架空活动空间；2—晨检室；3—保健室；4—隔离室；

5—接待室；6—值班室；7—园长室；8—办公室；

9—厨房；10—休息室；11—主食库；12—副食库；

13—开水房；14—消毒室；15—洗衣房；16—女厕；

17—男厕；18—贮藏室；19—庭院；20—涉水池

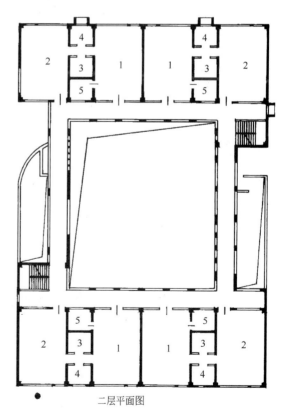

二层平面图

1—活动室；2—寝室；3—男卫生间；

4—女卫生间；5—衣帽间

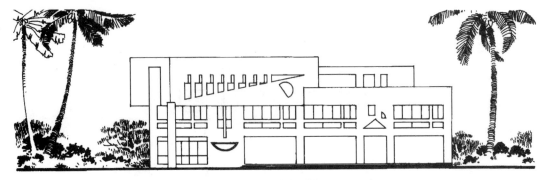

南立面图

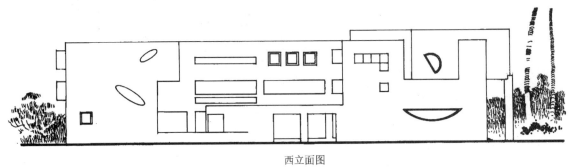

西立面图

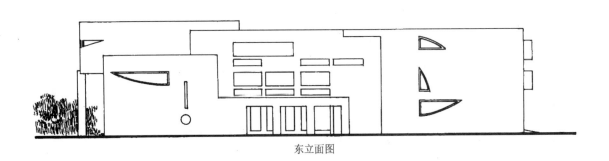

东立面图

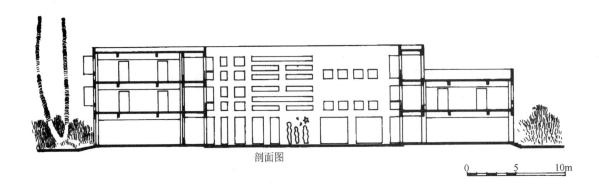

剖面图

0　　　5　　　10m

鸟瞰

内院一角

从走廊看内院

内院东北角

13. 清华大学洁华幼儿园

设计单位：清华大学建筑设计研究院　　　　　　　　基地面积：17032m²（全园）

主要设计人：建筑：祁斌　　结构：苏菊生　　　　　总建筑面积：5522m²（新建部分）16.73m²/人

办园规模：9班＋2个托儿班　　　　　　　　　　　资料来源：俞传飞提供

该幼儿园从用地周边的人文与自然环境出发，通过精心保留用地内的现有树木，协调新老建筑的空间关系，使新建幼儿园完全融入环境之中，优化了幼儿园与其周边的环境质量。全园外部空间通透开敞，动静分明，收放有致，成为幼儿园与周边居民的共享景观空间。内部功能分区明确，相互连通。建筑造型尺度适宜，亲切自然，既突出幼儿园建筑的个性，又能融入清华园传统建筑风格之中。

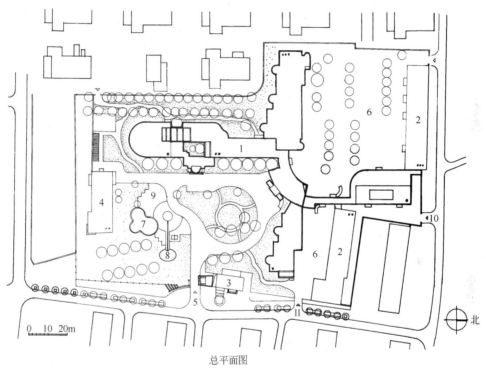

总平面图

1—新建教学楼；2—保留教学楼；3—现有人防招待所；4—现有办公楼；5—主入口；
6—集体游戏场地；7—戏水池；8—沙坑；9—室外玩具；10—次入口；11—托儿所入口

南立面图

东立面图

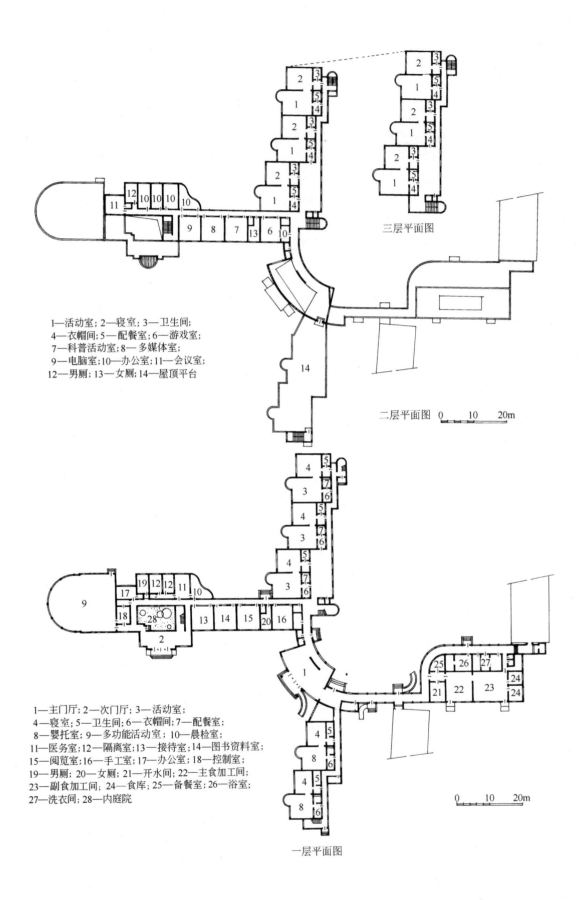

三层平面图

1—活动室；2—寝室；3—卫生间；
4—衣帽间；5—配餐室；6—游戏室；
7—科普活动室；8—多媒体室；
9—电脑室；10—办公室；11—会议室；
12—男厕；13—女厕；14—屋顶平台

二层平面图　　0　　10　　20m

1—主门厅；2—次门厅；3—活动室；
4—寝室；5—卫生间；6—衣帽间；7—配餐室；
8—婴托室；9—多功能活动室；10—晨检室；
11—医务室；12—隔离室；13—接待室；14—图书资料室；
15—阅览室；16—手工室；17—办公室；18—控制室；
19—男厕；20—女厕；21—开水间；22—主食加工间；
23—副食加工间；24—食库；25—备餐室；26—浴室；
27—洗衣间；28—内庭院

0　　10　　20m

一层平面图

主门厅入口

次门厅入口

主次入口前绿化

主门厅

14. 江苏盐城城区机关幼儿园

设计单位：东南大学建筑设计研究院

主要设计人：建筑：黎志涛

　　　　　　结构：王伟成

办园规模：9班

基地面积：2196m²　8.13m²/人

总建筑面积：2290m²　8.48m²/人

资料来源：黎志涛提供

该幼儿园用地紧张，环境不佳，待北面城市道路开通后，可改观现有办园条件。故幼儿园主入口已预留朝北，后勤次要出入口虽亦朝北，但两者拉开距离互不干扰。限于用地条件，建筑布局采取大进深，较好地解决了容纳9个班规模的要求，并尽量争取屋顶平台作为室外游戏场地，缓解了用地不足的矛盾。

建筑造型采取城堡式，建筑轮廓线丰富，配以艳丽色彩和沿街10幅马赛克装饰性壁画，生动地突出了幼儿园建筑的形象。

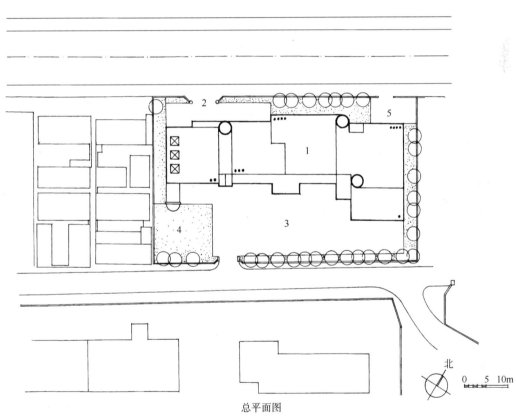

总平面图

1—教学楼；2—主入口；3—集体游戏场地；4—器械游戏场地；5—杂务院

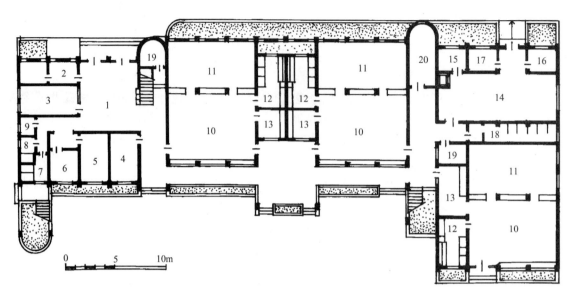

一层平面图

1—门厅；2—传达室；3—晨检、保健室；4—园长室；5—办公室；6—会计室；7—女厕；8—男厕；9—开水间；
10—活动室；11—寝室；12—卫生间；13—衣帽间；14—厨房；15—熟食间；16—休息室；
17—库房；18—幼儿浴室；19—贮藏室；20—热交换室

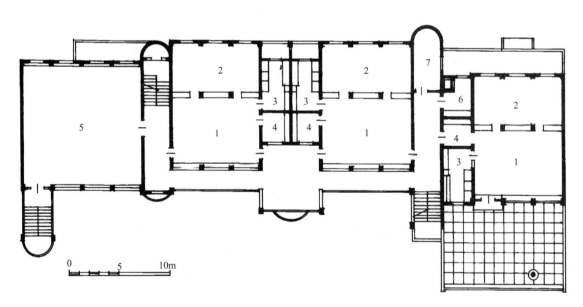

二层平面图

1—活动室；2—寝室；3—卫生间；4—衣帽间；5—多功能活动室；6—备餐室；7—办公室

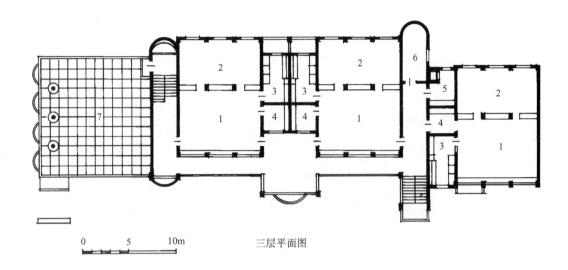

0   5   10m

三层平面图

1—活动室；2—寝室；3—卫生间；4—衣帽间；5—备餐室；6—办公室；7—屋顶活动场地

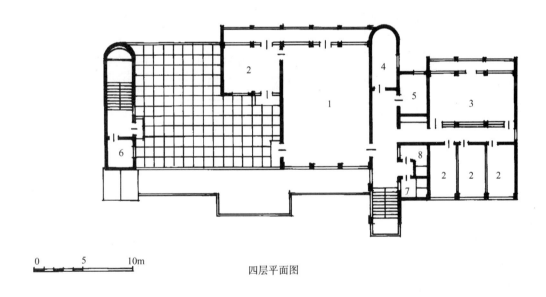

0   5   10m

四层平面图

1—多功能活动室；2—办公室；3—资料兼会议室；4—教具制作室；5—食梯机房；6—贮藏室；7—女厕；8—男厕

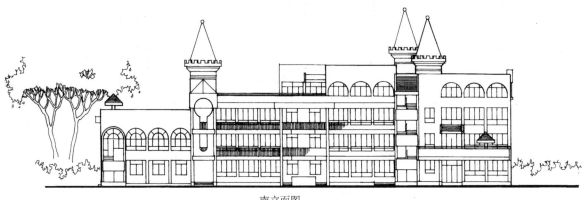

南立面图

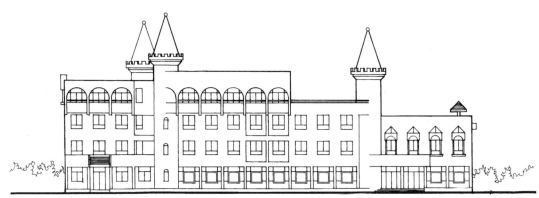

北立面图

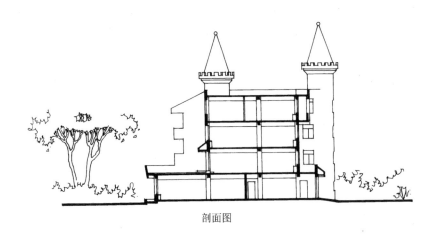

剖面图

全景

多功能活动室

多功能活动室疏散楼梯

多功能活动室屋顶伞亭

15. 台湾台中冠伶育幼儿园

设计单位：垣匠建筑暨都市设计事务所　　　　基地面积：524m²
　　　　　吴忠宽建筑师事务所　　　　　　　总建筑面积：1340.24m²
主要设计人：卢文瑛　戴启维　林东宪　　　　资料来源：《建筑师》（台）2000.8
办园规模：8班

该幼儿园地处宁静的住宅区内，用地偏紧。但设计者巧妙运用庭院和架空入口通道，不但可形成幼儿园内部与临街的缓冲空间，增加了游园景观趣味，而且有效地组织了南北向风的路径，从而改善了微气候。

建筑单体设计除满足幼儿特殊功能需要外，还通过设置若干露台、植栽、水体、深廊、中庭等多种手法，使有限的空间产生丰富的变化。同时，使不同人（幼儿、老师、家长）在功能上、心理上及景观上的需求得到满足。此外，该幼儿园在经费有限的情况下，也能尽量采用适宜建材来塑造多样的视感和触感。

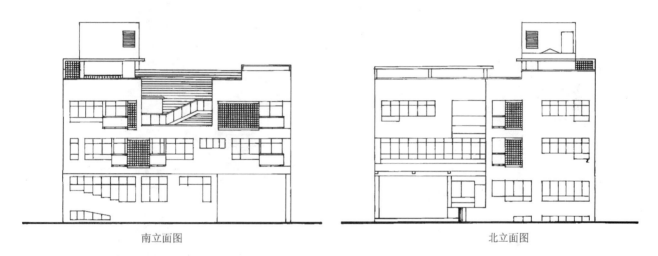

南立面图　　　　　　　　　　　　　　　　北立面图

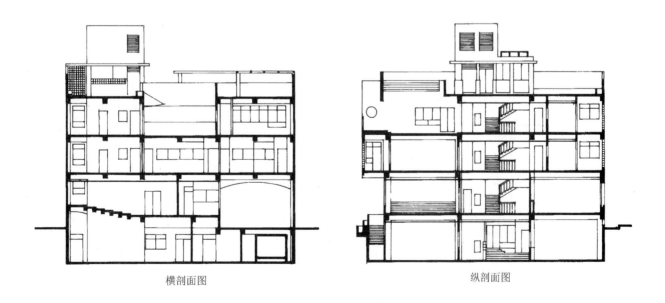

横剖面图　　　　　　　　　　　　　　　　纵剖面图

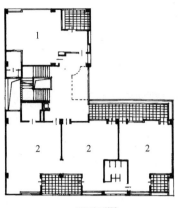

二层平面图
1—1~2岁教室；2—3~6岁教室

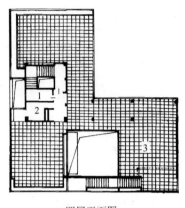

四层平面图
1—贮藏室；2—卫生间；3—屋顶活动场地

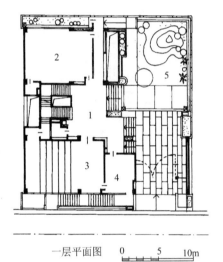

一层平面图　　0　　5　　10m

1—门厅；2—0~1岁教室；3—阶梯教室；
4—办公室；5—庭院

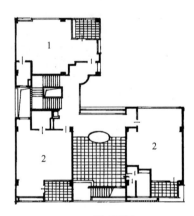

三层平面图
1—2~3岁教室；2—3~6岁教室

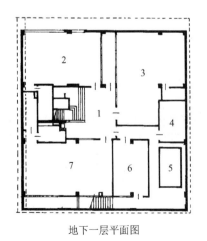

1—梯厅；2—多功能室；3—医务、保健、办公室；
4—消防机房；5—消防水池；6—厨房；
7—才艺教室

地下一层平面图

294

外观

南立面街景

从内庭院看门厅

从内庭院看入口大门

16. 厦门前埔幼儿园

设计单位：厦门新区建筑设计院　　　　　　基地面积：3025m² 19.01m²/人

主要设计人：建筑：罗四维　许凌玲　　　　总建筑面积：3632m² 14.20m²/人

　　　　　　结构：余志秀　刘涛　洪再教　资料来源：罗四维提供

办园规模：9班

　　该幼儿园处在小区公共绿地之旁，环境优越。为使幼儿园能获得最佳的朝向与景向，其建筑采用L形布局，使幼儿园室外场地与小区绿地融为一体。

　　平面功能分区明确，布局合理，特别是在一层增设架空活动空间，可满足幼儿在雨雪天气下仍可展开户外游戏的功能要求。而在架空活动空间南北两侧布置的光庭，通过设置优美的小品，更增添了空间的趣味性。

　　建筑造型呈不同色彩、不同体量的相互结合，采用了穿插、榫接、堆叠、悬挑、割裂等手法，使建筑体呈现多中心、多视点、多变化的散点透视面貌。特别是外墙体的"脸谱"化戏剧性效果，更突出了幼儿园建筑活泼、生动的形象。

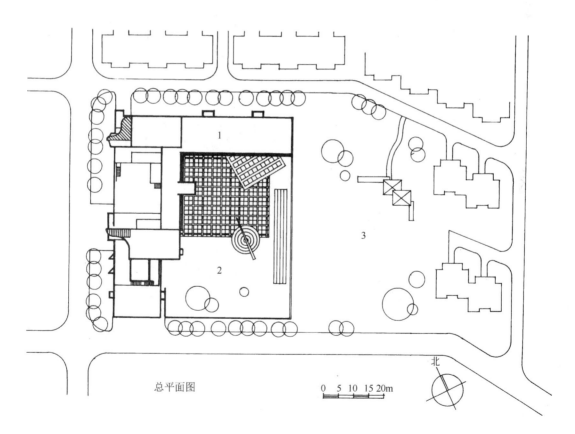

总平面图　　　　0 5 10 15 20m　　　北

1—教学楼；2—室外活动场地；3—小区公共绿地

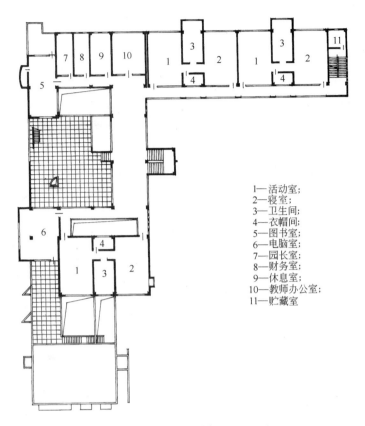

二层平面图

1—活动室；
2—寝室；
3—卫生间；
4—衣帽间；
5—图书室；
6—电脑室；
7—园长室；
8—财务室；
9—休息室；
10—教师办公室；
11—贮藏室

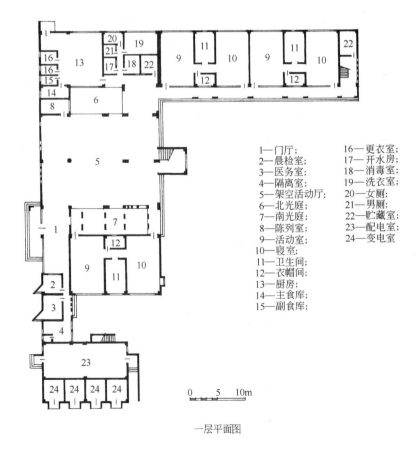

一层平面图

1—门厅；
2—晨检室；
3—医务室；
4—隔离室；
5—架空活动厅；
6—北光庭；
7—南光庭；
8—陈列室；
9—活动室；
10—寝室；
11—卫生间；
12—衣帽间；
13—厨房；
14—主食库；
15—副食库；

16—更衣室；
17—开水房；
18—消毒室；
19—洗衣室；
20—女厕；
21—男厕；
22—贮藏室；
23—配电室；
24—变电室

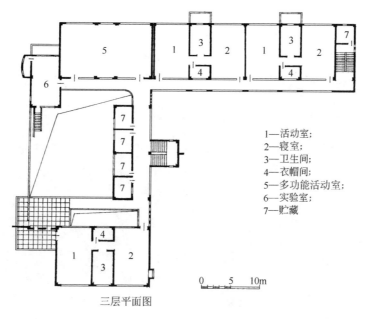

1—活动室;
2—寝室;
3—卫生间;
4—衣帽间;
5—多功能活动室;
6—实验室;
7—贮藏

0　5　10m

三层平面图

南立面图

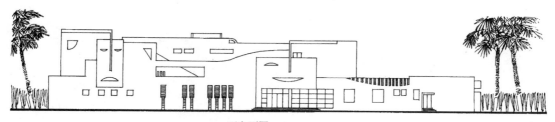

西立面图

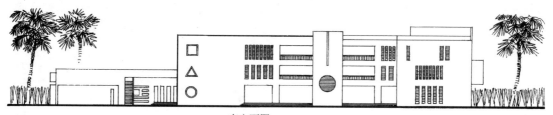

东立面图

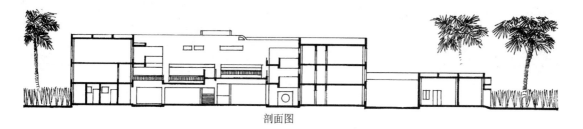

剖面图

鸟瞰

西立面外观

南光庭

外墙彩色百叶窗

17. 南京中华路幼儿园

设计单位：东南大学建筑设计研究院

主要设计人：建筑：黎志涛

　　　　　　结构：王伟成

办园规模：新增5班

基地面积：3103m²（全园）

总建筑面积：1741m²　11.61m²/人

资料来源：黎志涛提供

该幼儿园新增建筑部分为扩大办园规模所建。扩建部分有机地解决了新老建筑结合的处理，使功能和使用更趋完善，体量结合更加完整。主入口采用架空层处理，避免了建筑因距道路太近而产生的压迫感，并使内院通风效果良好。因室外游戏场地在用地南面，为方便各班幼儿进出室外场地，主楼梯采用通透式，空间开敞，流线顺畅。

建筑造型以伞柱、积木式窗框等设计要素，适当表现了幼儿园建筑的个性。

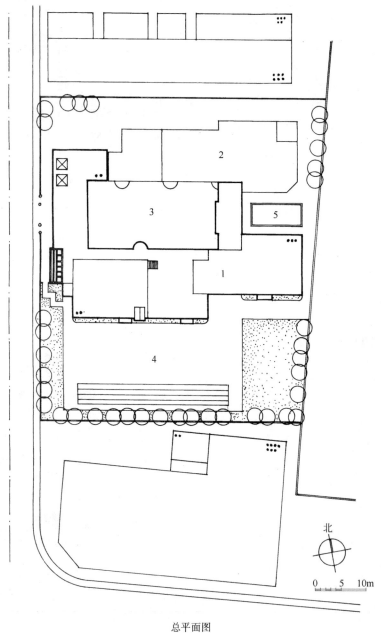

北

0　5　10m

总平面图

1—新建教学楼；2—老教学楼；3—内院；4—集体游戏场地；5—戏水池

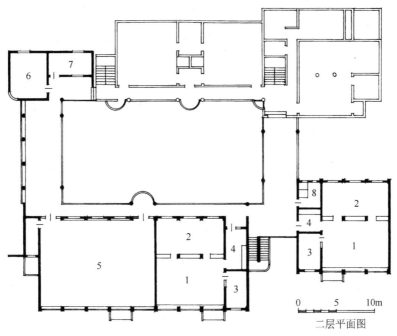

二层平面图

1—活动室；2—寝室；3—卫生间；4—衣帽间；5—多功能活动室；
6—园长室；7—办公室；8—女厕

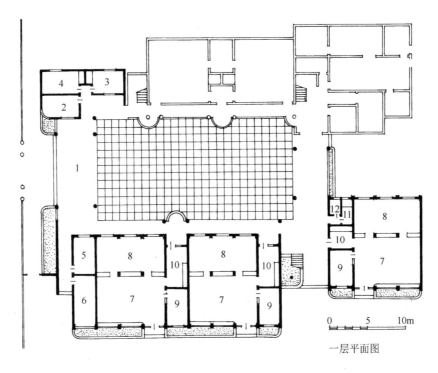

一层平面图

1—入口门廊；2—门卫；3—会计室；4—行政办公室；5—晨检室；6—医务室；
7—活动室；8—寝室；9—卫生间；10—衣帽间；11—男厕；12—女厕

南立面图

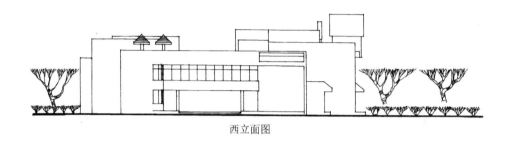

西立面图

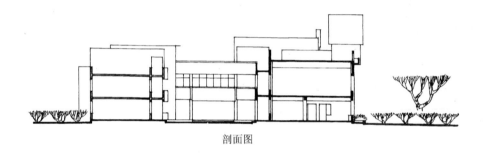

剖面图

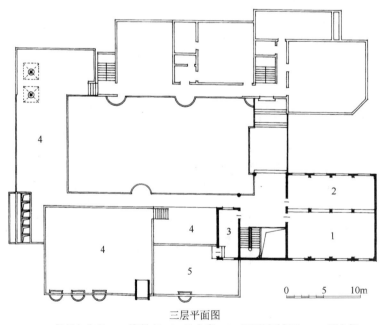

三层平面图

1—教师办公室；2—资料室；3—洗衣房；4—屋顶活动场地；5—晒衣场

南立面外观

内院

屋顶伞亭

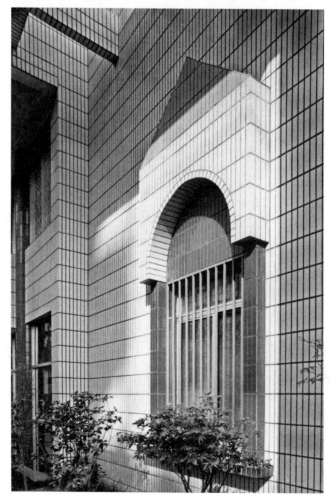

窗之细部

18. 南京政治学院幼儿园

设计单位：东南大学建筑设计研究院

主要设计人：建筑：黎志涛

结构：王伟成

办园规模：6个幼儿班＋2个托儿班

基地面积：2065m² 8.6m²/人

总建筑面积：2601.6m² 10.84m²/人

资料来源：黎志涛提供

该幼儿园用地不足，但就近借用学院内其他活动场地亦能满足教学要求。建筑平面基本上以两幢南北向教学楼围合成内院，很好地解决了各用房的采光通风要求。内院东西两端采用架空层和连廊，使内院不显闭塞。主入口处以积木造型突出了幼儿园建筑的个性。单调的长外廊也因采用垂直构件划分，而增添了形式的趣味性。北立面一层外墙9块马赛克小动物持各种乐器的趣味壁画，更突出了该幼儿园教学以音乐见长的办园特色。

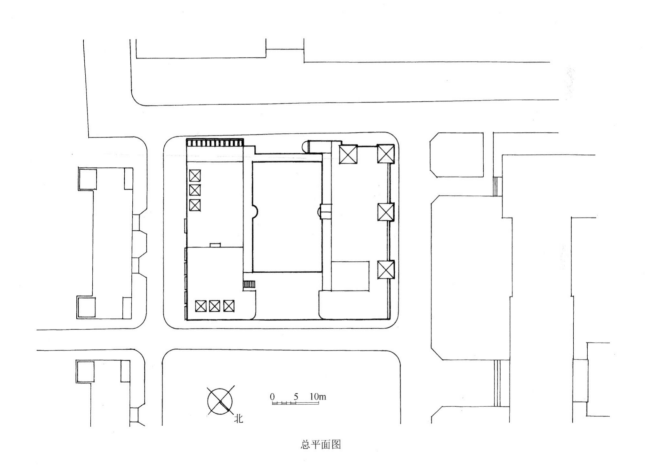

总平面图

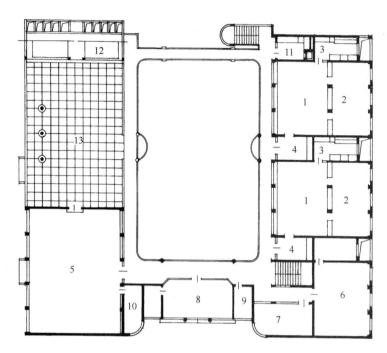

1— 活动室；2— 寝室；3— 卫生间；
4— 衣帽间；5— 多功能活动室；
6— 科学发现室；7— 办公室；
8— 资料兼会议室；9— 教具制作室；
10— 贮藏室；11— 备餐室；12— 沙池；
13— 屋顶活动场地

二层平面图

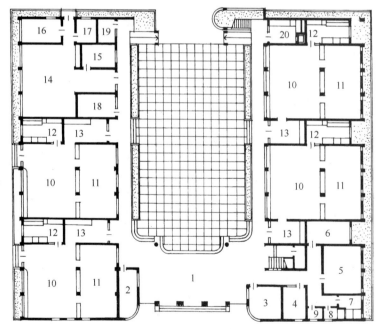

1—门厅；2—传达室；3—晨检保健室；
4—财务室；5—园长、接待室；6—办公室；
7—女厕；8—男厕；9—开水间；
10—活动室；11—寝室；12—卫生间；
13—衣帽间；14—厨房；15—熟食间；
16—库房；17—休息室；18—贮藏室；
19—配电室；20—备餐室

0   5   10m

一层平面图

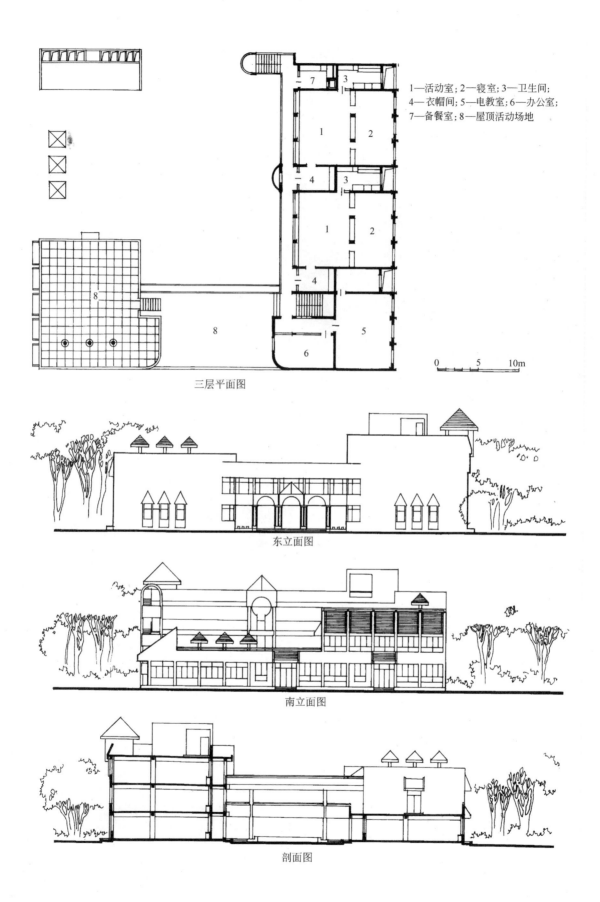

1—活动室；2—寝室；3—卫生间；
4—衣帽间；5—电教室；6—办公室；
7—备餐室；8—屋顶活动场地

三层平面图

0   5   10m

东立面图

南立面图

剖面图

入口

北立面外观

屋顶活动场地

外廊细部

19. 南京龙江小区六一幼儿园

设计单位：东南大学建筑设计研究院

主要设计人：建筑：黎志涛

　　　　　　结构：王伟成

办园规模：9班

基地面积：3028.2m²　11.22m²/人

总建筑面积：3576.4m²　13.25m²/人

资料来源：黎志涛提供

该幼儿园用地狭小，周边住宅楼林立，环境不佳。为尽量扩大室外游戏场地，建筑主体采用一字形南外廊平面布局，使各活动单元采光通风良好。圆形多功能活动室占据基地东南角不规则用地，布局自然有机，并加强了主入口的人流导向。室外游戏场地集中，有利幼儿园教学的灵活机动使用。服务流线居北，与幼儿流线不干扰，功能组织合理。

建筑造型：将长外廊以若干垂直构件进行分段，以及运用尖顶屋檐、楼梯造型、色彩点缀等，从而打破通常长外廊的单调感，并与圆形多功能活动室造型形成主从关系明确的体量组合。

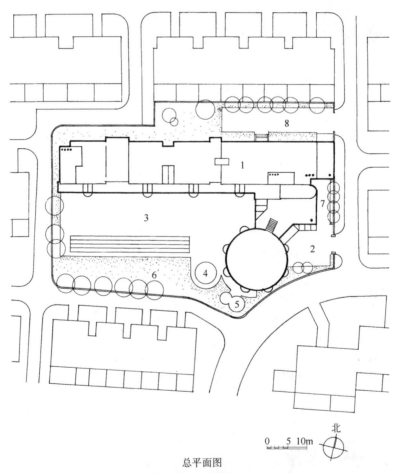

北

0　5　10m

总平面图

1—教学楼；2—入口广场；3—集体游戏场地；

4—戏水池；5—沙池；6—器械活动场地；

7—自行车存放处；8—杂物院

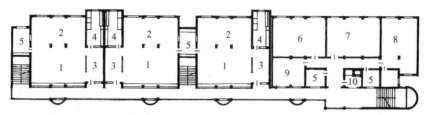

1—活动室；2—寝室；3—餐室；4—卫生间；5—贮藏间；
6—美工室；7—电教室；8—科学发现室；9—教师办公室；
10—备餐室

三层平面图

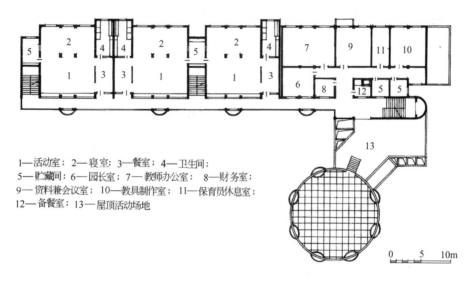

1—活动室；2—寝室；3—餐室；4—卫生间；
5—贮藏间；6—园长室；7—教师办公室；8—财务室；
9—资料兼会议室；10—教具制作室；11—保育员休息室；
12—备餐室；13—屋顶活动场地

0 5 10m

二层平面图

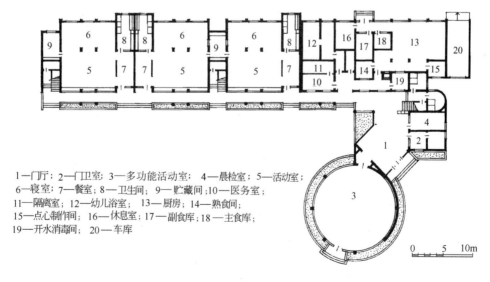

1—门厅；2—门卫室；3—多功能活动室；4—晨检室；5—活动室；
6—寝室；7—餐室；8—卫生间；9—贮藏间；10—医务室；
11—隔离室；12—幼儿浴室；13—厨房；14—熟食间；
15—点心制作间；16—休息室；17—副食库；18—主食库；
19—开水消毒间；20—车库

0 5 10m

一层平面图

313

南立面图

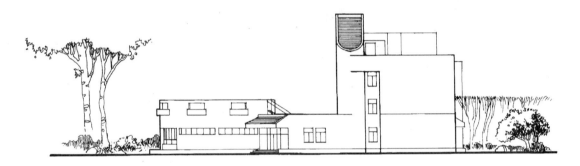

东立面图

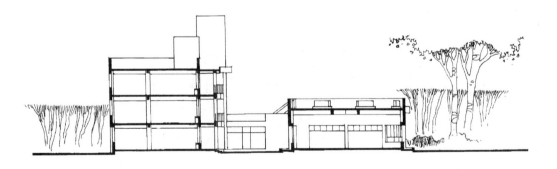

剖面图

314

入口

南立面外观

多功能活动室

室外活动场地

20. 深圳蛇口幼儿园

设计单位：深圳市城市规划设计研究院　　　　　　基地面积：3055m² 11.31m²/人

主要设计人：建筑：费晓华　　　　　　　　　　　总建筑面积：2754m² 10.2m²/人

　　　　　　结构：秦修煜　　　　　　　　　　　资料来源：费晓华提供

办园规模：9班

　　该幼儿园在基地狭小、周边被7层住宅围合的不利环境条件下，力求运用岭南庭园布局手法，创造五个具有通风采光功能并增添观赏趣味的天井，较好地做到适应性气候设计。为适应基地不规则形状及在竖向上扩大室外活动场地，该幼儿园在平面布局上呈锯齿状，在空间上采用退台式，从而获得建筑体量高低错落、室外空间丰富的效果，并创造多个屋顶平台，满足了幼儿开展室外游戏活动的要求。

　　在室内外细部处理上，充分运用色彩、纹饰、构成等手法，突出了幼儿园建筑的个性。

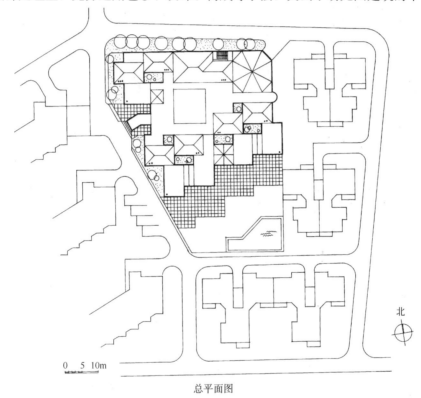

0　5　10m

总平面图

南立面外观

317

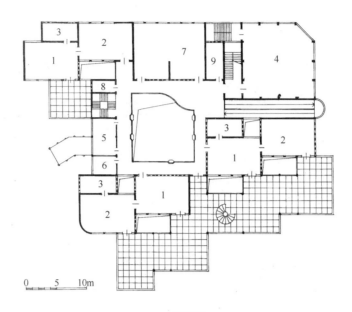

二层平面图

1—活动室；2—寝室；3—卫生间；4—多功能活动室；5—园长室；6—财务室；7—资料兼备课室；
8—开水间；9—女浴厕

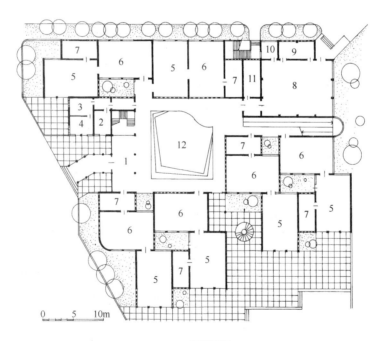

一层平面图

1—门厅；2—值班室；3—医务室；4—隔离室；5—活动室；6—寝室；
7—卫生间；8—厨房；9—库房；10—更衣室；11—男厕浴；12—中庭

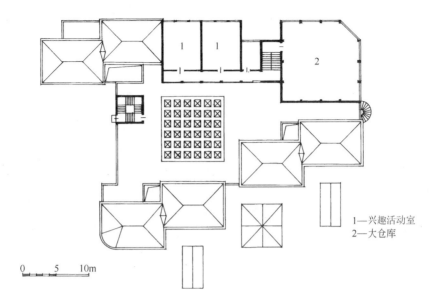

1—兴趣活动室
2—大仓库

0　5　10m

三层平面图

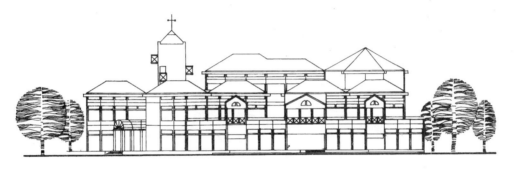

南立面图

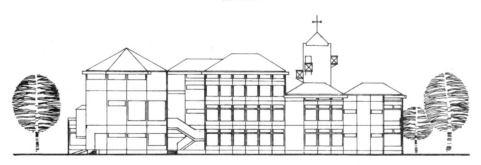

北立面图

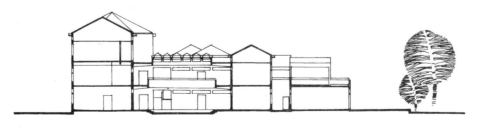

剖面图

21. 南京市第三幼儿园北教学楼

设计单位：东南大学建筑设计研究院

主要设计人：建筑：黎志涛

结构：王伟成

办园规模：新增4班

基地面积：5888m²（全园）

总建筑面积：1608.2m²　13.40m²/人

资料来源：黎志涛提供

该幼儿园教学楼为拆危重建，借此新楼将该幼儿园原部分分散布局的建筑形成彼此互通的有机整体。因该幼儿园为寄宿制，故平面功能分区将4个班的活动室布局在一二层，各班寝室集中设置在三层，有利夜间集中管理和安全。平面设计中，较早引入合班教学的共享空间，可适应现代幼儿园教学的需要。室内设计充分考虑幼儿生理和心理的特点，细部处理体贴入微，不但满足幼儿身心健康发展的需要，而且，创造了迎合幼儿心理的趣味空间。

建筑造型运用童话世界的建筑形象要素，点缀幼儿易于认知的色彩，不但创造了教学楼的独特个性，而且为该幼儿园陆续改造，形成完整的新形象奠定了基调。

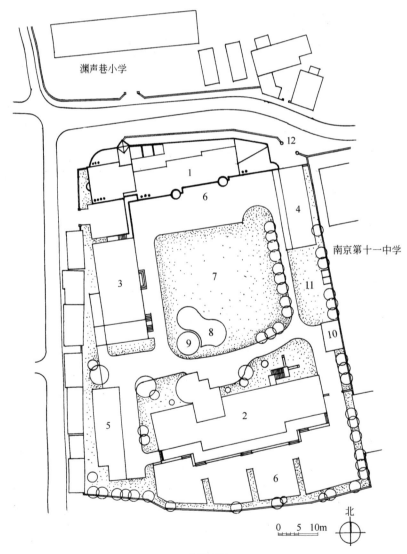

总平面图

1—北教学楼；2—南教学楼；3—多功能活动室；4—办公楼；5—厨房；6—班级活动场地；

7—集体活动场地；8—游泳池；9—戏水池；10—花房；11—小动物房舍；12—主入口

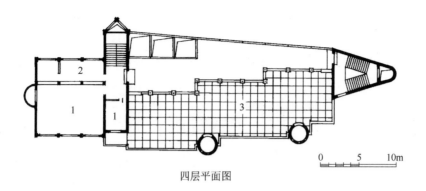

四层平面图

1—教师办公室；2—阅览室；3—屋顶活动场地

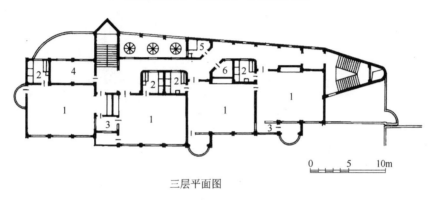

三层平面图

1—寝室；2—卫生间；3—值班室；4—保育员值宿室；5—厕所；6—贮藏室

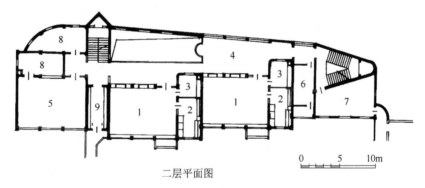

二层平面图

1—活动室；2—卫生间；3—衣帽间； 4—游戏区；5—音乐室；
6—园长室；7—教师活动室；8—贮藏室；9—趣味走廊

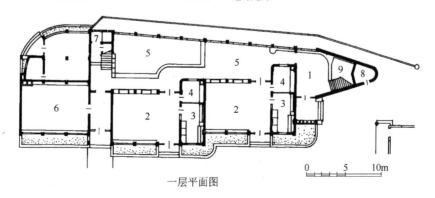

一层平面图

1—门厅；2—活动室；3—卫生间；4—衣帽间；5—游戏区；
6—美工室；7—厕所；8—贮藏室；9—景观水池

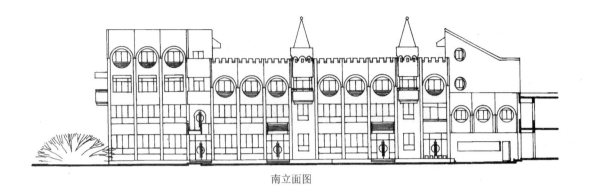

南立面图

北立面图

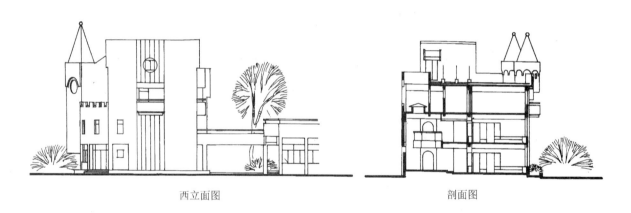

西立面图　　　　　　　　　剖面图

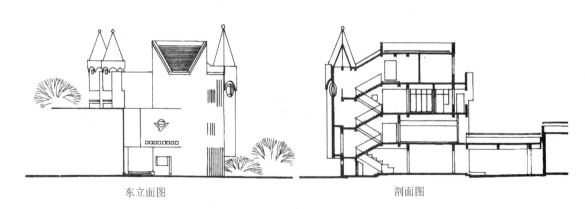

东立面图　　　　　　　　　剖面图

0　　5　　10m

南立面外观

入口大门

活动室

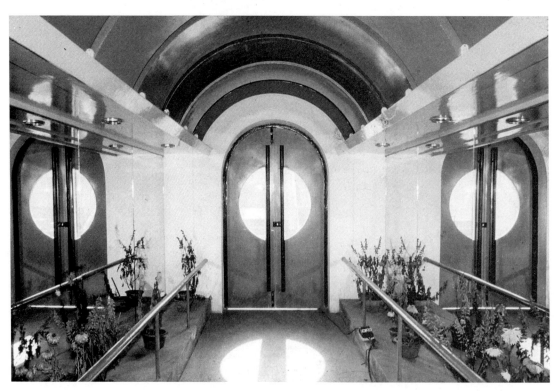

趣味走廊

活动室外门细部

22. 南京军区政治部幼儿园

设计单位：南京市建筑设计研究院

主要设计人：建筑：李调平

结构：李建宁

办园规模：9班

基地面积：5102m² 18.9m²/人

总建筑面积：2909.12m² 10.77m²/人

资料来源：李调平提供

该幼儿园功能分区合理，朝向、通风、采光良好。内庭院与室外活动场地和屋顶花园等室外空间相互交融，横竖贯通，形成了丰富的空间序列。细部设计充分考虑了幼儿生理与心理特点。重复组合的圆弧形基本活动单元、蘑菇形滑梯及导向性较强的主入口处理使建筑造型具有强烈的韵律感。

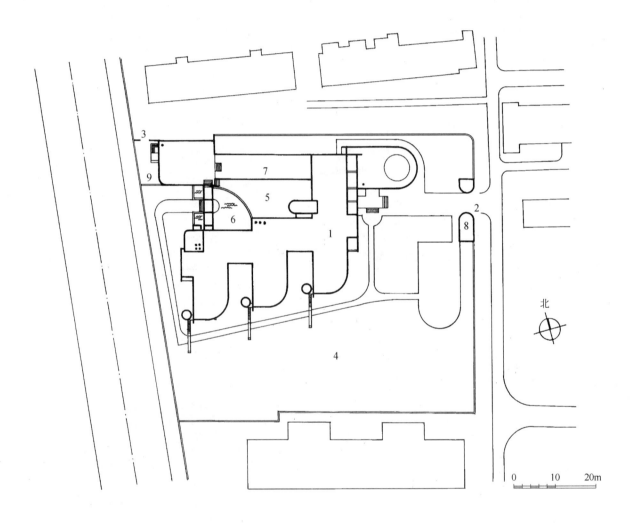

总平面图

1—教学楼；2—主入口；3—次入口；4—共用室外活动场地；5—内院；6—水池；7—屋顶活动场地；8—门卫；9—杂物院

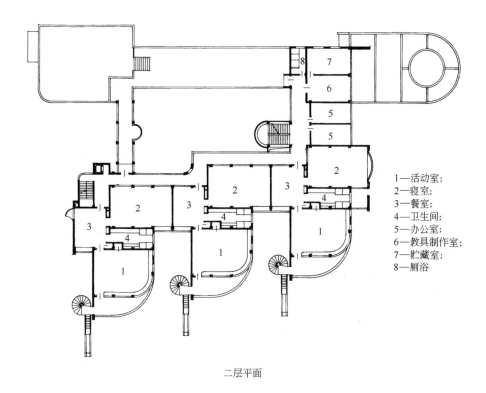

二层平面

1—活动室；
2—寝室；
3—餐室；
4—卫生间；
5—办公室；
6—教具制作室；
7—贮藏室；
8—厕浴

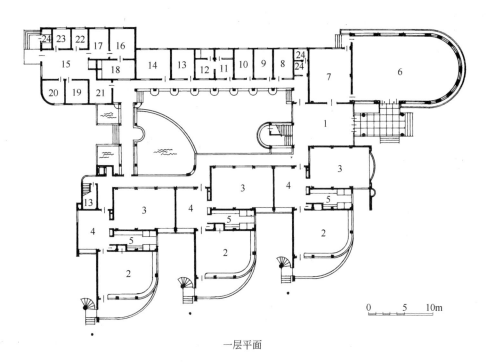

一层平面

0　　5　　10m

1—门厅；2—活动室；3—寝室；4—餐室；5—卫生间；6—多功能活动室；7—会议接待室；8—值班室；9—财务室；
10—园长室；11—保健室；12—隔离室；13—贮藏室；14—洗衣间；15—粗加工间；16—蒸煮间；17—烹调间；
18—备餐间；19—主食库；20—副食库；21—开水消毒间；22—冷藏室；23—休息室；24—厕所

327

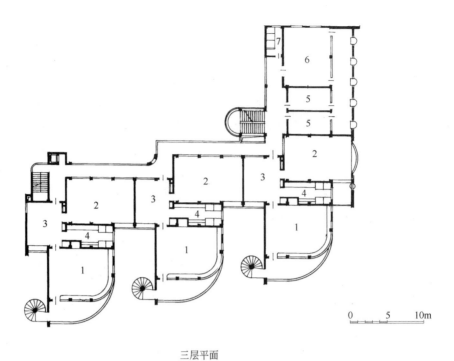

三层平面

1—活动室；2—寝室；3—餐室；4—卫生间；5—办公室；6—电教室；7—厕浴

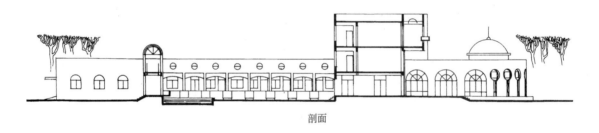

剖面

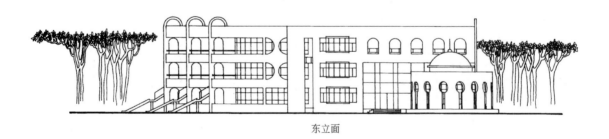

东立面

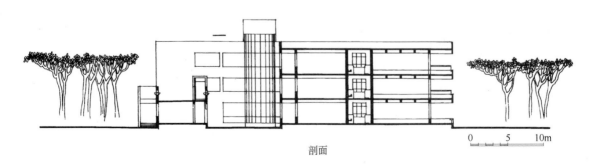

剖面

鸟瞰

活动单元外观

活动室

23. 日本东京都小平市 NAOBI 幼稚园

设计单位：建筑：难波和彦十界工作室　　　　　建筑面积：1335.29m²
　　　　　结构：佐佐木睦朗构造计画研究所　　　资料来源：新建筑（日）2004.5
占地面积：3274.99m²

该幼稚园以"箱体之家"作为概念构思，竭力营造开放空间的气氛，以适应园长所倡导的开放式教学体系目标。

在平面设计中，为实现上述要求，将所有幼儿生活用房都面向有良好日照的庭园。各保育室之间取消隔墙，形成单一的空间形态，室内仅通过木制家具进行象征性空间划分，或与外廊进行柔性分隔。而外廊是有屋顶覆盖的灰空间，成为从保育室到室外庭院的过渡。

为了避免保育室大空间与防火规范有矛盾，因此该幼稚园最终选择了钢结构，以满足防火分区对大面积的要求。为了不使钢结构太显眼，并产生冷冰冰感觉，最终以木装修饰面，使室内具有一种柔和的亲切感。

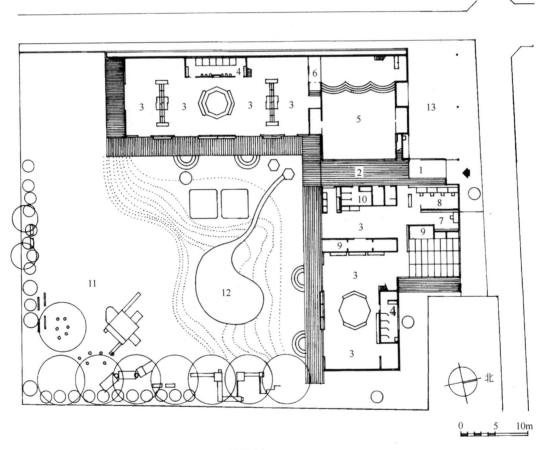

一层平面

1—入口门厅；2—大厅；3—保育室；4—卫生间；5—游戏室；6—控制室；7—园长室；
8—办公室；9—贮藏室；10—成人厕所；11—室外游戏场地；12—水池；13—停车场

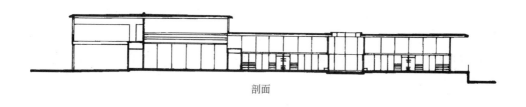

剖面

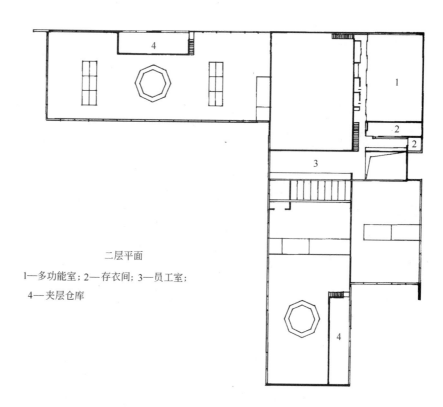

二层平面

1—多功能室；2—存衣间；3—员工室；

4—夹层仓库

全景鸟瞰

西侧保育室

游戏室

24. 日本冈山市大福保育园

设计单位：建筑：竹原义＝/无有建筑工房　　场地面积：3269.12m²
　　　　　结构：GAL 构造事务所　　　　　　总建筑面积：996.29m²
办园规模：5 个班　　　　　　　　　　　　资料来源：新建筑（日）2004.5

该保育园位于冈山市西南，处于广阔田园地带与住宅之间，是将旧园拆除，重新设计所建。

规划中将周边的田园风光融入保育园环境中，给孩子们带来乐趣和景色。建筑布局形成三合院式围合。室内各房间由宽敞的回廊连接，而各房间外部则由平台相连，成为与庭院的过渡。这里有时成为孩子们就餐的地方，以获得与室内就餐不同的氛围。

建筑结构由木、钢筋混凝土、钢结构共同构成，以充分发挥不同材料受力性能。

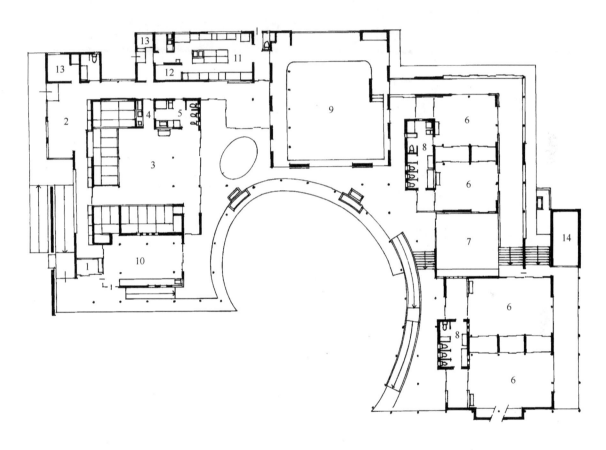

平面图

1—门厅；2—大厅；3—乳儿室；4—调乳室；5—浴室、卫生间；6—保育室；7—临时保育室；
8—卫生间；9—多功能室；10—办公室；11—调理室；12—食品库；13—更衣室；14—游泳池

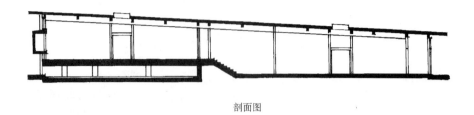

剖面图

南立面图

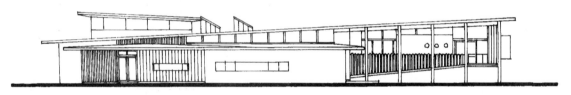

北立面图

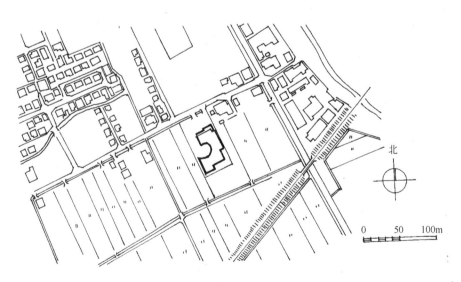

总平面图

北

0 50 100m

从内庭园看 4 岁、5 岁保育室

4 岁、5 岁保育室室内

大福保育園

設計 竹原義二　無有建築工房

中庭

从回廊看田野

336

25. 丹麦兰德斯明日日间托管中心

设计人：恩·考特·安德森和托尔豪鲁·西 　　　资料来源：张玫英提供
伽德森（Ene Cordt Andersen or
Thorhallur Sigurdsson）

该建筑分为三部分：北面是婴儿室，南面是幼稚园，中间是公共服务部分。从平面上看就像一系列连续的山峰和山谷，犹如远处景色优美的兰德斯峡湾山地起伏一样，给人一种联想。在突出的峰内是供各组儿童使用的活动房间，而山谷部分自然形成大大小小的出入口。每组的活动用房形状各不相同，平面的中间部分是有一系列曲面墙板分隔而成的序列空间，沿南北方向或分或合地形成大小不同的活动区域，即各种公共用房。位于幼稚园部分的圆形中庭是这一部分的公共活动中心，它由3个小组活动用房围合而成。与中庭相接的动态空间有些类似于街道，设有通向屋顶平台的楼梯和衣帽间，与周围的空间联系密切，但在材料、高度和开窗方式上都有所区别，使儿童很容易就可以把这条通道和自己的房间区分开来。沿着这条通道走到尽头是托儿所的小中庭。这3个公共部分既各自独立又连成一体，给儿童带来诸多空间上的变化与惊喜。

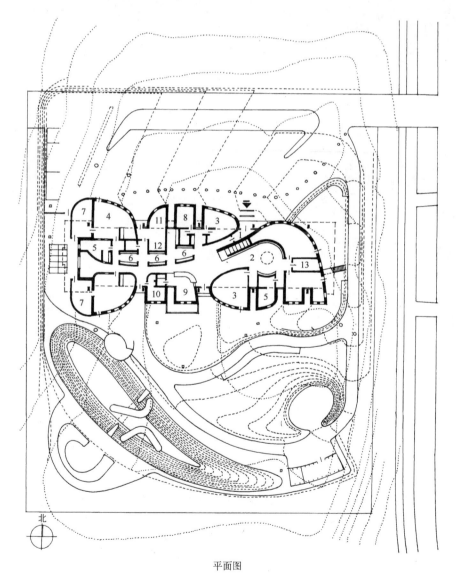

平面图

1—入口；2—中庭；3—分组活动室；4—托儿室；5—卫生间；6—衣帽间；7—卧室；
8—办公室；9—厨房；10—洗衣房；11—婴儿车存放处；12—设备间；13—贮藏室

337

东南角外观

中庭

北立面外观

走廊

26. 日本爱知县一宫市未广保育园

设计单位：建筑：藤木隆男建筑研究所 　　　　建筑面积：1539.50m²

　　　　　结构：森勇建筑构造设计事务所 　　　　资料来源：新建筑（日）2000.8

占地面积：2461.44m²

该幼稚园位于宁静的街区，实际上是正常儿保育、残疾儿保育、临时保育以及为有生活障碍老人提供体能训练、吃饭、娱乐服务的复合设施。如何在不大的用地上安排众多功能内容就成为设计的难题。其次，要保证所有服务对象都有良好的"接地性"，即都能在地上活动成为建筑师构思的宗旨。

为此，把高龄者设施、部分保育室、婴儿室和临时保育室布置在一层。其他保育室等布置在二层，并将一层屋面覆土作"地面化"，同时以缓坡将二层地坪与一层地面自然联系起来，使孩子们的行动获得"洄游性"，并使儿童与高龄者能够自然交往、接触。

根据对应于周边环境条件以及内部功能，该建筑作了多样的立面外表皮设计，有素混凝土、装饰板墙面等；内部则强调空间的整体性和材料的表现以及创造自然采光通风的室内环境。

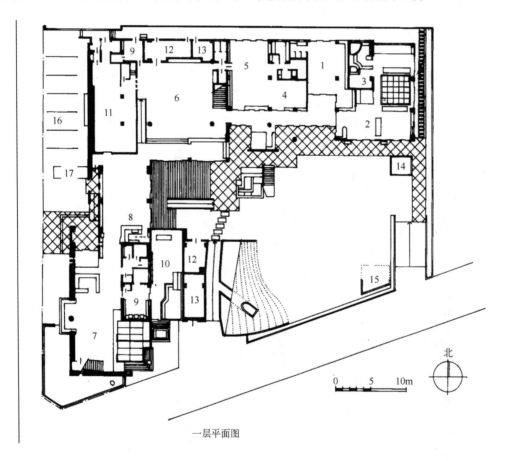

一层平面图

1—临时保育室；2—乳儿室；3—卫生间；4—园长、接待室；5—办公、医务室；6—游戏室；
7—体能训练室；8—开水间；9—更衣室；10—浴室；11—厨房；12—食库；13—机械室；14—沙场；
15—动物房舍；16—停车场；17—接送大巴处

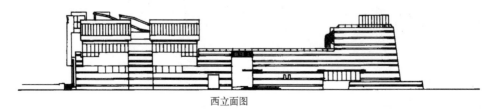

西立面图

1—保育室；2—游戏室；3—阅读角；
4—谈话室兼看护员教育室；5—禽舍；
6—洗脚处

二层平面图

剖面图

保育室

日常动作训练室

覆土屋顶

27. 日本岐阜市 WAKABA 第三幼稚园

设计单位：建筑：藤木隆男建筑研究所　　　　　建筑面积：2404.25m²
　　　　　结构：中田捷夫研究室　　　　　　　　资料来源：新建筑（日）1998.10
占地面积：2423.89m²

该幼稚园位于岐阜市南部较远的一个农、商、工混合区域，用地方整。

该幼稚园是一个分期改建工程。一期工程是在旧园舍之西的停车场上，先行建3层外廊式园舍，平面紧凑。其中，一层为低班保育室，二层为中班保育室，三层为多功能室。此建设期并不影响幼稚园的正常生活。二期工程利用旧园舍拆除后的用地，采用集中式L形平面布局，以保育室环绕外部空间——室外活动场地。这样的处理，使该室外场地同旧园舍庭院面积一样大。

虽然建筑采用了L形的常规平面形式，但屋顶的造型通过长短、高低不同的屋顶形式组合，形成丰富的天际线。面向庭院的建筑外墙均采用木制板材饰面和木制门窗，形成围合的向心空间。

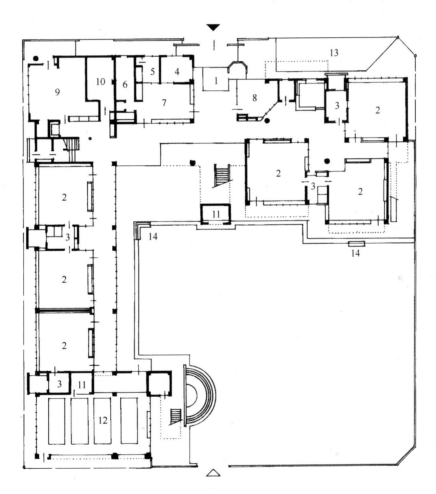

一层平面图

1—门厅；2—保育室；3—卫生间；4—接待室；5—保健室；6—教材室；

7—办公室；8—会议室；9—厨房；10—机械室；11—仓库；12—车库；

13—停车场；14—洗脚处

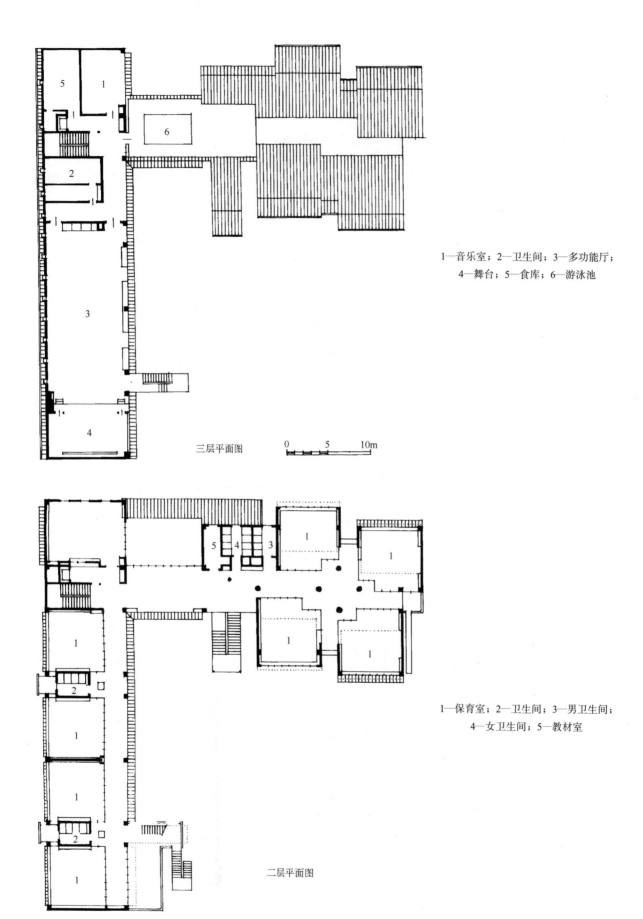

1—音乐室；2—卫生间；3—多功能厅；
　　4—舞台；5—食库；6—游泳池

三层平面图　　　0　　5　　10m

1—保育室；2—卫生间；3—男卫生间；
　　4—女卫生间；5—教材室

二层平面图

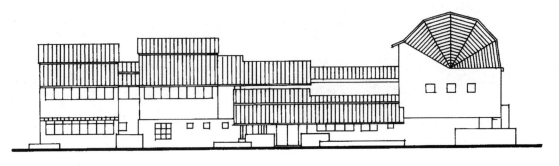

北立面图

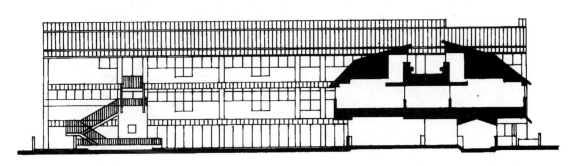

东剖立面图

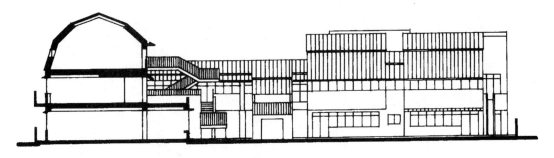

南剖立面图

北侧全景

东侧外观

室外平台

多功能厅

28. 丹麦阿尔博隆德预备学校

设计单位：BO×25 事务所　　　　　　　　资料来源：张玫英提供

办园规模：80 名儿童

该预备学校（学前班）将生态概念引入幼稚园的设计中，形成与同类幼稚园不同的特色。

平面设计采用较为规则的矩形，以减少建筑的外墙表面积，同时将开敞式厨房所围绕的大型公共空间作为建筑布局的核心。这是一种将热源设在平面中心的传统节能设计手法，旨在减少热损失。

公共空间的北面是音乐教室，而周围的其他教室则通过两个椭圆形过渡空间与公共空间联系起来。这两个椭圆形平面其上是锥形体，高出屋面成为斜天窗，将大片阳光引入室内，并在四壁投下斑驳的光影，使儿童随时注意到天气的变化和一天中太阳的运动。建筑屋顶顺应地形向南倾斜，入口处设有水道收集雨水，儿童通过两座小桥进入幼稚园。一方面增添了趣味，另一方面是为了向儿童展示雨水的回收过程。

幼稚园的室外活动场地设在南面，有大片草地、果树和灌木。整个建筑与自然环境和谐相处，简洁质朴，毫不张扬。

这里所有水、电、能量和食物的循环都是可见的，儿童可以亲眼看到它们产生、使用、废弃和再循环的全过程，让儿童从小就了解环保。此外，每个班的供热和用电可以根据需要单独控制，避免能源浪费。整个设施的电源均来自太阳能，将来还考虑利用风能。

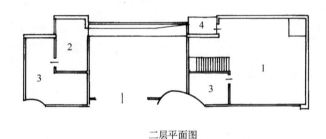

二层平面图

1—贮藏间；2—阁楼；3—通风空间；4—阳台

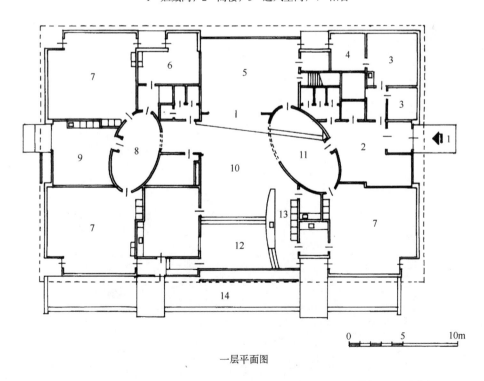

一层平面图

1—入口；2—衣帽间；3—办公室；4—会议室；5—音乐教室；6—工作间；7—活动室；
8—等候空间；9—图书室；10—公共活动室；11—展示空间；12—餐室；13—厨房；14—水渠

外景

入口

图书室

29. 日本东京都葛饰区东江幼稚园

设计单位：建筑：村山建筑设计事务所 　　　　建筑面积：498.32m²
　　　　　结构：早水定男 　　　　　　　　　资料来源：新建筑（日）1995.4
占地面积：902.08m²

木场是日本从江户时代以来的木材批发市场，市场上有大量从北美运来的原始木材，其中不乏树龄在百年以上，这在日本可算是天然纪念物了。因此，该幼稚园的设计构思选取"天然纪念物"作为建筑的中心柱，并挑选54根梢径为30cm以上的松圆木进行建造，以此给城市里的孩子们长长见识。

保育室采用近似五边形的平面，屋顶采用柔和的曲线设计，上部覆盖硅藻土，形成牧歌式的柔和氛围与情调。

为了隔断道路的噪声，建筑的北墙为混凝土浇筑，建筑自身也围合，形成中庭。L形的建筑平面向东南方向敞开，形成迎合孩子和母亲们的欢迎形象。游戏室处于建筑的中部，并不是一个只为各种仪式准备的特殊空间，而是希望给孩子们提供一个自由出入的游戏场所。

 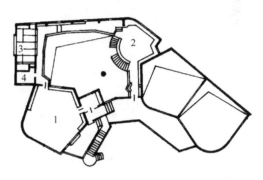

一层平面图 　　　　　　　　　　　　　　　　　二层平面图

1—保育室；2—游戏室；3—卫生间；4—办公室；　　1—职员室；2—家庭室；3—和室；4—贮藏室
5—仓库

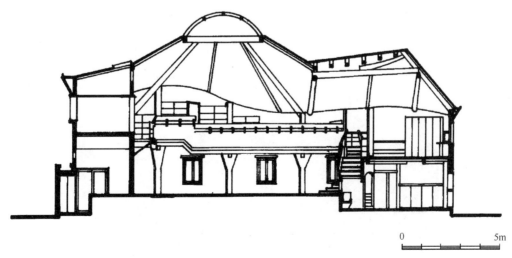

剖面图

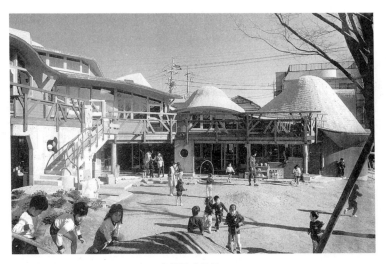

室外游戏场地

游戏室

游戏室

卫生间

30. 丹麦哥本哈根阿玛格尔幼儿中心

设计单位：哥本哈根 Virumgard 建筑事务所
设计人：邬拉·波尔森和约尔根·拉恩（Ulla
PoulSen and Jorgen Raun）
办园规模：220 名学前儿童

花园面积：1200m²
总建筑面积：698m²　6.3m²/人
资料来源：Mark Dudek. Kindergarten Architecture

该幼稚园平面以中心游戏空间为核心，环绕 5 个班级活动单元，每班级由活动室、安静活动室、更衣、浴厕和一个开放式的衣帽间组成。各班都可以直接到室外花园游戏。在入口的右侧均为服务管理用房和童车存放。

建筑造型为一层，中心游戏空间较高敞，而各班级活动单元较低矮，特别是夸张的建筑低矮屋檐使内部空间显得更接近儿童尺度。孩子们在里面感到安全可靠。

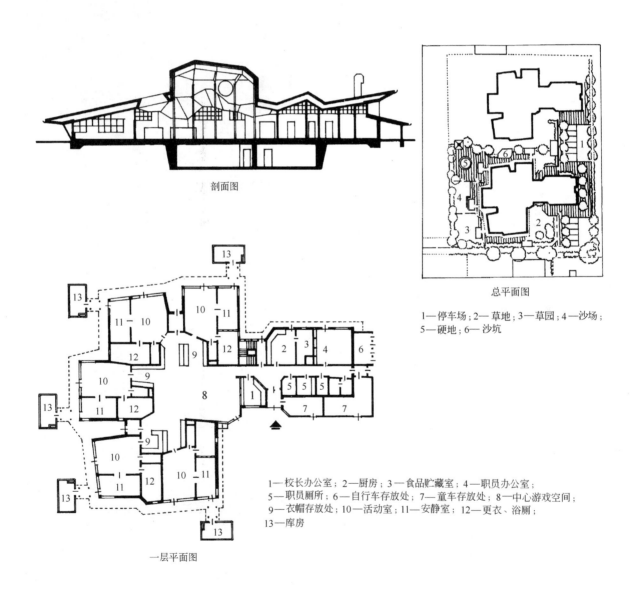

剖面图

总平面图

1—停车场；2—草地；3—草园；4—沙场；
5—硬地；6—沙坑

1—校长办公室；2—厨房；3—食品贮藏室；4—职员办公室；
5—职员厕所；6—自行车存放处；7—童车存放处；8—中心游戏空间；
9—衣帽存放处；10—活动室；11—安静室；12—更衣、浴厕；
13—库房

一层平面图

入口

库房

31. 德国法兰克福北黑德海姆幼稚园

设计人：佛登斯列·亨德华沙（Friedensreich Hundertwasser）

办园规模：60 名学前儿童（3～6 岁）和为 40 名小学生提供下午学习场所

总建筑面积：780m² 7.8m²/人

资料来源：Mark Dudek. Kindergarten Architecture

该幼稚园地处城市郊区。设计者的设计构思是竭力摹仿自然。不仅如此，他还受到福禄培尔和斯坦纳的哲学思想影响，十分重视对儿童建筑个性的创造。因此，在建筑形式上超出一般人的评价理念，大胆运用看似毫无规律、条理的手法进行建筑创作。例如夸张的超大廊柱、形式各异的窗户，特别是两个穹顶，一个像洋葱头，一个像钟塔。似乎这些东西很突兀，但是设计者是以孩子的眼光看问题，因此向常规的设计手法提出了挑战。

值得称道的是，该幼稚园模仿周围自然地形，在屋顶上覆土植草皮，形成土丘，由此使室内保温隔热性能好。但由于窗户较小，室内光线较暗。

在平面设计中，入口隐藏在北面的柱廊下，进入门厅走廊，经过两侧衣帽间可到达各活动室和多功能厅。有一个楼梯可上至二层，这里是两个供小学生下午学习的教室，并与室外覆有草皮的屋顶平台相连。

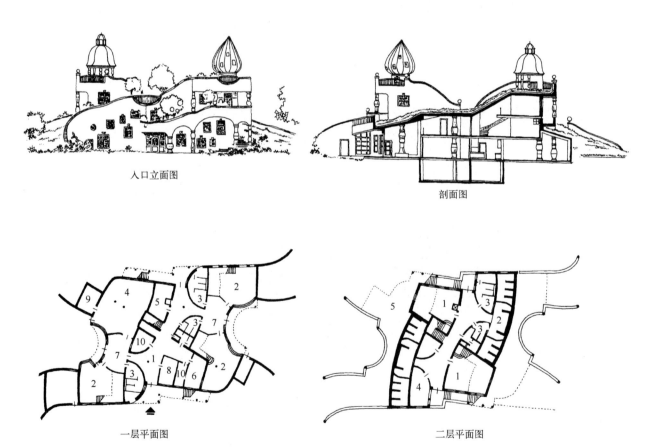

入口立面图

剖面图

一层平面图

二层平面图

1—入口大厅；2—活动室；3—卫生间；4—多功能厅；5—厨房；
6—校长办公室；7—过厅兼衣帽间；8—办公室；9—温室；10—库房

1—活动室；2—衣帽间；3—卫生间；4—厨房；5—室外平台

入口立面

覆土屋顶

活动室

32. 纽约康宁（Corning）儿童发展中心

设计人：迈克·斯科金和梅里尔·伊莱姆
（Mack Scogin and Merrill Elam）

办园规模：144 名儿童

花园面积：1300m²

总建筑面积：1100m²　8.5m²/人

资料来源：Mark Dudek. Kindergarten Architecture

该幼稚园试图创造一种环境，即空间丰富，并作为一种玩具的延伸，使孩子们获得愉快和受教育的娱乐性场所。因此，从入口进入门厅，在中心位置有两层高中庭的上方，有一个扭曲状的天窗塔楼，阳光从中洒下，充满了活力。整个平面从门厅向西、北、东三个方向辐射出三条走廊，并各自拓宽，形成能展开游戏的活动走廊，为不同年龄的孩子提供了一个聚集的交往区域。

建筑造型丰富，由低矮的单层活动室到有 6.1m 高的瞭望塔，屋顶高低错落。特别是立面上窗的形式与尺寸各不相同，每一个窗可以框出一个特殊的景观，或者提供一定量的光线。这种窗的排列从用来作为讲故事区域的方形凸窗，到用来作为游戏区域的偏心弯月形窗等都与外墙面水平板材线形产生了强烈的对比。

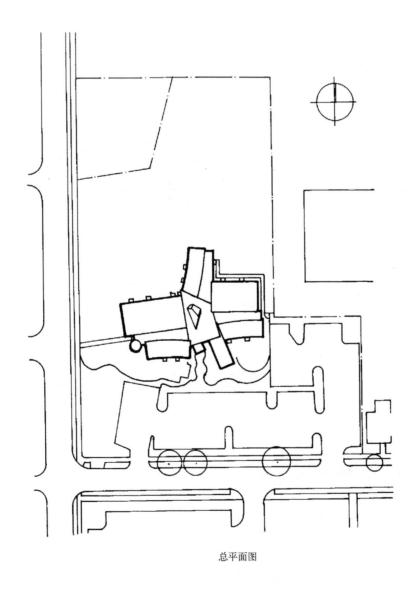

总平面图

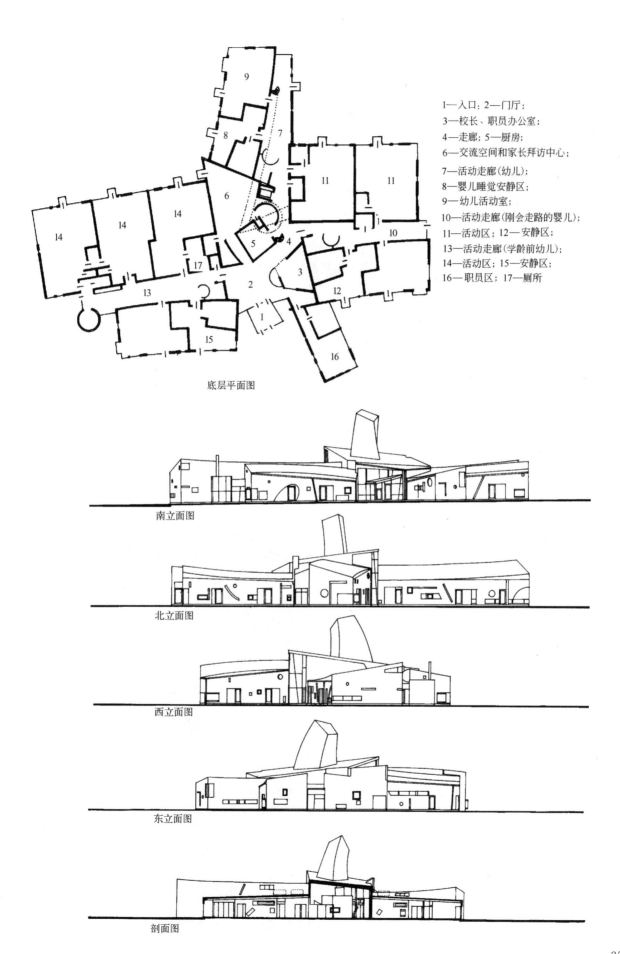

1—入口；2—门厅；
3—校长、职员办公室；
4—走廊；5—厨房；
6—交流空间和家长拜访中心；
7—活动走廊(幼儿)；
8—婴儿睡觉安静区；
9—幼儿活动室；
10—活动走廊(刚会走路的婴儿)；
11—活动区；12—安静区；
13—活动走廊(学龄前幼儿)；
14—活动区；15—安静区；
16—职员区；17—厕所

底层平面图

南立面图

北立面图

西立面图

东立面图

剖面图

南立面入口

西南角外观

活动室内

33. 挪威阿克胡斯斯坦斯比职工托儿所

设计人：克丽斯汀·雅蒙德（Kristin Jarmund）

办园规模：60 名学前儿童

花园面积：9600m²（游戏面积 3400m²）

总建筑面积：445m²　7.4m²/人

资料来源：Mark Dudek. Kindergarten Architecture

该托儿所位于一座大型现代医院内，从东北面入口可以看到一道长长的弧形外墙，像臂膀一样护着幼儿，在墙上有许多孔洞，暗示其背后有许多有趣的事情会发生。

从门厅进入一条内走廊，其连接着各活动室的盥洗室、厕所、衣帽间以及厨房、洗衣房，形成服务区带。光线从走廊高窗洒下，形成宁静的气氛。

穿过服务区便进入活动区域，各班活动室光线明亮、通透，并面向一片森林。每班级由一个安静区、一个活动室和一个被称为"游戏盒子"的空间组成。其中各班级四个"游戏盒子"呈现不同形态。它们穿过南外墙延伸到院子中。而且，四个盒子的颜色象征四个季节，并为孩子们提供了认识各自班级的识别性标志。

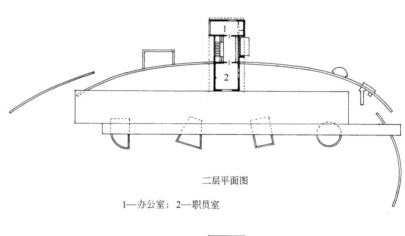

二层平面图

1—办公室；2—职员室

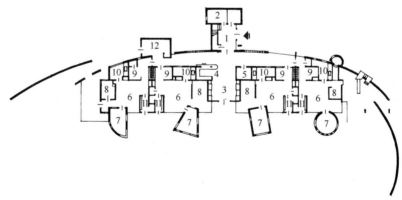

一层平面图

1—门厅；2—职员室；3—等候空间；4—开敞式厨房；5—洗衣房；6—活动室；7—游戏室；

8—阅读区；9—衣帽间；10—卫生间；11—职员厕所；12—设备间

剖面图

全景

北立面外观

34. 墨西哥提华纳希望儿童之家

设计人：詹姆士·T哈贝尔（James T Hubbell）　　　　总建筑面积：140m² 2.3m²/人

办园规模：120 名儿童　　　　　　　　　　　　　　资料来源：Mark Dudek. Kindergarten Architecture

庭院面积：240m²

这是一个坐落在墨西哥边界城镇落后地区的幼稚园，是为贫困孩子和他们的母亲而建。

该幼稚园平面很简洁，正方形的基地附带一个狭长的地块被高墙围合。方形基地沿对角线分为建筑和室外场地两部分，建筑向阳面有一半圆形外廊，教室的窗户开向东南方向。廊柱从厚重的混凝土屋顶上一直延伸到地面。外形看起来像一只洁净的白色小蛙，矮胖、柔软又生气勃勃。扇贝形屋面在雨季可以聚集雨水，用来浇灌院子里的植物。

在方形基地中心有一棵"故事树"。当它长到越来越茂盛高大时，不但可提供更多的遮阴，而且成为兴趣中心，在满是灰尘的环境中成为一种天然的地标。老师可以带领孩子们坐在树下玩耍。另外，在院子里有一个蛙状的水池，供孩子们在炎热的季节快乐嬉水。还有两处木构架廊，形成室外教学空间。

这所幼稚园作为聚会场所还可以服务于社会，成为家庭和广大社会团体举行庆典或宣布周末事务的中心。

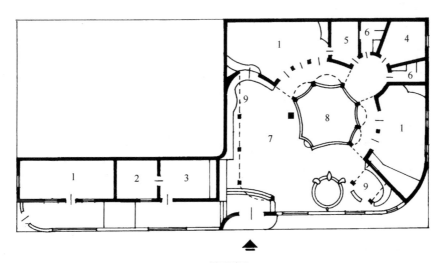

一层平面图

1—教室；2—医务室；3—厨房；4—办公室；5—贮藏间；6—厕所；
7—室外游戏场地；8—故事树；9—木构架廊

瞰视全景

外廊

35. 奥地利施蒂里亚哈特区幼儿学校

主要设计人：康拉德·弗赖（Konrad Frey）　　　　建筑面积：540m²

办园规模：3班　　　　　　　　　　　　　　　资料来源：The Architectural Review 2002. 5.

该幼稚园设计与众不同。设计者将服务设施如盥洗室、衣帽间、贮藏间等置于北侧，并运用一个弯曲的走廊将教室与门厅连接起来，还通过天窗解决了北向房间的采光问题。

四个教室前都有一个小露台，孩子们可以在此做游戏。南侧教室的大玻璃窗和北侧的天窗可使室内外空气流通。特别有趣的是，一个用半透明玻璃罩罩着的滑梯可以从屋顶滑到教室前的草坪上，而屋顶与幼稚园北面的高坎路面是通过一段小桥相连的。

该幼稚园在预算有限，且需要做地下混凝土地基的情况下，设计者通过精心设计，最终的费用仍是非常经济的。由于地热的大量使用，通风、采光全部为自然而非机械。南向大玻璃窗的使用保证了冬季的充分日照，而拱形屋顶挑出的构造在夏季可遮挡多余的阳光。

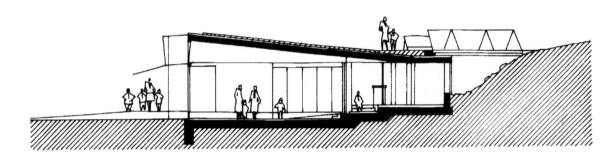

剖面图

平面图

1—教室；2—多功能室；3—走廊；4—办公室；5—厨房；6—卫生间；7—衣帽间

玻璃罩滑梯

教室

教室外观

学 生 作 业

东南大学建筑学院在 20 世纪 90 年代的建筑设计教学计划中，把二年级建筑设计教学定位为"建筑设计入门"阶段。其中，"二上"的建筑设计教学目的是使学生在建筑设计入门一开始就要牢固树立起两个基本观点：一是任何建筑设计都要重视"环境设计"的观点（课题——公园茶室设计）；二是一切建筑设计都是为人而进行"生活设计"的观点（课题——高级小住宅设计）。"二下"的建筑设计教学目的则是试图让学生通过设计实践逐步懂得方法的学习才是最重要的学习。这就是在学习建筑设计的过程中要努力运用正确的设计思维和掌握正确的设计方法。从教学手段而言，典型的设计课题一是"由内向外"的生长设计法（课题——幼儿园建筑设计），二是"由外向内"的格网设计法（课题——图书馆建筑设计）。

幼儿园建筑设计课题就是在这样一个建筑设计教学体系的指导思想下设置的。

为了保证建筑设计启蒙教学目标的实现，强调过程教学法同样重要（详见建筑学报 1990.6 P37）。为此，掌握教学进度是保证设计深度和教学质量的前提，而给出一个真实的环境条件，可以促使学生进行有目标、有创造性的设计活动。

东南大学幼儿园建筑设计
——二年级课程设计任务书

一、任务

因东大幼儿园原有环境及园舍已不符合现代幼儿园教学的要求，经校方研究，决定在原址（见附图）重建一座新幼儿园。其规模为 6 个班，每班 30 人。总建筑面积不超过 1800m²。

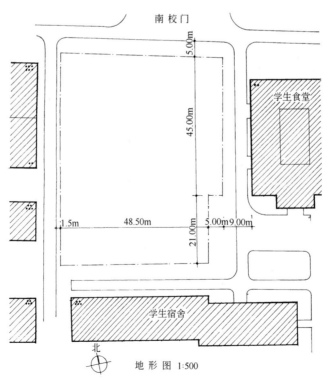

地 形 图 1:500

二、目的

(1) 在设计过程中努力运用正确的设计思维,掌握正确的设计方法。

(2) 掌握幼儿园建筑类型的环境设计、功能设计与造型设计的原则和方法。

(3) 加强建筑师的基本功训练,提高建筑表现能力。

三、要求

(1) 注重设计方法的学习,力求运用正确的设计思维分析、处理设计进程中的各种设计矛盾。

(2) 严格按教学进度要求,逐步深化设计内容。

(3) 提高方案研究手段的表现技能(包括图示分析、草图表达、工作模型等)。

(4) 绘图严谨,图面效果充分表达设计者的个人修养与素质。

四、方法

(1) 独立调研,与幼儿生活一天,多观察幼儿行为特征,多询问幼儿园教学环节与方法。

(2) 请幼儿教育专家讲授幼儿心理学、生理学、卫生学以及幼儿园管理学的知识。

(3) 教师辅导,重点对话设计思维活动,方案由学生自主创作完成。

(4) 小组交流,课堂讨论。

(5) 加强图示思维、工作模型研究、勾画小透视推敲细部、工具绘正图的训练。

(6) 学生参与评图活动,通过答辩方式进行课程设计总结。

五、内容

(1) 活动室每班一间,使用面积 90m²,供开展室内游戏和各种活动以及幼儿进餐、午睡之用。若卧室与活动室分设,活动室的使用面积不小于 54m²。

(2) 卫生间每班一间,使用面积 15m²。内设大、小便槽,盥洗池(6 个水龙头),污水池。

(3) 衣帽贮藏室,每班一间,使用面积 9m²(可兼作活动室的前室)。

(4) 音体活动室,全园设一个,使用面积 120m²。

(5) 晨检、接待室   18m²

(6) 保健室   14m²

(7) 园长室   12m²

(8) 教师办公室   3×12m²

(9) 资料兼会议室   20m²

(10) 陈列、教具制作室   12m²

(11) 财务   12m²

(12) 保育员室   12m²

(13) 值班室   12m²

(14) 贮藏室   3×12m²

(15) 传达室   10m²

(16) 教工厕所   12m²

(17) 开水消毒间   8m²

(18) 厨房(含备餐、燃料为煤气)   54m²

(19) 主副食库   15m²

(20) 炊事员休息室   12m²

六、图纸

(1) 一层平面(包括用地范围内的环境布置和周边建筑、道路等)   1:200

(2) 楼层平面、立面、剖面   1:200

(3) 设计过程草图、工作模型

(4) 透视图(彩色渲染)

七、进度

周　次	日　期	星　期　一	星　期　四	备　注
1	2.19～23	讲课　发题	参观调研	
2	2.26～3.2	构思草图	小组交流	
3	3.5～9	方案起步	修改方案	
4	3.12～16	修改方案	方案交流	
5	3.19～23	方案深化	方案深化	
6	3.26～30	定　稿	定　稿	3.29下午交定稿图
7	4.2～6	上　版	上　版	
8	4.9～13	上　版	上　版	4.12下午交正图

八、参考书目

1. 刘宝仲主编　托儿所幼儿园建筑设计　北京：中国建筑工业出版社　1989
2. 陈新、李正刚　幼儿园建筑（上）　建筑师（23），1985.7
3. 陈新、李正刚　幼儿园建筑（下）　建筑师（24），1985.11

东南大学幼儿园设计

学生：吴锦绣（90 级）
指导教师：黎志涛

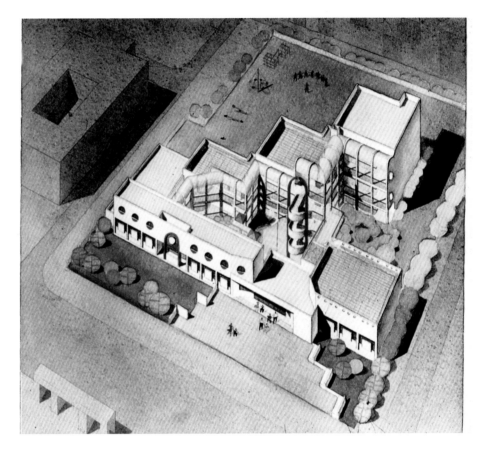

东大幼儿园设计
姓名　吴锦绣
学号　01090109
日期　92.1.15
导师　黎志涛

　　该幼儿园设计从环境条件考虑，将主入口位于北立面的西侧，使早晨幼儿入托与东侧道路上学生进校的两股人流互不影响，且在图底关系上建筑布局与东侧食堂和南面学生宿舍的对位关系把握较好。又通过辅助楼梯的位置与校园南大门对位以及形式处理，使该幼儿园建筑与校园主轴线保持了有机的对话关系。幼儿园主体建筑——活动单元呈阶梯退台形组合，并面向东南，从而获得良好的朝向和通风条件，并使室外活动场地不但朝向好，冬季背风，而且在空间上与学生宿舍区内广场形成一体，使幼儿园、食堂、学生宿舍三者有机结合。

　　该幼儿园设计另一特色是在内院的空间处理上，将不规则的内院空间形态通过景区划分，使空间层次丰富，内容多样，尺度适宜，特别是正对主入口的主楼梯造型成为该内院的趣味中心。

　　该幼儿园设计平面功能分区合理，流线清晰，活动单元布局紧凑，造型高低错落，并创造了多个屋顶平台，不但满足幼儿园教学要求，而且使建筑个性表达充分。

　　该作业绘图严谨，色调清秀，建筑表现力强，功底扎实。反映该学生对正确的设计思维与设计方法领会较深，掌握得当，体现个人的美学修养与设计素质较高。

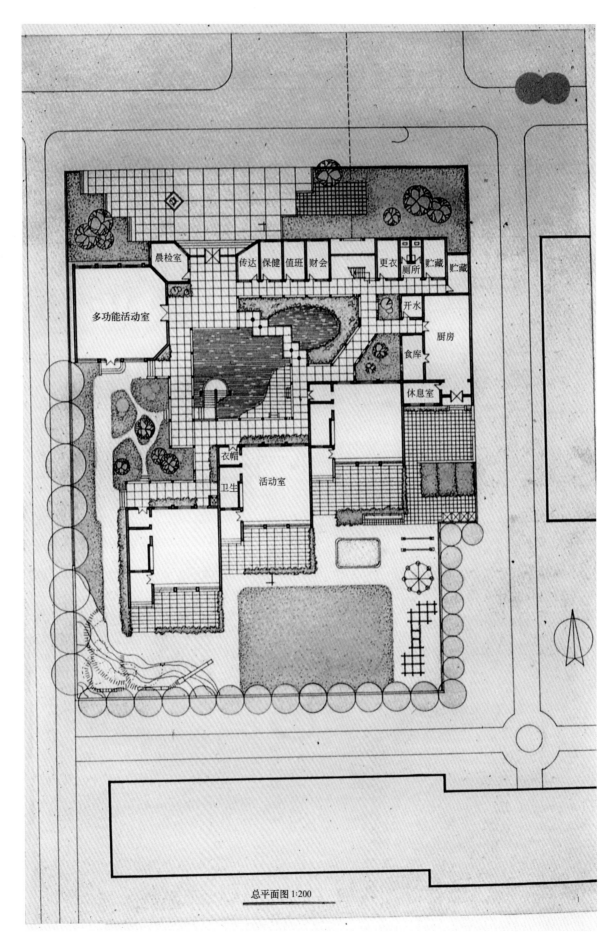

多功能活动室

晨检室　传达　保健　值班　财会　更衣　厕所　贮藏　贮藏

开水

厨房

食库

休息室

衣帽

卫生　活动室

总平面图 1:200

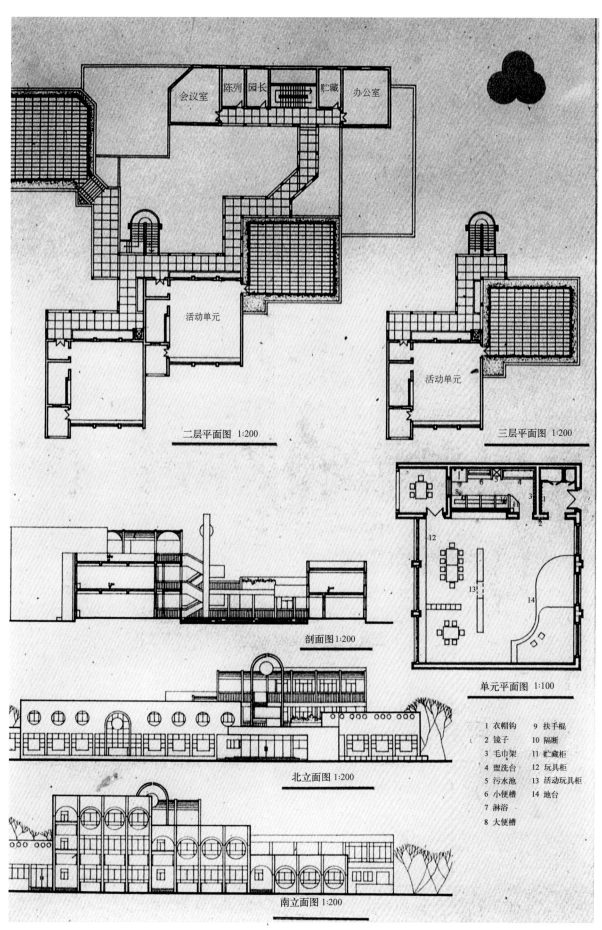

会议室　陈列　园长　贮藏　办公室

活动单元

二层平面图 1:200

活动单元

三层平面图 1:200

剖面图 1:200

单元平面图 1:100

北立面图 1:200

南立面图 1:200

1 衣帽钩　　9 扶手棍
2 镜子　　　10 隔断
3 毛巾架　　11 贮藏柜
4 盥洗台　　12 玩具柜
5 污水池　　13 活动玩具柜
6 小便槽　　14 地台
7 淋浴
8 大便槽

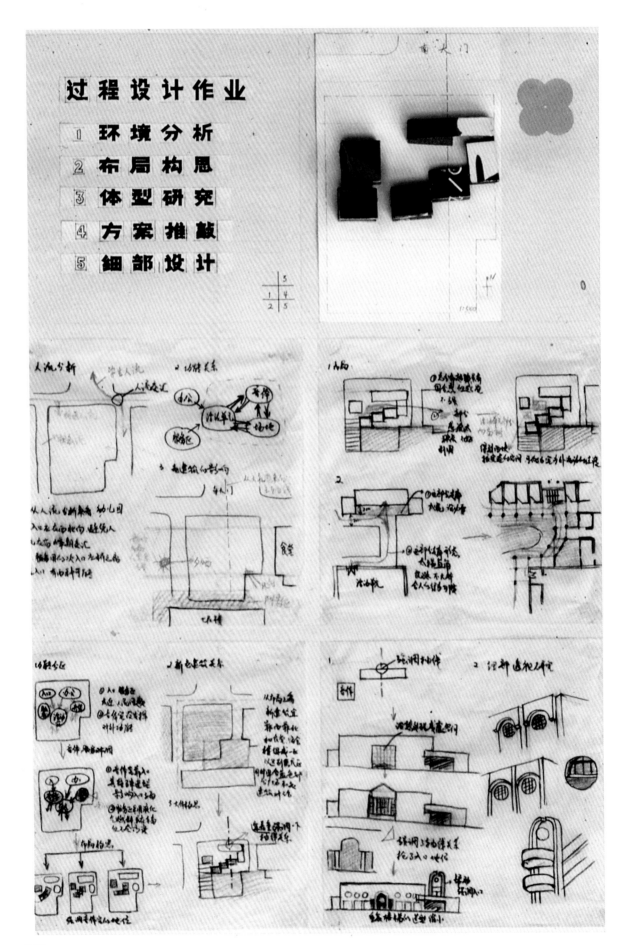

东大幼儿园设计

学生：缪影真（90级）
指导教师：黎志涛

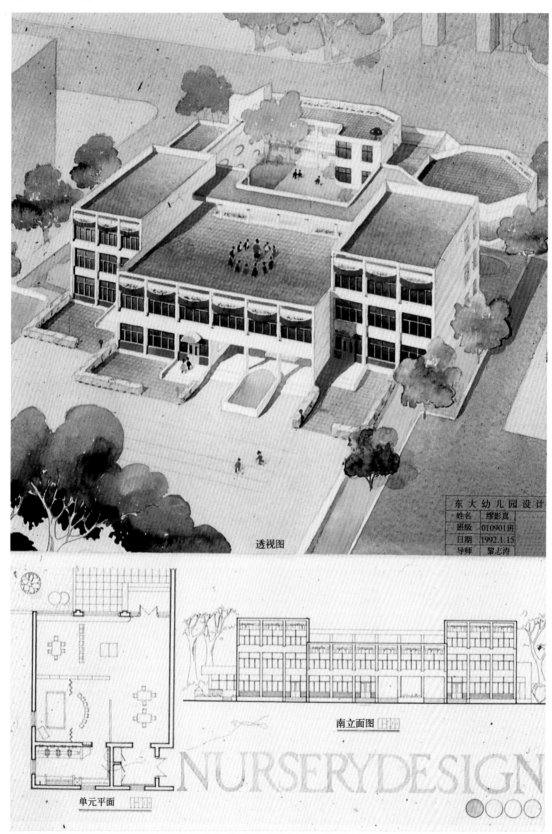

透视图

东 大 幼 儿 园 设 计	
姓名	缪影真
班级	010901班
日期	1992.1.15
导师	黎志涛

南立面图

单元平面

NURSERY DESIGN

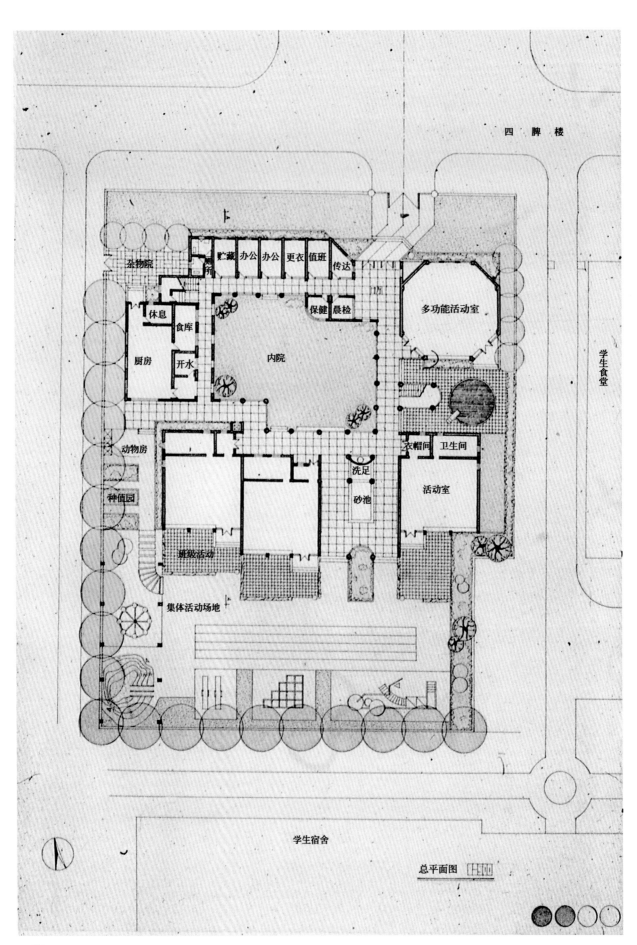

四 脾 楼

学生食堂

杂物院

厕所 贮藏 办公 办公 更衣 值班 传达

休息 食库 保健 晨检 多功能活动室

厨房 开水 内院

动物房 洗足 衣帽间 卫生间

种值园 砂池 活动室

班级活动

集体活动场地

学生宿舍

总平面图

374

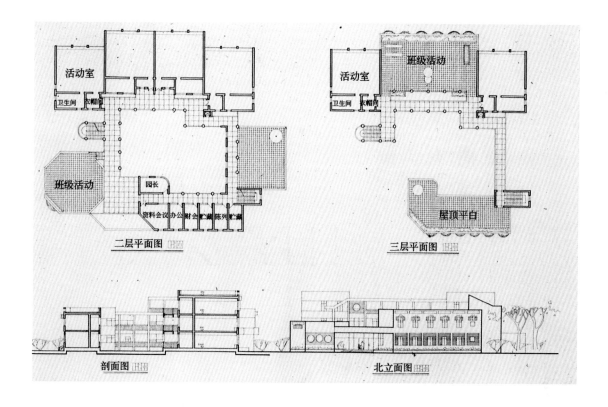

活动室

班级活动

卫生间　衣帽间

班级活动

园长

资料 会议 办公 财会 贮藏 陈列 贮藏

二层平面图

活动室

班级活动

卫生间　衣帽间

屋顶平台

三层平面图

剖面图

北立面图

该幼儿园设计以内庭院为中心，根据环境条件合理布局幼儿用房、行政用房和后勤用房三个功能部分，使之做到分区明确、关系紧密。各班级活动单元均有良好的朝向，活动室空间完整，视野开阔。楼层各班均有屋顶活动平台，有效地扩大了室外活动场地的面积，并有利于幼儿园各项室外教学活动的开展。音体活动室位于主入口处，内外使用方便，且与东侧学生食堂在群体空间关系上结合较为有机。

室外活动场地完整，按不同活动内容进行合理的布局，使用上互不干扰。

体量组合较为活泼，但形式处理表达幼儿园建筑的个性欠充分。

该作业绘图严谨，色调雅致，图面效果好。反映该学生建筑表现的基本功扎实，个人美学修养与设计素质较好。

过程设计作业

1. 环境分析
2. 布局构思
3. 体型研究
4. 方案推敲
5. 细部设计

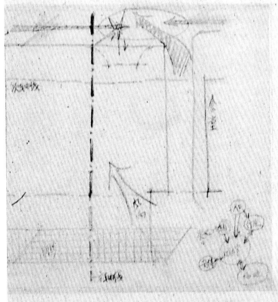

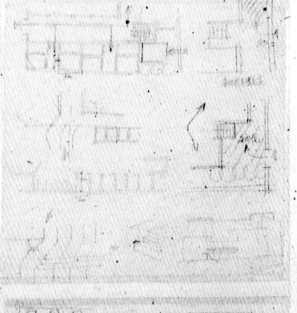

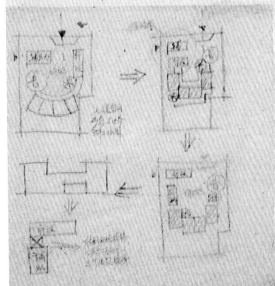

东南大学幼儿园设计

学生：王彦辉（90级）
指导教师：黎志涛

A—A 剖面图

东大幼儿园设计
姓名	王彦辉
班级	010901
日期	92.1.15
导师	黎志涛

　　该幼儿园设计在总平面布局中，注意到与东侧食堂、南面学生宿舍的对位关系，使三者在群体空间关系上形成一体化有机关系。并通过幼儿园主入口与校园南大门对位的处理，使两者保持校园整体的紧密关系。

　　该幼儿园设计内部功能分区明确，但厨房位置不佳，造成后勤次入口的货流对学生宿舍区进校人流有干扰，没有充分利用西侧城市次道路的有利条件。各班级活动单元的布局呈品字形，围合水院，但空间稍感局促。平面各部分的布局稍感缺少章法，但各楼层活动单元均有各自独立的屋顶活动平台，并创造了可相互交往的室内公共游戏空间，这是该方案的一大特色。不足的是每层有一个游戏空间被交通流线所穿越。

　　室外活动场地大小结合，功能布局合理。

　　该作业绘图严谨，表现充分，有较好的设计与表现基本功。

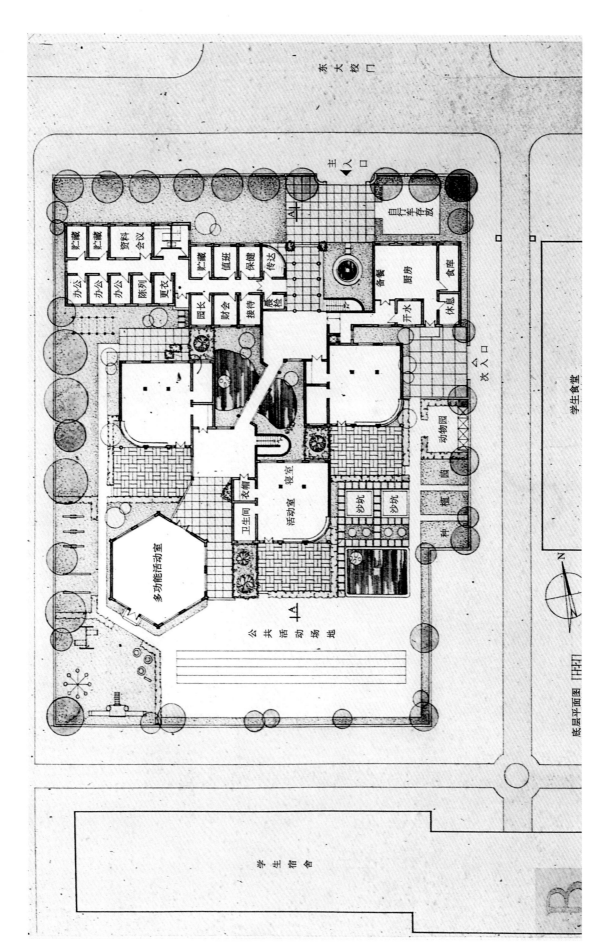

东大校门

主入口

自行车存放

贮藏 贮藏 资料 会议 贮藏 直班 保健 传达 备餐 厨房 食库

办公 办公 办公 陈列 更衣 园长 财会 接待 晨检 开水 休息

多功能活动室

卫生间 衣帽 活动室 寝室

沙坑 沙坑

动物园

植

种

公共活动场地

学生食堂

N

底层平面图 [开间]

学生宿舍

378

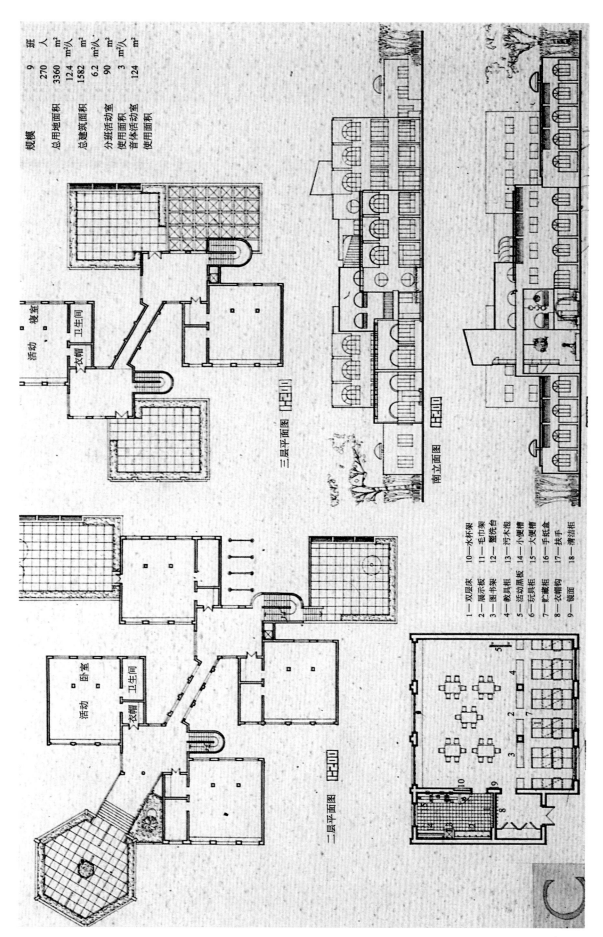

规模		9	班
		270	人
总用地面积		3360	m²
		12.4	m²/人
总建筑面积		1582	m²
分班活动室		6.2	m²/人
使用面积		90	m²
音体活动室		3	m²/人
使用面积		124	m²

三层平面图 〔日本〕

南立面图 〔日本〕

二层平面图 〔日本〕

一层平面图 〔日本〕

1—双层床　　10—水杯架
2—展示板　　11—毛巾架
3—图书架　　12—盥洗台
4—教具柜　　13—污水池
5—活动黑板　14—小便槽
6—玩具柜　　15—大便槽
7—贮藏柜　　16—手纸盒
8—衣帽钩　　17—扶手
9—镜面　　　18—清洁柜

活动　卧室

衣帽　卫生间

活动　寝室

衣帽　卫生间

379

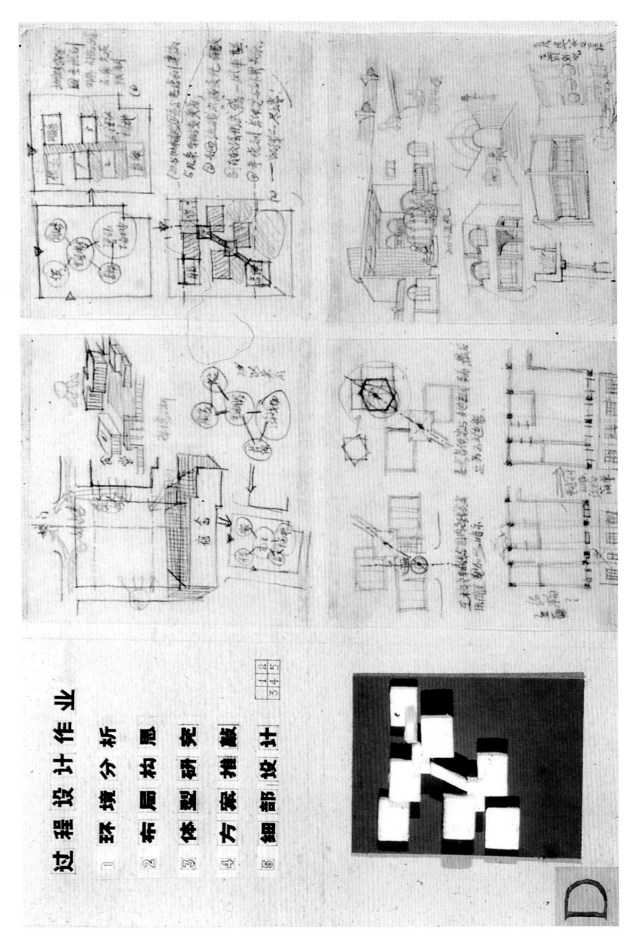

过程设计作业

1 环境分析

2 布局构思

3 体型研究

4 方案推敲

5 细部设计

1	2
3	4
5	

D

东南大学幼儿园设计

学生：吴楠（90级）
指导教师：黎志涛

　　该幼儿园设计在总平面布局中与周边环境条件结合紧密：主入口正对校园南大门，并使校园主轴线穿过幼儿园内部延伸到室外活动场地东南角的旗杆处，有意使该幼儿园建筑成为校园不可分割的一部分。主入口处的活动单元和音体室能与东侧食堂对位布局，并以一层矮体量成为幼儿园主体建筑与食堂体量的过渡，使群体建筑的空间组合关系把握较好。行政用房向用地北面推出，形成L形入口广场，以迎合入托人流方向，并使城市街道空间产生变化。

　　幼儿园建筑以正八边形为母题，体量构成有章法。功能布局合理，流线短捷清晰，最大限度地获得较大面积且用地完整的室外活动场地，有利于幼儿园室外教学活动的灵活开展。

　　内庭院景观方向明确，周边走道主次分明。不足之处在于南面三层活动单元体量遮挡了阳光，使内庭院环境质量欠佳。

　　各班均有独立的室外班级活动场地。集体活动场地功能内容齐备，布局合理。

　　建筑造型活泼，形式富于变化，但缺少细部处理，色彩点缀不足。

　　该作业绘图严谨，建筑表现力强。过程草图娴熟，笔法奔放，反映该学生设计思维活跃，设计与表现的基本功扎实。

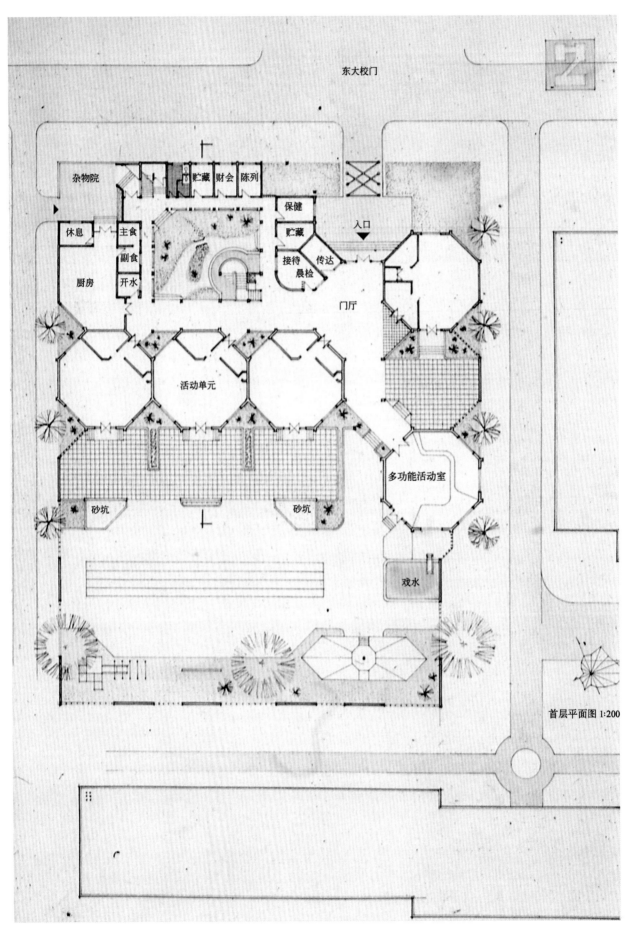

东大校门

杂物院

贮藏　财会　陈列

保健

贮藏

休息　主食

副食

厨房　开水

接待　传达

晨检

入口

门厅

活动单元

多功能活动室

砂坑　　　　　砂坑

戏水

首层平面图 1:200

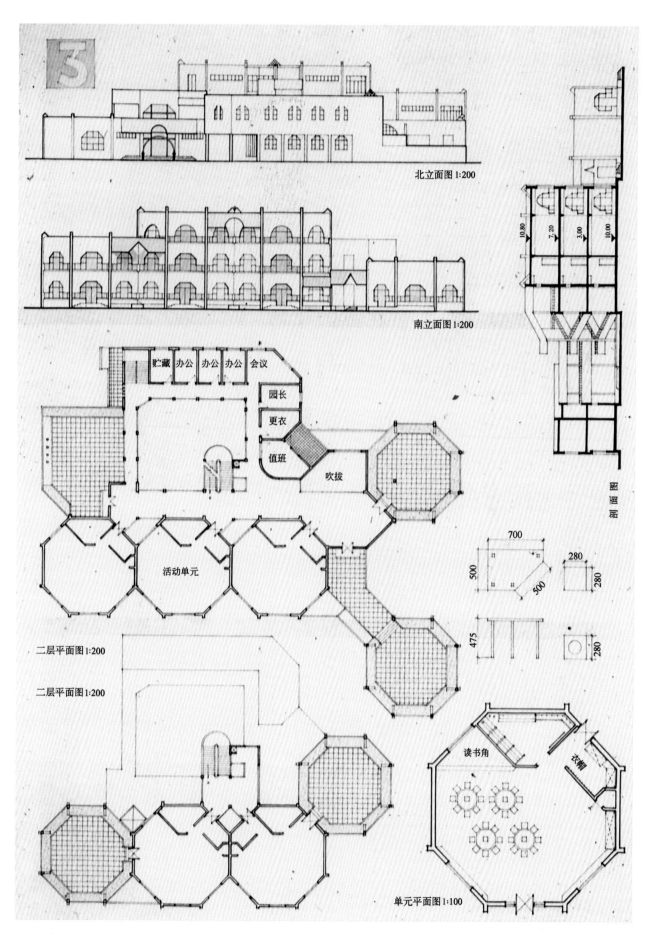

北立面图 1:200

南立面图 1:200

班面图

贮藏　办公　办公　办公　会议

园长

更衣

值班

吹拔

活动单元

二层平面图 1:200

二层平面图 1:200

700

500　500

280　280

475　280

读书角

衣帽

单元平面图 1:100

10.80　7.20　3.00　10.00

过程设计作业

1. **环境分析**
2. **布局构思**
3. **体型研究**
4. **方案推敲**
5. **细部设计**

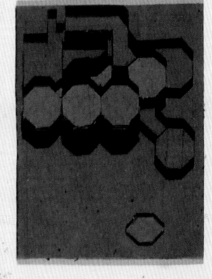

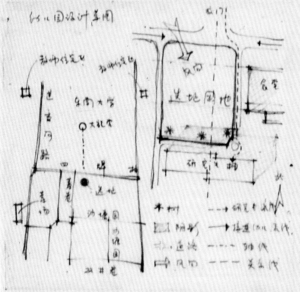
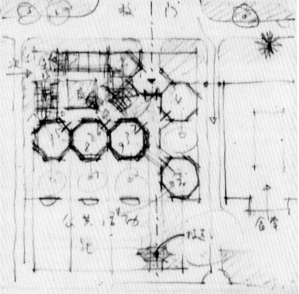

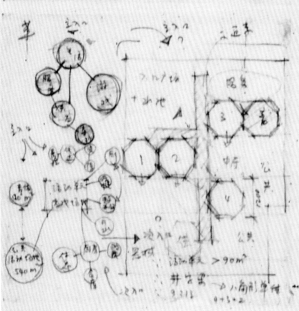

东大幼儿园设计

学生：韩孟臻（93级）
指导教师：蔡留生

该幼儿园总平面设计对周边环境条件考虑欠周到，总体布局的图底关系把握不十分到位，造成后勤用房突出东北角，使之与道路交叉口及学生进校流线产生冲突，与校园南大门的对话关系也缺乏处理。建筑布局的方位与紧临的食堂以及城市道路形态不够和谐。

平面设计三大功能分区明确，流线清晰，班级活动单元平面模式简洁，朝向、通风条件均好。

室外活动场地完整、开阔，活动内容组织合理。

建筑造型以积木块组合为构思，形式处理简洁，在理性中不失幼儿园建筑个性的活泼感。

该作业绘图严谨、认真。特别是透视图表现色调淡雅，笔法简练，配景刻画生动，表现了该学生有较高的美学修养和图面表现能力。

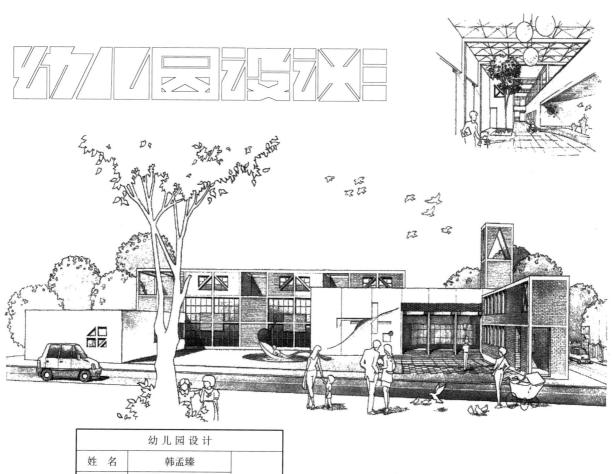

幼 儿 园 设 计	
姓　名	韩孟臻
学　号	1093217
导　师	蔡留生
日　期	95115

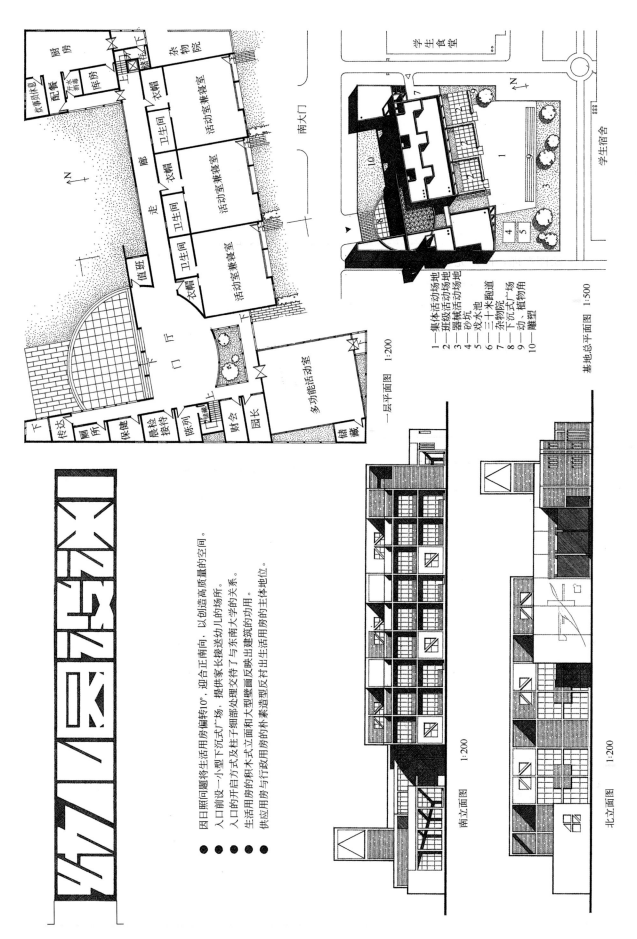

厨房

炊事员休息 配餐 消毒 库房 暖花房 杂物院

活动室兼寝室

衣帽

卫生间

走 廊

活动室兼寝室

衣帽

卫生间

活动室兼寝室

衣帽

卫生间

值班

门 厅

传达 厕所 保健 晨检接待 陈列 财会 园长

多功能活动室

储藏

南大门

一层平面图 1:200

学生食堂

1—集体活动场地
2—班级活动场地
3—器械活动场地
4—砂坑
5—戏水池
6—三十米跑道
7—杂物院
8—下沉式广场，植物角
9—动，植物角
10—雕塑

基地总平面图 1:500

学生宿舍

幼儿园设计

因日照问题将生活用房偏转10°，迎合正南向，以创造高质量的空间。

入口前设一小型下沉式广场，提供家长接送幼儿的场所。

入口的开启方式及柱子细部处理交待了与东南大学的关系。

生活用房的积木式立面和大型壁画反映出建筑的功用。

供应用房与行政用房的朴素造型反衬出生活用房的主体地位。

南立面图 1:200

北立面图 1:200

386

幼儿园设计

学生：施文灿（93 级）
指导教师：曹伟

该幼儿园设计紧密结合用地条件，以 6 个班级活动单元分为南北两组围绕内庭院平行布局，保证了各班都有最好的日照通风条件，并创造了各班幼儿能相互交往的向心游戏空间。内庭院四周环廊在交通节点处稍加造型变化，并以多功能活动室为内庭院纵轴线的对景，不但打破了环廊的单调冗长感，而且使内庭院空间尺度小巧，气氛温馨，创造了安全宜人的幼儿园环境气氛。行政用房位于用地西端，接近主入口，对外管理、对内联系均方便。后勤用房偏于东北角，位置隐蔽，不影响幼儿园正常教学活动，而服务流线便捷。

室外活动场地功能布局合理，但空间形态因呈狭窄 L 形，欠完整。

该作业绘图严谨，图面完整，效果好。

1—行政部分；
2—活动单元；
3—结点放大；
4—服务用房；
5—多功能活动室；
6—杂物院；
7—戏水池；
8—沙 坑；
9—植物园地；
10—动物房舍；
11—室外座椅；
12—露天舞台；
13—班级场地；
14—观赏水池

边廊—
空间围合手段
庭院—
功能组成细胞

幼儿园设计	
姓 名	施文灿
学 号	01093314
导 师	曹 伟
日 期	95.1.15

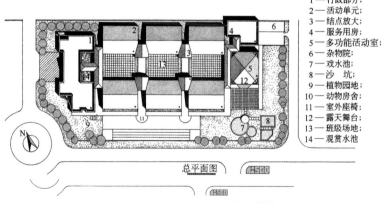

总平面图

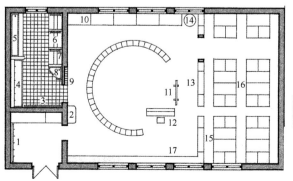

1—衣帽钩；2—开饭桌；3—毛巾架；4—盥洗台；
5—小便槽；6—大便槽；7—扶手棍；8—污水池；
9—水杯架；10—六人桌 学习就餐桌；11—小黑板；
12—风 琴；13—展示板；14—保温桶；15—衣 柜；
16—双层床；17—玩具柜

单活
元动

幼儿园设计

01093314
施文灿

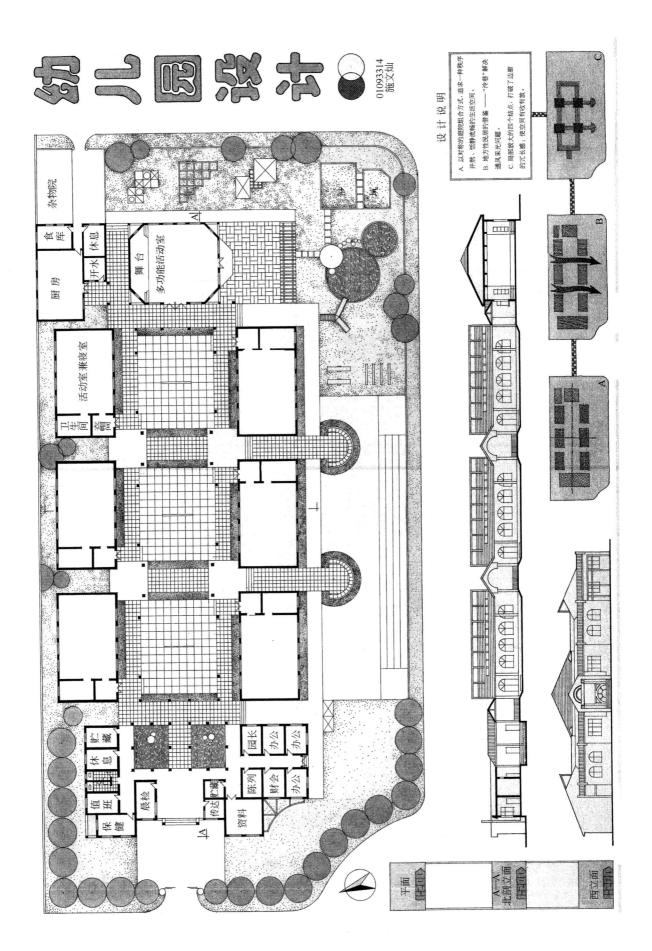

设 计 说 明

A. 以对称的庭院组合方式，追求一种秩序井然，恬静流畅的生活空间。

B. 地方性民居的借鉴——"冷巷"解决通风采光问题。

C. 局部放大的四个结点，打破了边廊的沉闷感，使空间有收有放。

杂物院　食库　厨房　开水　休息　舞台　多功能活动室

活动室兼寝室　卫生间　储藏

休息　贮藏　值班　保健　晨检　传达　资料　陈列　财会　办公　园长　办公　办公

平面

A—A 北剖立面

西立面

幼儿园设计

学生：陈庶（94级）
指导教师：黄雷

该幼儿园位于住宅小区内，结合用地周边环境条件，考虑总平面设计的图底关系，将主体建筑靠北，使各幼儿用房和室外活动场地均有良好的日照条件。多功能活动室位于用地东南角，不但可形成小区主要道路的景观，而且将入口广场与室外活动场地相隔，使两者互不干扰。其次，次要入口及杂物院位于用地东北角，独立成区，较为隐蔽，与后勤用房关系紧密。

平面设计三大功能分区明确，各班级活动单元面较宽，使活动室和卧室都有充足的阳光，而各班级活动单元进深浅可使通风效果良好。活动单元平面功能布局清晰，特别是二层班级活动单元采取卧室上夹层，使内部空间形态活泼，也为外部造型处理提供了良好的前提。后勤用房与幼儿用房之间有小院相隔，不但位置较隐蔽，并改善厨房的通风条件，而且为内走廊创造了景观。

建筑造型结合平面功能布局以二层为长短坡屋顶，一层为平顶相结合的空间组合，形成造型高低错落、形式活泼、具有童真个性的幼儿园建筑个性。形式与内容结合紧密。

室外活动场地用地完整，功能布局合理。

该作业绘图严谨细致，图面效果好，反映该学生设计与建筑表现基本功较强。

南立面图

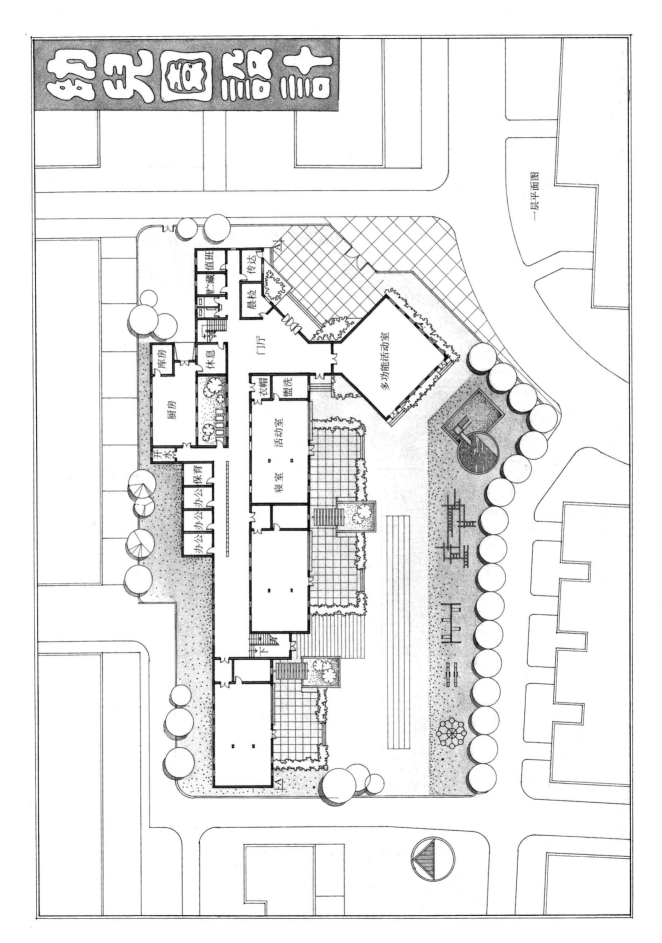

幼儿园设计

值班
贮藏
传达
入口
晨检
休息
门厅
库房
厨房
多功能活动室
开水
衣帽
盥洗
办公 保育
办公
寝室
活动室
一层平面图

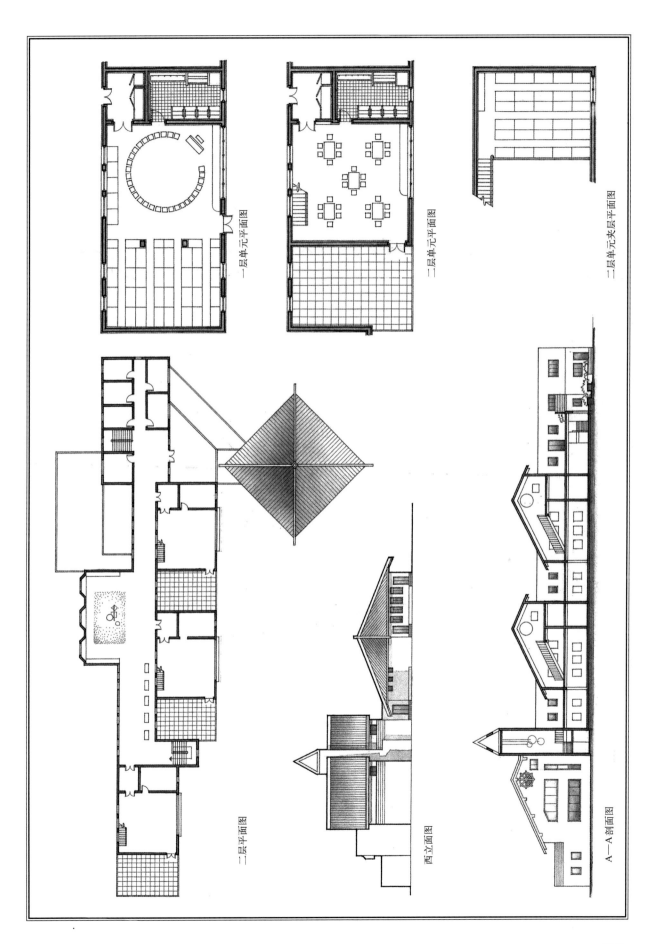

一层单元平面图

二层单元平面图

二层单元夹层平面图

二层平面图

西立面图

A—A剖面图

幼儿园设计

学生：李颖（94级）
指导教师：黎志涛

　　该幼儿园位于住宅小区内，结合用地周边环境条件，主体建筑——各班级活动单元呈台阶式布局，以与北面的住宅和道路走向取得协调关系。而行政用房和后勤用房分处用地东端，呈南北平行布局，以与主、次出入口发生各自有机关系。多功能活动室处于用地开敞的东南角，形成小区主要道路上的景观。

　　该方案平面设计的最大特点是：每两个班级活动单元为一组，形成开放的教学活动空间，可分可合，以便适应现代幼儿园教育开展合班教学的需要，而卧室位于夹层，使活动室室内空间富于变化。其设计缺陷是两个班级的出入口距离太近，不符合消防疏散的规范要求。只要将两个门拉开5m以上距离即可使该问题得到解决。另一处设计特点是多功能活动室与门厅形成可分可合的开放性空间，也是一种有创造性的设计思路。

　　建筑造型富有韵律感，统一中有变化，尺度小巧，布局活泼。

　　室外活动场地布局合理，活动内容安排周全。

　　该作业绘图严谨认真，特别是透视图表现对空间的素描关系、材质的色彩关系，以及阳光下的光影关系概念十分清楚，表现十分充分。对环境要素中的近景、中景、远景的配置与表现也相当精彩，反映出该学生的设计能力与建筑表现能力有较深厚的基本功力。

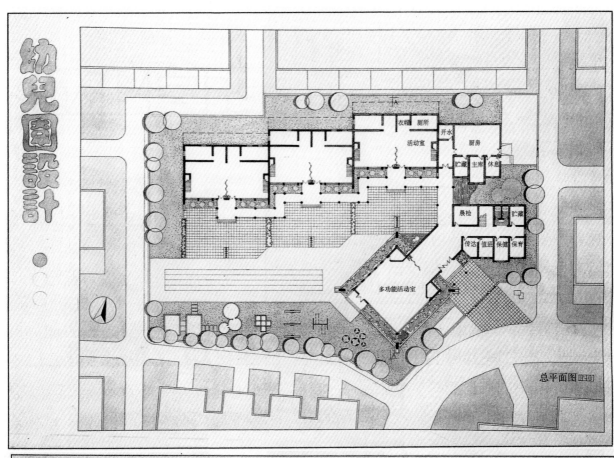

幼兒園設計 ● ●

衣帽　厠所
活動室　　　开水
　　　厨房
贮藏　主席　休息
晨检　　　贮藏
传达　值班　保健　保育
多功能活动室

总平面图 1:200

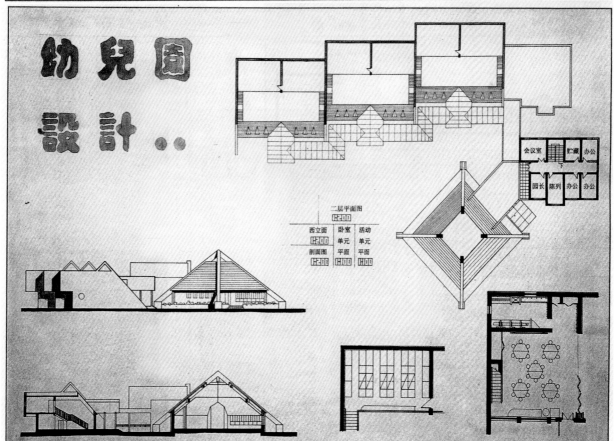

幼兒園
設計 ‥

会议室　贮藏　办公
园长　陈列　办公　办公

二层平面图 1:200

西立面 1:200　卧室单元　活动单元
剖面图 1:200　单元平面 1:100　平面 1:100

幼儿园设计

学生：王兰兰（92级）
指导教师：黎志涛

该幼儿园位于厂前区长条形地段，为适应用地环境条件，将主入口位于用地西南角，与道路交叉口关系紧密，可迎合入托人流。而建筑布局大胆跳出传统设计思路，采用一大一小正反弧形体量的有机组合，设计手法自然。三大功能分区明确，流线顺畅，特别是6个班级活动单元的布局结合长条地形的特点，在平面与空间构成上以弧状图形为基础，又以扇形活动单元双组合错接渐变展开布局，不但使活动单元能获得好朝向，而且活动室面宽更大。卧室上夹层又可使活动单元室内空间富于变化，并形成有个性的造型特征。行政用房分为一二层，对外管理与对内服务都恰到好处。后勤用房位置隐蔽，与次入口联系方便，且服务各班级流线短捷。

室外活动场地完整开敞，各游戏活动内容布局合理。

该设计方案特点明显，反映该学生创作思维活跃，敢于知难而进，并有较强的解决设计问题能力。

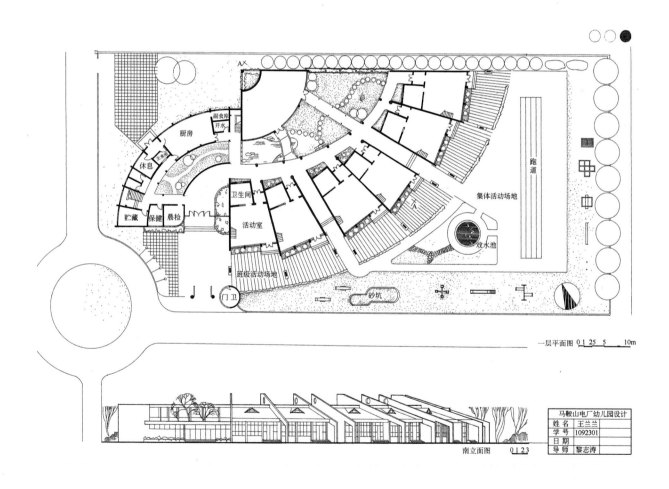

一层平面图

南立面图

马鞍山电厂幼儿园设计	
姓 名	王兰兰
学 号	1092301
日 期	
导 师	黎志涛

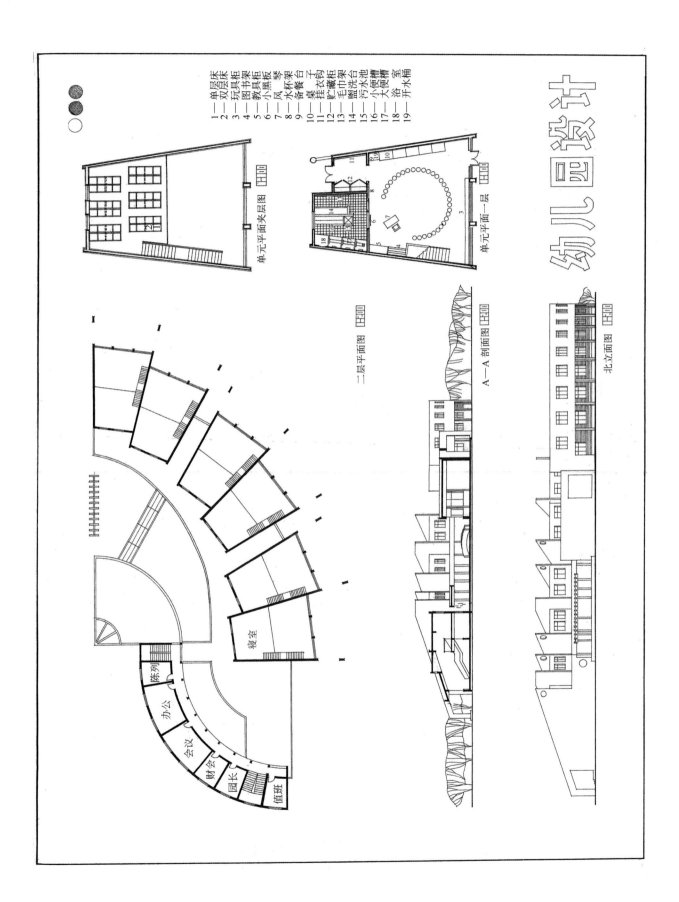

幼儿园设计

单元平面夹层图

单元平面一层

二层平面图

A—A剖面图

北立面图

1—单层床
2—双层床
3—玩具柜
4—图书架
5—教具柜
6—小黑板
7—风琴
8—水杯架台
9—备餐子
10—桌子
11—挂衣钩
12—贮藏柜
13—毛巾架
14—盥洗台
15—污水池
16—小便槽
17—大便槽
18—浴室
19—开水桶

卧室

陈列
办公
会议
财会
园长
值班

主 要 参 考 文 献

1　黎志涛著·托儿所幼儿园建筑设计. 南京：东南大学出版社，1991

2　刘宝仲主编·托儿所幼儿园建筑设计. 北京：中国建筑工业出版社，1989

3　袁贤桢　孙琰著·幼儿教育知识. 北京：中国广播电视出版社，1987

4　蔡小明著·幼儿科学管理. 西安：陕西人民教育出版社，1986

5　陈帼眉　沈德立·幼儿心理学. 石家庄：河北人民出版社，1979

6　茹茵佳　蒋放主编·幼儿园墙饰设计与制作. 南京：南京师范大学出版社，1995

7　国家教育委员会基础教育司编·幼儿园管理工作法规文件选编. 长沙：湖南师范大学出版社，1989

8　黑龙江建筑设计院主编·托儿所、幼儿园建筑设计规范（JGJ 39—87）. 北京：中国建筑工业出版社，1988

9　［日］文部省编　邢齐一译·幼儿园教育指南. 北京：教育科学出版社，1981

10　高木　干朗·幼稚园·保育所/儿童馆. 日本：市ケ谷出版社，2003

11　西日本工高建筑联盟编·幼稚园·保育所. 日本：彰国社，昭和48年

12　企画编集部·新建筑详细图集——保育园·幼稚园编. 日本：株式会社　新建筑社，1977

13　Mark Dudek. Kindergarten Architecture. Spon Press，2000

14　Peter Heseltine & John Holborn. Playgrounds. The Mitchell Publishing Company Limited，1987

15　建筑学报

16　世界建筑

17　建筑师

18　新建筑

19　建筑师（台）

20　近代建筑（日）

21　新建筑（日）

22　Deutsche bauzeitung. 4/1994